公元787年，唐封疆大吏马总集诸子精华，编著成《意林》一书6卷，流传至今
意林：始于公元787年，距今1200余年

意林®

一则故事　改变一生

意林青年励志馆

# 心怀"长安梦"，
# 何惧"三万里"

《意林》图书部　编

吉林摄影出版社
·长春·

图书在版编目（CIP）数据

心怀"长安梦"，何惧"三万里" /《意林》图书部编. -- 长春：吉林摄影出版社，2024.3
（意林青年励志馆）
ISBN 978-7-5498-6079-1

Ⅰ. ①心… Ⅱ. ①意… Ⅲ. ①成功心理－青少年读物 Ⅳ. ①B848.4-49

中国国家版本馆CIP数据核字（2024）第014423号

## 心怀"长安梦"，何惧"三万里"  XIN HUAI "CHANG'AN MENG", HEJU "SANWAN LI"

| | |
|---|---|
| 出版人 | 车 强 |
| 主 编 | 杜普洲 |
| 责任编辑 | 吴 晶 |
| 总策划 | 徐 晶 |
| 策划编辑 | 肖桂香 |
| 封面设计 | 资 源 |
| 封面供图 | 张旭加 |
| 美术编辑 | 刘海燕 |
| 开 本 | 889mm×1194mm 1/16 |
| 字 数 | 350千字 |
| 印 张 | 11 |
| 版 次 | 2024年3月第1版 |
| 印 次 | 2024年3月第1次印刷 |
| 出 版 | 吉林摄影出版社 |
| 发 行 | 吉林摄影出版社 |
| 地 址 | 长春市净月高新技术开发区福祉大路5788号 |
| | 邮 编：130118 |
| 电 话 | 总编办：0431-81629821 |
| | 发行科：0431-81629829 |
| 网 址 | www.jlsycbs.net |
| 经 销 | 全国各地新华书店 |
| 印 刷 | 天津中印联印务有限公司 |
| 书 号 | ISBN 978-7-5498-6079-1    定价 36.00元 |

## 启 事

本书编选时参阅了部分报刊和著作，我们未能与部分作品的文字作者、漫画作者以及插画作者取得联系，在此深表歉意。请各位作者见到本书后及时与我们联系，以便按国家相关规定支付稿酬及赠送样书。

地址：北京市朝阳区南磨房路37号华腾北搪商务大厦1501室《意林》图书部（100022）
电话：010-51908630转8013

**版权所有翻印必究**
（如发现印装质量问题，请与承印厂联系退换）

目 录
CONTENTS

## 成长是一场冒险，勇敢的人先上路　001

当数学家遇上美学家　高东升｜002
为什么总害怕给别人留下不好的印象　陈以二｜003
什么都不信，可能是见识太少　祝小兔｜004
仓促的玉兰　马晓燕｜005
读书，"装"得多，才能"输"得好　陈默｜006
土拨鼠到哪里去了　北辰冰冰｜007
警惕第一根稻草　郭韶明｜008
鞋里的小石子　米哈｜009
住在声音里的彼得·潘　潘云贵｜010
疑　心　天潼｜011
每个人的世界都有两个小时候　丛非从｜012
永不向海低头　[俄]帕乌斯托夫斯基　译/佚名｜013
学习博主站在流量的风口　周雨萌　朱娟娟｜014
秘　密　倪匡｜015
李白拿起又放下的"箸"，在历史上有什么故事　金陵小岱｜016
你可曾错过美好　张家鸿｜017
一个尖子生决定去读大专　兜兜｜018
印　象　戴望舒｜019
唐朝人如何表达友情　佚名｜020
坏汽车　刘按｜021
那些年，我们请假用过的"撒手锏"　马海霞｜022
当我们说流行语时，我们在想什么　徐默凡｜023
墙上的"猪"　王悦微｜024
黎明的感觉　钱理群｜025
一周七天制是如何统治全球的　贝小戎｜026
"不渡"的智慧　侯兴锋｜027
清风明月还诗债　白音格力｜028

## 遇见未知的自己，愿青春不负梦想　029

是什么决定了你人生的上限　郑峰禹 | 030
作诗写文，李贺也要靠平时积累的素材　佚　名 | 031
你陪我走过的路铺满了文字　胡皓彦 | 032
控制自己的梦想　林　庭 | 033
放空成了奢侈品　杨　璐 | 034
鹰的考验　雨霖铃 | 035
你知道古代几月开学吗　吴　鹏 | 036
我们都不是中心　［法］雷蒙·阿隆　译/杨祖功 | 037
一句话的科幻小说　佚　名 | 038
说"善怕"　司马牛 | 039
2300张小字条与一家图书馆　程国政 | 040
寻找"最初500米"　项　飚 | 041
石头剪刀布：赢者保持，输者改变　岑　嵘 | 042
一张应该吃掉的字条　翟振祥 | 043
大诗人之秘妙　王国维 | 043
十七岁食事　段雨辰 | 044
到上游去看看　沈畔阳 | 045
不　土　知枝同学 | 046
改变和舍得　李碧华 | 047
爬山的人　［新加坡］尤　今 | 048
驯服你的及时行乐猴　刘　轩 | 049
那场青春，水花激荡　潘云贵 | 050
树　艾　青 | 051
孔子说"礼"　鲍鹏山 | 052
世上本无遇，孜孜以求之　白瑞雪 | 052
边听歌边写作业真的有效率吗　周小烦 | 053
宁作我　徐悟理 | 053
都听网友的，生活会变成什么样　佚　名 | 054
詹何的智慧　姚秦川 | 055
没有对不起12岁的自己　惟　念 | 056
乔木和灌木哪个更高大　任万杰 | 057
惊奇元素　李南南 | 058
如树使然　王阳明 | 058

## 不必等风来，你跑起来就有风　059

带着书的男人　[越南]林丁　译/钱云华 | 060
掌握了辞藻，就掌握了一切　盛文强 | 060
"U盘化生存"的西红柿　宿　亮 | 061
智识上的鉴别力　林语堂 | 061
有一种成长，叫作对手　小　龙 | 062
东西南北　西　西 | 063
别和鸟类对视，会沦陷　傅　青 | 064
一团棉花　边建松 | 065
加速的人类　袁　越 | 066
我"做"故我在　王莉文 | 067
偷时间的人　姚秦川 | 067
我撞上了秋天　郁达夫 | 068
不可忽视的侧向思维　李志远 | 069
天上掉下来的是"馅饼"还是"陷阱"　陈　杰 | 070
溜掉的小鱼最漂亮　黄小平 | 071
我的帕金森朋友　北极兔 | 072
动物界的"社恐"比人类更严重　路过西四环 | 073
近　失　岑　嵘 | 074
一生一本书　张　炜 | 075
"士可杀不可辱"原来是真的　大梁如姬 | 076
杨绛的"晕船哲学"　寒庐氏 | 077
劝你别和摩羯座谈恋爱　卷毛维安 | 078
爱　情　[英]莎士比亚　译/朱生豪 | 079
散发微弱之光的萤火虫，
　　竟能成为歇后语的"最佳主角"　金陵小岱 | 080
动人与留人　游宇明 | 081
人生的台前与幕后　朱光潜 | 082
没读书习惯的人受眼前世界禁锢　林语堂 | 083
"她"字的背后竟有这么多故事　朗　博 | 084
不　等　郭华悦 | 085
看好后半截　郭华悦 | 086
悬崖上的浆果　张宗子 | 086

## 认识世界，超越自我　087

番茄酱哲学　欧阳晨煜｜088
孤犊之鸣　侯美玲｜089
影子也有重量吗　Hi科普｜090
迷你的道理　简嘉明｜091
宝钗的逆商　陈艳涛｜092
我在博物馆的"秘密情人"　程　玮｜093
人鱼会乘轮滑抵达　既　禾｜094
绝对路径　鞠志杰｜095
省钱过日子　陶　琦｜096
奖励的隐形成本　［美］丹尼尔·平克　译/龚怡屏｜097
纵横家苏秦：战国弱雄背后的男人　王蒙蒙｜098
渴望的力量　［法］大仲马　译/周克希｜099
认知偏差里的收入　邢海洋｜100
有些表象会"骗"人　罗　茜｜101
生活中的"香蕉原则"
　　［美］塔尼亚·露娜乔丹·科恩　译/佚　名｜102
品　牌　［德］埃尔克·海登莱希　译/徐　畅｜103
西瓜原来是"稀瓜"　陈　峰｜104
为什么电影院不像演唱会一样按位置定价　佚　名｜105
短　马　德｜106
争与让　黄永武｜107
古人为什么没有标题党　熊　建｜108
不惊醒睡觉的蝴蝶　唐宝民｜109
细微处　阎晶明｜110
渐　境　郭华悦｜110

### 仅有一次的人生，我不想说抱歉　111

生命在时间里行走　吕　游｜112
月　夜　沈尹默｜113
瞬间的意义　韩浩月｜114
树龄与人龄　刘琪瑞｜115
排队中见学问　栗月静｜116
为所有人保守一个秘密　马　德｜117
与火车有关的记忆　钦　文｜118
悟　山　高顺增｜119
被设置出来的峰终定律　凤鸣山｜120
为退路做准备　胡洗铭｜121
还年轻，要大声唱着时间的歌　潘云贵｜122
激励销售　穆臣刚｜123
让努力不贬值　陶　琦｜124
时间管理者　张达明｜125
PPT的最后一页　脱不花｜125
长大后，为什么时间会越过越快　王江涛｜126
盘羊的大角　雨　润｜127
你耗费的心血尚不足以填满垃圾桶　王　路｜128
白起换肉　樊建婷｜129
作为熊的近亲为啥大熊猫不冬眠　王德华｜130
放不进去第二枝花　谁最中国｜131
诗人的"自我营销"　张子健｜132
为什么悲伤的音乐更有感觉　阿　信｜133
黄心猕猴桃的夏天　鹿　彬｜134
才　命　王鼎钧｜135
看来岂是寻常色　梁　蒙｜136

## 内心强大的人，允许一切发生　137

如何成为一个自由自在的人　查　非｜138
夕阳是一粒种子　明　月｜139
沉默型人格：我们为什么越来越不喜欢社交了　卫　蓝｜140
慢，是一种修炼　缪克构｜141
情绪垃圾桶　范潇宇｜142
心态的力量　逍遥子｜143
愚笨感　邓安庆｜144
心　事　白音格力｜145
唤起我们的德行　[英]阿兰·德波顿　译/南治国｜145
人看多了，就想看看海　潘云贵｜146
生　活　梭　罗｜147
对"出口成伤"，你可以选择不原谅　陈艳涛｜148
每个人都有一个独特的情绪按钮　星　一｜149
"但是人"与"是但人"　黄超鹏｜150
肉包和香蕉　睿　雪｜151
猿：谁说我叫就是因为伤心　金陵小岱｜152
小懒宜人　草　子｜153
零食社交学　蒋苡芯｜154
人　心　[法]雨果　译/李　丹｜155
毛毛虫效应　叶　舟｜156
澄明之境　俞　果｜157
当我们谈论记忆时，更该谈论遗忘　孙若茜｜158
不苦他物　徐竟草｜159
是不是有这样一件校服　高小方｜160
获取陪伴的诡计　封　林｜161
荐贤的哲学　张　勇｜162
要活在解决问题的方法里　沈虹羽｜163
挥斧如风　佚　名｜164
获得自由的一百零一种方法　佚　名｜165
活　物　牧徐徐｜165
古人冬日穿搭：皮裘都不算啥，穿纸才最潮　王蒙蒙｜166
"一寸光阴"到底值多少金　王蒙蒙｜167

成长是一场冒险，勇敢的人先上路

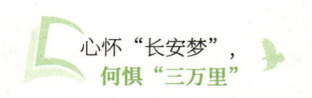

# 当数学家遇上美学家

□ 高东升

南瓜一般被用来做南瓜汤或熬南瓜粥，切几块蒸着吃也行，和红薯的口味差不多。在老家，没有人正儿八经地种植南瓜，往往是春末在田边地头、沟坎坡沿栽几棵秧苗，随它们生长攀爬。它们的生命力很强，几乎不挑土壤和水肥，随便一个地方都能长得茎秆粗壮、叶子肥大。秋后，在草丛里、柴草中，不经意间会发现它们圆墩墩的果实，像粗糙的石头，有些已经成熟得发黄了，让人惊喜。

南瓜是数学家，但好像没多少人在意。它的触须紧密地盘成几个标准的同心圆，尾端慢慢伸开，再往前伸展，就是一条直线了，抓住攀缘之物，直线又会螺旋上升。触须上还有细密的绒毛，像精致的装饰。

更妙的是，这根触须之上常有昆虫来做点缀。昆虫五颜六色，又奇形怪状，很像现代派的美学家，它们的到来，让土里土气的南瓜变得生动起来。

猜想之前的情形，大概是这些草虫顺着架南瓜的杆子向前爬行，来到尖端的嫩叶上时看没了道路，便爬到了触须上。触须细嫩，便于草虫们带刺儿的腿脚抓握，它们慢慢地绕着触须爬了几圈，不明白道路为什么越走越难。也许它们早就习惯了这里，南瓜触须成了它们的体育器材，直的部分是单杠，圆圈就是吊环，晃晃悠悠的，就是秋千吧。

蜜蜂来过。这里没有蜜，它肯定是来玩儿的。同伴不在，它有些无聊。我看它上杠的动作有些笨拙，上下了两次，无趣，就飞走了。

小蜻来了。它不喜欢吃素，这根触须是独木桥，冤家路窄，它以前可能就是像这样劫持猎物的。但今天它好像没什么耐心，走走停停，不一会儿也展翅飞走了。

也看到过蜗牛爬上来玩儿。蜗牛是素食主义者，据说是牙齿最多的动物，细砂纸一般地锉着吃东西。蜗牛虽常见，我却不知道它喜欢吃什么。它是胆小的动物，慢吞吞的，稍有风吹草动，身子就缩进壳里。它趴在南瓜触须上，我竟然想到了很不搭的一句诗：长河落日圆。

瓢虫也找到了一根南瓜触须，它一定是在寻找爱吃的蚜虫，可惜，这上面没有。这是一只红色的七星瓢虫，颜色鲜艳，背部像上了大漆一样反着亮光。红绿对比，亮丽生动。半球形的身子精巧标致，红底黑点的着色很有美学品位，是自然的杰作。翠绿的南瓜触须之上有一只红色的瓢虫，齐白石的工笔也描画不出这么美妙的场景。

我也曾看到一只翠绿的尺蠖爬上南瓜触须。尺蠖一定是非常胆小的虫子，它爬爬停停，总不忘摆个"非虫子"的造型，以免被天敌发现。它和南瓜触须的颜色几乎相同，二者都如同翠玉，也很和谐。在暗色的背景下，触须和尺蠖纤毛毕现，我满意极了。

将拍的照片发给朋友看，对方的反应出乎我的意料："哎，一只虫子你拍这么清楚干吗？"

# 为什么总害怕给别人留下不好的印象

□陈以二

我这种"下巴缺一块"的人，吃东西时很容易掉在衣服上，我时常会想：身边的人怕是会觉得我有智力障碍吧，怎么又把东西吃到衣服上去了？

最尴尬的是穿白色的上衣，喝咖啡时不小心洒了一些上去，擦不干净的咖啡渍在白色的衣服上尤为明显。走在街上的时候很不自在，如果在熟人面前，还可以解释一下这是不小心弄上去的，来不及回家换，在陌生人面前则根本就没有解释的机会。越是这么想，就越觉得别人都能注意到我衣服上的这块污渍。

其实，走在摩肩接踵的人潮里，真正注意到我的人很少，能够注意到我衣服上有一块咖啡渍的人更是微乎其微，一切只是我的心理作用。有一个词叫概念焦点效应，说的就是我们总把自己当成焦点，从而高估别人对我们的关注程度。

也许我们都有过这样的体验，刚到一家新公司入职，总觉得别人有意无意投来审视的目光，所以一言一行如履薄冰，但对别人来说，无非就是又来了一个新人。我们在意的那些东西，别人很少会注意，就算注意到了，常常很快就会忘记。

人们不仅会高估别人对自己的关注程度，还会高估自己内心外露的程度，放大我们的失误。比如第一次做项目提案，你紧张得手心微微发汗，格外在乎这个小细节有没有讲错，那个地方的口误是不是很糟，你觉得整体发挥比预期差很多，没想到客户却很喜欢你的方案。

洒在自己衣服上的咖啡渍就像我们的情绪变化一样，只有我们对自己身上有没有污渍最为了解，也只有我们能够敏感地察觉到自己的情绪发生了细微的变化。有时我们以为自己的不快都写在脸上，以为内心的忐忑即将跌出胸口，事实上这只是错觉。

如果不是处于接受审讯这样的特殊场景，想要别人察觉你身上那些细枝末节的东西，真的不是一件容易的事情，因为别人同样会下意识地把焦点放在自己身上，你担心他是否发现了你身上的咖啡渍，他心里想的却是自己的新发型是否引来了路人的笑话。

这也是为什么我们总觉得自己都已经这么不高兴了，男朋友怎么还没有发现。

找到能够敏锐地察觉你心事的朋友或情侣，是一件难能可贵的事情。我们苦苦想要寻找的那些理解和懂得，建立在对方愿意给予更多关注的基础之上。

意识到大多数人给予我们的关注总是比我们认为的要少之后，在对待亲密的人时更应放低要求，别总是索取他们的关注。或许可以想想，你需要被关注的部分被你正确表露了几分，而你又对身边的人给予了多少关注。🌱

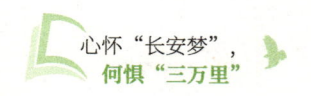

## 什么都不信，可能是见识太少

□祝小兔

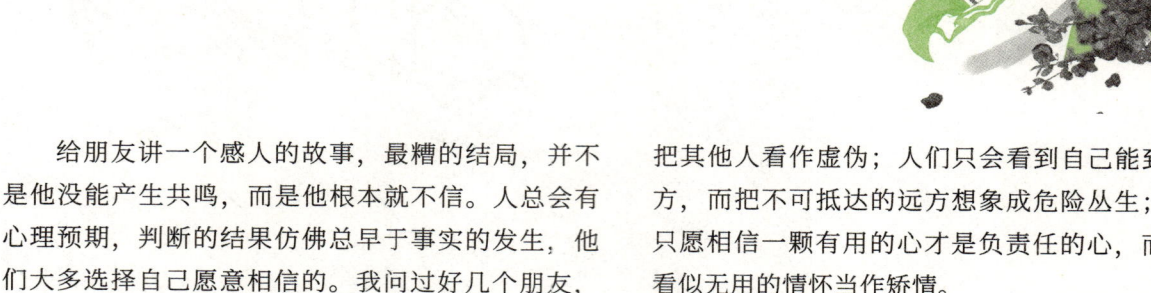

给朋友讲一个感人的故事，最糟的结局，并不是他没能产生共鸣，而是他根本就不信。人总会有心理预期，判断的结果仿佛总早于事实的发生，他们大多选择自己愿意相信的。我问过好几个朋友，什么时候相信有艺术存在这回事。

有一个朋友告诉我，当他走进意大利乌菲兹美术馆，在拥挤的人群中努力探出脑袋，亲眼见到波提切利最重要的作品《维纳斯的诞生》的那一刻，他相信了世上真的有艺术这回事，真的有那么一幅作品，美得让你心颤。在这之前，他怀疑艺术是大家构建的谎言，是附庸风雅的惺惺作态。

小时候最容易相信别人，但很快就会被教育：轻易信任是一种很不理智的行为，是一种单纯、幼稚、没有见识的行为。有了一点经历后，我发现，在越来越难以相信的成人世界，见识越多的人反倒越容易相信。

见识多的人，因为时常走出自己的小世界，知道这世界上有那么多与自己不同的人和生活，有无数多彩的人生和绚丽的梦想。于是，他们不轻易做判断下结论，不把"怎么可能"挂在嘴边。

现在的世界，要让人相信，真的是一件很难的事情。我也是在走出原来的小世界后，遇到了那么多有趣的人，才知道世界上还有那么多无功利心的人。讲究实用只是生活态度的一种，还有许多态度可归为无用，却同样动人。我把所见讲给以前的朋友，常被他们批评太天真。我把他们的故事写下来，也有人会质疑其真实性，猜测这背后的驱动力。

人们只愿相信跟自己的价值观相同的人，而把其他人看作虚伪；人们只会看到自己能到达的地方，而把不可抵达的远方想象成危险丛生；甚至，只愿相信一颗有用的心才是负责任的心，而把一切看似无用的情怀当作矫情。

从轻易相信到凡事质疑，里面包含理性之光；而从凡事不信到再次愿意相信，背后则是见识和格局的变化。

小时候读辛波丝卡的诗，觉得无比浪漫。"他们彼此深信：是瞬间迸发的热情让他们相遇。"之所以觉得浪漫，是因为他们相信偶然，相信邂逅。

如果听过黄昏时酒瓶在街角碰撞的声音，闻过夜晚茉莉的香气，见过晨光中涓涓细流漫过大理石时的闪光，尝过新鲜的果子，扶过宏伟桥梁的栏杆，眺望过教堂的尖顶被天空衬得低矮，你就会幸运地明白，所谓的好生活，是深入这个世界的一点一滴。

卡夫卡说："信仰是什么？相信一切事和一切时刻的合理的内在联系，相信生活作为整体将永远继续下去，相信最近的东西和最远的东西。"

我理解的最近的东西，就是你眼前真实的情感，最远的东西就是志存高远。那么，信与不信有那么重要吗？也许并没有。但是只有我们相信的东西，才有可能反过来选中我们。

我不想轻易说不信，因为很有可能是自己见识太少。

理性与智慧并不代表质疑一切，眼界会让我们变得更加慈悲和开阔。人生路越走越窄，有时不是因为我们不够聪明，而是因为不再相信。

# 仓促的玉兰

□ 马晓燕

玉兰是春天的蛊，而在晚春开放的花往往有些孤注一掷，收不住自己。小城滨河路一带是白玉兰，公园里是紫玉兰，小区里是广玉兰。丽日下，白玉兰仿佛一道光，把天空刺得格外蓝，像镶在心里的一面镜子，明净，博大，透彻。紫玉兰颜色瑰丽，却透着一丝莫名的惆怅，像是一位待嫁的新娘，忐忑着，既害怕生活的苦，又期望着诸多的美好。广玉兰的叶片略显肥厚，碗状的花朵歇在树上，乍一看，以为卧着几只乖巧的白鸽。

这些玉兰，都是有色无香的，令人想起"天然去雕饰"的诗句，也多亏了不香啊，那么大的块头，要香起来，不就一盆一盆、一碗一碗地倾泻吗？若是重重地倒过来，或是狠狠地掷过去，不把树下的人撞得趔趄才怪！某日傍晚，我在滨河路散步，路旁洁白、丰腴的玉兰花在眼前依次招摇，诱惑着对美毫无定力的我，遂使我竟对花中的庞然大物也起了"歹心"。可惜每一朵花都高挂南枝，我也算身高臂长之人，但无论是使劲踮起脚尖，还是铆足了劲儿跳起来，就是无法把它们揽入怀中。

天快黑了，我瞅着四下无人，一改平日的矜持，脱掉高跟鞋，弓身攀上矮树，终于够到了花枝。心里一阵窃喜，没想到用力过猛，我竟然失手将整段枝条都掰了下来。正在此时，路边突然靠过来一辆轿车，我连人带花，暴露在了耀眼的汽车灯光里。那一刻，我进退两难，僵在那里，咬着嘴唇，尴尬地笑着，准备迎接一场劈头盖脸的训斥或者讥讽。

没想到那人狡黠一笑，锁上车门，点了支烟走开了。我在落荒而逃的途中，倒是想起了一句话："美丽的女人即使做了再坏的事，都容易被人原谅。"现在，这句话是否可以改成"人们总会轻易饶恕一个做了美丽坏事的女人"？

只是，万物都有自己的宿命，再好看的花在迟暮的时候，甚至颓败得令人胆战心惊，其中最不堪的，大致就是玉兰了。梨花或桃花落地，犹有泪痕满地的娇弱。可凋落的玉兰呢，又肥又腻的身子像一块脏兮兮的旧抹布，或者一团皱巴巴的餐巾纸。

玉兰也永远成不了养在花瓶里的精致的插花，因为它一离树很快就垮了，先是精神，接着是肉身。也不是整个儿地枯萎，而是一片一片地丧，一瓣一瓣地沦，像是心被凌迟着的人，被精妙的刀法割得痛不欲生，剩下的最后一口气，也只是用来承受不断袭来的、无以复加的疼痛。目睹了它失魂落魄的样子，我从此再也不敢攀折它的花枝了。

如此高傲的花朵，当真只适合远远地端详，被人仰望。它清高，骄傲，其实也脆弱。它们的花期很短，好像只有几天。长风一到，就迫不及待地卸下浑身的沉重，纵身扑向大地，那种决绝当中，一定有着不为人知的匆促与悲凉。而在我看来，凋零的玉兰花是不屑任何哀怜的，既要美得惊心动魄，也要走得干净利落。有时候我无端地想，这玉兰若是开在冬天的雪中，大致是最美艳与高冷的了，肯定还有一些居高向上的雄心与梦想。后来我无意中读到清代诗人查慎行的《雪中玉兰花盛开》一诗，才忽然明白，在雪中盛开的玉兰，这世上也是有的。查慎行的诗中说："阆苑移根巧耐寒，此花端合雪中看。羽衣仙女纷纷下，齐戴华阳玉道冠。"

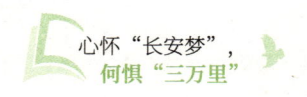

## 读书，"装"得多，才能"输"得好

□陈 默

这里所讲的"装"，并非"读"之意，那种鸭子吞食般"食而不知其味"的"读"不是真正的"装"。"装"，是读者对书籍的"吸收"，是理解后的"储存"。我们只有平时"装"得多，方能在今后的应用中"输"得精彩。

首先，我们需要一种好的读书状态，那是一种心无旁骛、无比放松的状态。

有位作家曾这样描述过他的读书状态："我看书，很多时候是一种休息，一种很好的休息。因此，我看书也很少正襟危坐，怎么舒服怎么读，躺着读书也是有的。阅读时的身心是最放松的，读时偶有所获，或记在纸上，或记在手机便笺中。"

上面这位作家的感受诚然是真实的。试想，一个完全放松、内心徜徉在书籍字里行间的作者，他品文字，悟情感，思主题，虑内涵，对书中内容一览无余，那种感受一定是十分惬意的。

放松阅读就能抛开功利，没有顾忌，让心灵融入书籍之中，让人在书中来一场精神之旅。在旅途中，读者的心灵尽情地亲吻着书中每个文字，感悟每个字符的甜蜜与奥妙。读者的这种感受至甘至醇，美不胜收。

正如一位读者这样描述自己的放松读书的感受："选择一个舒适的姿势，让整个心灵浸润于书籍的泽惠里，怡然如西湖卧游，静定如枯荷听雨。待街灯四起，掩卷沉思，心里全是抑制不住的欢愉与怡然。"

这样放松地读书，心灵必然会被书籍沾染个遍，浸渍个透，倘若再用这颗剔透玲珑之心去写心得，写下的每个文字必然弥漫着原著的馨香。

放松地阅读，既是读书的一种境界，也是阅读的一种方法，唯有静心读好原书，品透原著，那些经过读者潜心感悟的东西才能顺利"装"入大脑。

其次，读书还须借助我们生活的体验，与作者感情对接，产生情感上的共鸣。

共鸣，是读者（听者）在个人体验基础上，被书（曲）中内容所打动，从而产生的一种强烈的心理感受。

《红楼梦》中的才女林黛玉，就是一个极易产生情感共鸣的高手。《红楼梦》第二十三回有这样的情节：黛玉走到梨香院墙角上，只听墙内唱："原来姹紫嫣红开遍，似这般都付与断井颓垣。"顿感缠绵，便止住脚步侧耳细听："良辰美景奈何天，赏心乐事谁家院。"听了这两句，不觉点头自叹。又听："则为你如花美眷，似水流年……"她不觉心动神摇。又听到"你在幽闺自怜"等句，竟然如醉如痴，蹲身坐在一块山子石上。《西厢记》中"花落水流红，闲愁万种"之句骤然涌上心头，她不觉心痛神痴，眼中落泪。

才女林黛玉的此番经历给我们上了生动一课：偶听到院内凄凄歌声，顿时入了心，带着自己寄人篱下的生活体验，用心倾听歌词，与剧中人物感情迅速对接，从而产生一种强烈的"心痛神痴，眼中落泪"的感受。

读书也是如此，只有与读者产生共鸣，才算真真正正走入书中，融进书中。

最后，读者的读书感悟，应有一种"不吐不快"的强烈欲求。

书读完了，与书中人物共鸣后的情感便在胸中酝酿得愈加炽烈，大有一种"不吐不快"的欲求。于是，读者应利用不同途径，或微博，或微信，或演讲，或作文，来表达那种被书籍触发的浓烈情感。

读书后获得的知识及激发的情感毕竟不同于我们身边有形的物体，装进去就是装进去——袋子扎好，就不会无缘无故地跑出来。而我们的知识和情感是富有灵性的，不想它，不用它，时间久了往往会"灰飞烟灭"。由此可见，"输出知识"对于巩固读书成果至关重要，是长久储存知识最有效的手段。

# 土拨鼠到哪里去了

口 北辰冰冰

随着科技的发展，我们身边的诱惑越来越多。手机、电脑以及游戏软件，在入侵我们的生活。时间在不知不觉中被消磨掉，我们却浑然不觉。我们随心所欲地刷朋友圈，逛京东、淘宝，重复着索然无味的生活和工作。有一天，突然感到厌倦——这一切都是没有目标以及一定要完成某事的决心所致。有人说，有目标的人在奔跑，没目标的人在流浪。想要完成我们想做的事情，关键在于我们想要的是什么。

据《哈佛家训》中记载，有一位老师给学生讲了一个故事：

有三只猎狗追赶一只土拨鼠，土拨鼠钻进一个树洞。这个树洞，只有一个出口，可不一会儿，居然从树洞里钻出一只小猪。小猪向前疯狂奔跑，并爬上另一棵大树。小猪躲在树上，仓皇中没站稳掉了下来，砸晕了正仰头看它的三只猎狗。最后，幸运的小猪逃脱了。

讲完后，老师问大家："这个故事有什么问题吗？"

学生甲说："小猪不会爬树。"学生乙说："一只小猪不可能同时砸晕三只猎狗。"学生丙说："小猪怎么跑得过猎狗？"……

教师继续问："还有其他问题吗？"

直到学生再也找不出问题，老师才说："你们都没有提到——土拨鼠到哪里去了？"

土拨鼠到哪里去了？老师的一句话，一下子将学生的思路拉到猎狗追寻的目标上——一只土拨鼠。因为小猪的突然出现，大家的注意力不知不觉中转移了，土拨鼠竟在头脑中消失了。

其实生活中的很多事情也是这样：我们本来想给某人发条微信或查下信息，却在浏览一遍感兴趣的信息后，忘了原来要干啥。

生活中，也会不时地出现一只小猪，把我们引导到其他地方，让我们忘记目标；而知道自己想要什么，你就会第一时间奔着目标而去，忽略那些诱惑你的风景。

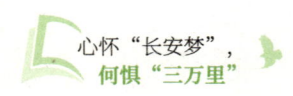

# 警惕第一根稻草

□ 郭韶明

有个人很苦恼，她的各路朋友总是找她借钱，一般她都不拒绝，也不是什么大数目。可是，好像所有人都闻到了这个气息，最后，连刚刚交换名片的陌生人都向她开口借钱，搞得她相当苦闷。借吧，自己很多地方也需要用钱。不借吧，又担心形象受损。

一个朋友讲起他的心事。

他觉得自己就是公司里填缺补漏的万金油。谁家里出点小事，谁的差不想出，谁身体不舒服了，谁不想加班，工作肯定都会落到他的头上。最后，连别人要约会，要逛街，都能成为他替人留在办公室的理由。他很困惑：怎么每个人都心安理得地欺负他？

两件事放在一起，想说的是，其实女孩和我的朋友，都有机会阻止局面往糟糕的方向发展。可是他们都没有，或者不愿意，而是不断地让步，直到局面糟糕透顶，无法收场。

想起心理学上有种现象叫作"破窗效应"。就是说，如果有人打破了一幢建筑物的窗户，而这扇窗户得不到及时维修，那么，别人就可能受到某些暗示性的纵容，去打烂更多的窗户。

人际交往也一样。我们都等着别人将第一扇窗户打破，然后没有任何负担地去打破其他的窗户。

比如，公司里有一个人比较好说话，那么身边的人就容易向他提出要求。如果这种要求得到积极回应，肯定会有下次。一次又一次之后，这个人就会变成"好人"。当周围的其他人遇到麻烦时，也会要求他伸出援手。因为他们断定，这个人不会拒绝自己，所以，他们会肆无忌惮地提出更多要求。

同理，如果你有借钱给别人的先例，不仅同一个人会不断向你提借钱的事，这个消息还会传遍你所在的圈子，当你的任何一个朋友急需用钱的时候，都会首先想起你。他们才不管你是否拮据，他们的诉求是借到钱！

任何一种不良现象的存在，都传递着一种信息，这种信息会导致不良现象的无限扩展；任何坏事，如果在开始时没有加以阻止，一旦形成风气，想改已经来不及。

所以，无论在什么样的状态下，无论对谁，都慎开第一扇破窗。如果第一扇窗户已经在不自知的时候打破了，当机立断及时修补无疑是明智之选。

如果你已经放弃自己的原则做了一件事，那么，当第二件事到来的时候，不妨扭转一下局面，建立起自己的底线。当你建立起自己的底线时，别人一定不敢轻易触碰。因为，你让别人知道，你这里不是畅通无阻，而是有钉子，碰着了对谁都没好处。

你还可以把别人的要求打一个折扣回馈给他，那么，下回他自然会要求得少一些。因为开口之前，他起码会想一想，自己遭到拒绝的概率有多大。

人与人的交往就是这样，双方都在不断试探彼此的底线，然后在一个不能前进的地方停住，画一道线，彼此相安无事。

所以，一些看起来是偶然的、轻微的"妥协"，如果你没有警觉并加以矫正，只会纵容更多的人"去打烂更多的窗户"。

人们从来不会想到，情况已经足够坏了，所以，我要适可而止；这个人已经足够可怜了，所以，我不能再欺负他了。

为什么最后一根稻草能压死人？

因为之前老给一个人加稻草，他也没什么反应，他能忍，他一声不吭，人家就觉得还可以继续给他加稻草，直到他倒下毙命，别人还很奇怪，没觉得有什么呀，他不一直这样吗？

没人告诉他，需要警惕第一根稻草。

# 鞋里的小石子

口米 哈

我们必须承认一个事实：完全没有压力的日子是不可能实现的。

哪怕我们一生处于顺境，但生活中的小事情，例如塞车、吃意粉弄脏了白衬衫、忘了支付账单等，往往比大事件更让我们沮丧，正如拳王阿里曾说的，有时候让你感到疲惫不堪的就是鞋里的小石子。

《强韧心态》一书的作者萨曼莎·博德曼提醒我们，与其幻想自己总有一天（如退休后）可以生活在一个"零压力"的世界，倒不如从当下开始学会与困难共存，并培养内心的韧力，将压力和辛勤工作转化成生命的力量。

博德曼是美国威尔康奈尔医学院医学博士，也是该院的精神科临床讲师兼主治医师。她在书中旁征博引，引用了不少实验、案例与理论，指导我们如何训练强韧心态。

首先，我们要明白，同样的困难，落入不同人的生活，可以产生不同程度的压力，而这取决于大家内心的强韧度。换言之，面对同样的困难，有些人会被击沉，甚至影响到生活的其他部分，有些人却能在心理上将困难封锁起来，继续在生活的其他部分好好运作。

宾夕法尼亚州立大学教授大卫·阿尔梅达认为，人的心理倾向有两类，就像魔术贴的正面与反面。"反向人"倾向于在困难之中陷入消极情绪，疏远他人。当"反向人"遇到挫折时，很可能会放弃原有的约会、课业、娱乐节目，而沉迷于暴饮暴食或疯狂追剧之类的活动，却又于事无补。

相反，"正向人"充满活力，善于计划，又可以随机应变，让自己尽可能参与更多更好的活动，丰富生活经验，而在面对失败时，"正向人"倾向于寻求他人的帮助与支持。

博德曼引用这一理论，旨在指出内心强韧，不等于要孤军作战。内心越是坚强、积极的人，越是懂得寻求他人的支援与帮助。训练强韧心态的第一个行动，就是走出自己的心理牢房，与别人分享你的想法、不安、恐惧。

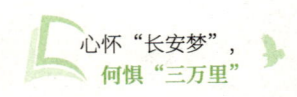

## 住在声音里的彼得·潘

□潘云贵

你见过天将破晓时半明半暗的曙色吗？我见过。

高一那年的冬天，冷风刮着宿舍楼道，未被关上的窗户在风中呼呼作响。楼道上除了我，没有别的身影。我对着清晨严寒的空气，念着《哈姆雷特》中的一段台词。这是我进行的第十五遍练习。下午，学校的话剧社将进行演员选拔，我喜欢的人也会参加。我期待自己和对方都能被选中，最后登上舞台，让镁光灯照亮我们。

这些念头成为那段时间我心脏跳动的全部意义。我忍受着寒冷和孤独，任面颊通红，声带不断受到磨损，依然念着书中的台词。我告诉自己千万要加油，才能穿越人海自信地站在她的面前，望向她瞳中的银河。

但很快，现实将我拒之门外，而她进了门里，正跟被选出的男主角一道排演。我无法忘记自己在发出第一个音的时候，话剧社社长将我打断的场景，他带着笑跟我说："你不适合，你的声线只能演小孩子，像哈姆雷特这样历经沧桑的角色，需要成熟的音色。"他一语落地，围了一圈的众人都不禁跟着笑。我的脸像挨了巴掌一样红，我低着头，走出人群，走到学校的一处角落，见无人，便哭起来，胃都在跟着抽搐。

我留恋青春期抵达前的所有时光，在没有特别区分性别的岁月里，我的声音在那时没有人会觉得有问题，相反，我还嘲笑某些提前发育的男孩子声线沙哑，像鸭子嘎嘎叫。到了五年级，因为声带比一般男孩子细，发出的声音格外清亮，加上学习好，各科老师都很喜欢我。语文老师把我推荐到学校广播站去，我成了唯一的男播音员。

在这个地方，我很快找到了声音带来的快乐。我模仿电视主持人，挤出情感拿腔拿调地朗读各种文章，有时捏着嗓子，有时故作低沉，沉浸在自我声线构筑的世界里。这样的播音生活一直延续到初三，没有接到任何投诉，相反，还得到众多人的赏识、表扬。

但在中考前的一次播音结束后，我突然意识到了自己声音的问题。那天我像往常一样走进学校广播室，按下话筒，朗读了一篇关于亲情的文章：一位母亲辛苦养育孩子，到了一定岁数后，被生活折磨得疯了，遭到村子里孩子的欺凌，儿子回来见到，不禁抱住母亲大声痛哭。

读着读着，我的眼泪都要浸湿桌上的广播稿了。我想教室里一定会有人为此痛哭流涕。想到这里，我的心中竟很有成就感。

我愉快地结束播音，出来时，见到两个男生在一旁，一边看我，一边嘟囔："看到了吧，是个男的，刚刚那篇文章就是他读的。"

"真的吗？可是我真的不敢相信他的声音是那样的。"

"你也看到了，从广播站出来的没有其他人了，你输了，必须请我吃饭！"原来他们是在拿我的声音打赌，我觉得自己受到了羞辱，便难堪地走掉了。

那个晚上，我没再开口说话，一个人绕着操场跑了很多圈，双手撑着膝盖气喘吁吁，周围有人跑过，我怕自己喘气的声音被他们听见，使劲儿憋着。

之后，我越发觉得自己是被上帝遗忘的孩子，他忘了塑造我的声线，让它还停留在昨天。我越来越不敢开口跟别人说话，怕他们窃窃私语，怕他们嘲笑我，内心的门窗逐渐被锁住，越来越紧。

直到上高一的时候，见到同学L，一个喜欢朗读课文的女生，声线温柔甜美。每次她一念字句，感觉海风都吹来了，我们正坐在甲板上，在大海中央摇晃。她想去演话剧，我便想跟着。谁知结果不尽如人意，我沮丧极了，躲入一个角落里，灭火似的哭起来。

后来我遇见G，他专门从话剧社跑出来找我，见我在哭，便跟我说："你的声音很好听，非常干净，我很喜欢，想找你去广播站播音，可以吗？"我原本都放弃了当播音员的想法，G的出现给绝望中的我带来一丝慰藉。我想出一口气，对着话筒大声喊出自己的名字，让那些否定过我的人听见，我需要让人知道自己并没有被他们的目光和嘲笑击垮，我活过来了。于是我擦干眼泪，对G点了点头。

G长相清秀，额前微长的刘海被风吹开。他仿佛周身带着光，一笑，岁月就明亮起来。

我庆幸自己黯淡难过的时光里有了G的陪伴。他的声音比我好太多，声线有些少年老成的沧桑，是我满怀期待长大后能拥有的音色。他吉他弹得很棒，每次班级表演节目时总少不了他的身影。

进入高中广播站一段日子后，我深知自己播音水平一般，但G总在鼓励我、理解我，他说我的嗓音清亮。

"不要刻意压低声线，隐藏自己身上的独特性，那正是我们记住你的地方。"我永远忘不了在一次播音结束后，他对我说的这番话，像穿越人海的星光落在我的肩上。

如今，我的同龄人都已陷入生活的泥沼，被俗世灌入太多的烟火气，模样出落得像他们曾经的父亲、母亲，说起话来，庸俗、粗粝，声音再不如昨。但我还如年少般单纯、青涩。从前厌恶过的声音成了讲台下的学生喜欢自己的一个原因，读者能在我写下的篇章里寻得少年心性，多半也是自己年少的声音不曾遗失的缘故，我在这如光似的声线中轻易就返回过去，拾取种种。

昨天，声音让我变得孤独；此刻，声音使我变得独特。我感谢生命长途中给予我光亮的G。

忍耐一切的嘲讽，承受一切的目光，伤心也好，失落也罢，就当作这世界为我们所织的长衫，披在身上，前行。等时间的魔术师将身旁所有人都变成一样，我们就是辽阔宇宙中与众不同的行星，一颗颗都分外璀璨。

你见过彼得·潘吗？这是苏格兰作家詹姆斯·马修·巴利笔下的一个人物，是个会飞的野男孩，带着有梦的少年们在永无岛上冒险。他无忧无虑，天真如昨，永远都长不大。

如果你没有见过他，没事，你可以听听我的声音，他一直住在我的声音里。

# 疑 心

□天 潼

车的左后轮瘪了一半，去打气，维修工说是被人放了气。于是去找物业，被告知露天停车场监控坏了。

此后停车常左顾右盼，常发现一楼有人探头观望。于是忐忑，换位置。可过往路人也有驻足观望的……

小区管理如果缺位，有可能破坏邻里关系。而容易怀疑别人，也是一种心魔。

# 每个人的世界都有两个小时候

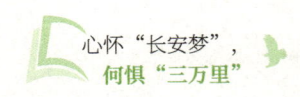

□ 丛非从

每个人都有自己的小时候。小时候是个情感很复杂的词,有童年的快乐、无忧无虑,也有各方面的伤害、触目惊心。

小时候最大的特点就是认知局限。因为知道得少,容易快乐。也因为知道得少,不太能保护自己。因为知道得少,有很多遗憾。有人说小时候是纯真,其实就是简单,既好,又坏。

实际上每个人的世界里,都有两个视角下的小时候。第一个是记忆中的小时候,那是一个"小时候视角"之下的小时候,也是一个有着认知局限的视角。第二个则是成人视角下的小时候。

小时候的你,经历了很多伤痛。你的父母可能会忽视你,他们忙于工作、农活、其他孩子、亲戚,然后让你孤独地长大,没什么关心和陪伴。这让你性格有些内向,又不太能跟小朋友玩在一起,加重了你内心的孤独。你的父母可能比较情绪化,他们挑剔、焦虑、易怒,让你的小时候很压抑,容易讨好别人,没得到什么安全感。这让你有些自我否定和小心谨慎,不太敢绽放自己。

当你回忆起自己的小时候,最大的感受可能就是弱小。那时候的你经历了很多风暴,什么都抵抗不了,不得不承受一切。没钱、没爱、没力量、没自主权。当然,因为弱小不用承担太多,可以在父母状态良好时给予的庇护下,茁壮成长。

小时候还有一个关键词,就是不可改变。小时候已经过去了,好的坏的都过去了,回不来了。因为不可改变,所以会渐渐遗忘,专注于当下的烦恼:身边的谁谁给了我这些那些伤害。然而潜意识并没有遗忘,当下的这些烦恼其实就是小时候的无数次重复:你可能对孩子发火、忽视、苛刻、想抛弃,这时候就会让孩子体验到你小时候的感觉,经历你小时候的经历;你可能对伴侣不满、想放弃、抱怨、评判,这时候就让伴侣经历你小时候的经历,像你小时候一样被对待;你可能对自己各种挑剔、忽视、自我要求,重复着小时候父母对自己的行为。

让自己依然在重复自己的小时候,使得你正在成为早年的父母,让你身边亲近的人成为小时候的你。小时候其实一直在你的现实生活中重演。小时候过去了,但小时候的经历带来的影响一直都在。

幸运的人一生都被童年所疗愈,这种人很少见到。大部分人都是不幸的,在用一生疗愈童年。如果不去看见,你的一生可能都会在重复小时候的某些创伤中度过。

我们需要去看看小时候的你,都经历了什么。然后用成人的眼光,重新去看待。这也就是每个人世界中的第二个小时候:成人视角下的小时候。也就是当你成年后,你可以带着成年人的经验重新看待小时候自己的经历。

同样一件事,在不同的视角下观察,是有不同的理解和感受的。比如,小时候你看《情深深雨濛濛》,为爱情所感动;成年视角下看则是何书桓怎么这么渣。当你感觉自己在受苦,换个视角,可能就会有不同的体验。

用小时候的视角和成年后的视角看待自己当年

的那段经历，感受是不同的：小时候的视角，是一个弱者、受害者的眼光，看待强大的父母是如何伤害了自己，自己是如何无法自由选择、被迫长大的。成年后自己的视角，则可以重新系统地看待小时候的经历，你有足够的智慧、能力、坚强，帮助自己掌握更多资源，获得生存能力。

小时候的很多事你不理解，但加上你成年后的经验重新去看，你就会有新的理解。当你用成年后的眼光重新看待小时候，小时候的很多经历就会被重构。你就找到了新的自己：

其实你一直都很厉害，只是你没发现。

当你感到现在的生活还充满痛苦，当你经常感到自己弱小无能，那可能是因为，你现在的认知还停留在小时候的视角。虽然你的身体长大了，但思维还是小时候的思维。当你用新的经验、成年的视角、更丰富的经历来理解当时的事，能用系统的角度去看待事情，就不会像小时候的视角那么偏颇了。

重构小时候的认知，就是重构你现在的人生。现在我们可以用成年视角重新经历一遍小时候。小时候不能在现实层面再来一遍了，但可以在我们的理解里，重新来一遍。那会是全新的你。

# 永不向海低头

□［俄］帕乌斯托夫斯基　译/佚　名

　　由此往西，隔着浓重的阴霾，在文茨皮尔斯那边，有一座小小的渔村。这是个普通的小渔村，矮矮的房子，袅袅的炊烟，一张张渔网摊在风中晾干，一艘艘黑乎乎的小汽艇被拉到了沙滩上，一条条易于受骗的毛茸茸的狗在各处窜来窜去。

　　几百年来，一代又一代拉脱维亚渔民居住在这个村子里。有多少目光羞涩、嗓音清脆、淡色头发的少女变成了皮肤粗糙的矮墩墩的老妇人，终日裹着厚实的围巾。又有多少两颊红润、戴着漂亮鸭舌帽的小伙子变成了满脸胡须的老头儿，眯着一双双与世无争的眼睛。

　　可渔夫还是和几百年前一样，出海去捕捞鲱鱼。而且和几百年前一样，并非所有的渔夫都能生还。尤其秋天，当风暴在波罗的海中卷起狂澜，寒冷的浪花像开了锅一般沸腾的时候，更是如此了。

　　然而尽管发生过不知多少次海难，尽管曾不知多少次摘下帽子以悼念葬身鱼腹的伙伴，渔民们仍然继续他们的事业——那充满风险的、繁重的、由祖辈和父辈传下来的事业。人不应当向大海低头。

　　在村旁的海中兀立着一座高大的花岗石岩礁。很久很久以前，渔夫们在岩壁上刻下了一行铭文："悼念所有死于海上和将要死于海上的人。"这行铭文远远就能望见。

　　我知道这行铭文后，觉得它跟一切墓志铭一样，不免有些忧伤。但是把这件事讲给我听的那位拉脱维亚作家不认同我的看法，他说："恰恰相反。这是一行极有英雄气概的铭文。它说明人是永远不会屈服的，不管风险有多大，也要继续自己的事业。我倒想把这行铭文作为卷首语，题在每一本描写人类的劳动和不屈不挠的精神的书本上。对我来说，这行铭文可以读作'悼念所有曾经征服和将要征服这个大海的人'。"

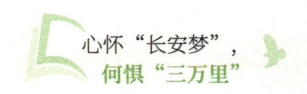

# 学习博主
## 站在流量的风口

□周雨萌　朱娟娟

晚上10点，下晚自习的小雅推开家门，简单收拾后就坐到书桌前，打开平板电脑立在支架上，点击"摄制"按钮，开始镜头下的埋头学习。

她做完一份试卷并订正完要两小时左右，整个过程会被剪辑成1分钟左右的视频，最终发在某社交平台她的个人账号上。

小雅在安徽读高三。在网络上，她有另外一个身份——学习博主。

近年来，在社交平台、短视频平台，像小雅这样分享个人学习过程的自媒体博主不断涌现。有考研时线上相互陪伴、鼓励的"研友"，有为未来发展筹备的大学生，也不乏为升学奋斗的中学生。这些博主或以图文形式更新自己的学习日常，或录制视频剪辑记录自己的"沉浸式学习"，或在直播间"直播学习过程"，讲述备战高考、考研等的学习经验。

### 当手机从"潘多拉魔盒"变为记录学习的工具

小雅开启学习博主之路"纯属偶然"。

2021年1月，她随意发了一条记录自己写语文诗词作业的图文帖子，没想到被不少网友点评"写字好看"，收获了近2000点赞。随后，她补发了几篇与作业相关的内容，反响都不错。有粉丝问及一些学习方法的问题，小雅便开始分享记笔记心得、作文素材等"干货"。

一段时间后，小雅发现，不少"学习博主"的视频比图文帖子流量更高。在简单学习拍摄、剪辑技巧后，2022年4月，小雅改用视频来呈现自己日常学习的场景。

这些视频果然引来更高的流量。有网友留言说，隔着屏幕看小雅专注又认真地写作业，"自己学习也更有动力了"。

在河南，"00后"诺密比小雅早一年"入海"。她做学习博主起初是为了"提升自制力"。

2020年，读初三的诺密在家上网课，由于自制力差，她过上了昼夜颠倒玩手机、"应付式"上课的生活，"我也知道快要中考了，但就是一边焦虑，一边沉迷手机，无法自拔"。

她想到了学习时用手机录视频的办法，"在镜头下，仿佛有很多双眼睛在盯着我，我可以控制自己的行为，变得专注许多"。

手机由"集各种诱惑于一身的潘多拉魔盒"一跃成为记录学习的工具，于是诺密的成绩排名不断上升。

### "学习博主们真的在学习吗"

学习博主提供的是一种"陪伴感"，类似于"电子陪伴"学习、"云"同桌的感受。

诺密觉得，和粉丝"互相陪伴的感觉很温暖"。之前有一名处于初三升学期的粉丝来找她咨询问题，后来她发现，这名粉丝随后也成了一名学习博主，从初三时一度颓废的状态走出来，考上了省重点高中。

不过，种种"正向反馈"之外，学习博主们也受到了质疑。

在天津一所高校读大三的星星从高中就关注了一些学习博主，在给喜欢的帖子点赞的同时，她有些疑惑："那些好看的笔记、剪辑的视频应该很耗费时间，他们是怎么做到学业和课业相平衡的？"

在小雅和诺密的描述里，做学习博主，就是"把手机架起来录制、做自己的事就好"；剪辑视频借助软件操作"也简单",经过几次练习熟悉方法后,通常10多分钟就能剪辑好一条小视频。

尽管如此,迈入高三的小雅和诺密也坦言,"时间太紧张,有时感到力不从心"。

而伴随访问数据、粉丝量的上升,面对由此可能带来的收益,有的博主选择了"造假"以博取流量。有用户在社交平台上发布的"打假学习博主"的视频显示:一名博主总是录制5秒左右的视频,然后反复播放,配上励志字幕。观众粗略扫过难以察觉。被"曝光"后,网友们纷纷指责其系"假学习博主"。

华中科技大学大三学生柳金曼曾是学习博主领域的忠实粉丝。她发现,有的博主"把学习当成了一种工作":一名直播考研的学习博主每天从早上5点学到晚上11点,但考研考了3次还没考上。直播学习期间,该博主特意推介了不少产品,比如学习用具、考研资料。

## 回归"记录"初心

一些认真做内容的博主,确实发现过商机,或直接收到商家递来的邀约。

是"坚持初心"继续认真做内容自我监督、激励他人,还是"另辟蹊径"博眼球、博流量?其间的平衡木如何走,成为眼下一些博主正在探索的问题。

"要对获得的流量和粉丝负责任。"面对上涨的粉丝量,诺密身上多了一种使命感,逼着她不断成长。

诺密想报考传媒或商科类专业。"做学习博主增加了一点人生阅历,也帮我进一步明晰了自己的兴趣与潜力所在。"她和不少品牌合作方打过交道,在交涉对接的过程中,发现品牌传播、市场营销等都是未来自己想要深入的方向。

正在深圳一所中学读高二的静雯,2022年3月开始做学习博主,最初发的视频只有几十次甚至更少的播放量,这对她的自信心一度造成了不小打击。"数据的一点波动,都会影响情绪。"每天,她一有空就想打开手机,点进平台看看点赞情况。一段时间后,她突然意识到,这和"记录"的初心相去甚远。

"我作为学生,拍视频只是兴趣,主要的还是学习。"最近,她关掉了手机,调整好心态,将更多精力投入学习中。

# 秘 密

□倪 匡

相当久之前,看过一篇小说,一对夫妇,婚后数年,妻子一直为一件事烦恼——丈夫的书桌上,有着一只锁着的抽屉。于是妻子就千方百计,想知道那抽屉中有什么秘密,由暗示变明示,要丈夫打开来看。而丈夫就是不肯打开。于是妻子就发挥了女性的想象力,丰富至极,去设想那抽屉中是什么……结局如何,不是很记得了,那并不重要,重要的是,这篇小说可以说是一个寓言,说明了一桩事实:

人人都有秘密。即使是最亲近的人之间,也有不想被对方知道的秘密!

千方百计去把别人心中的秘密发掘出来,不但是最愚蠢的行为,而且是极可怕的行为,愈是想去发掘关系亲密的人的秘密,就愈是愚蠢和可怕。

不但人人都有不想人知的事,人人也有权保守自己的秘密。

而事实上,人人都有能力保守自己的秘密,再严酷的"逼供",再精密的调查,都无济于事。

别去打探他人的秘密,不管这个人是你的什么人!

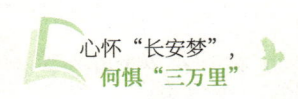

# 李白拿起又放下的"箸",在历史上有什么故事

□金陵小岱

### 行路难（其一）
### 唐·李白

金樽清酒斗十千，玉盘珍羞直万钱。
停杯投箸不能食，拔剑四顾心茫然。
欲渡黄河冰塞川，将登太行雪满山。
闲来垂钓碧溪上，忽复乘舟梦日边。
行路难，行路难，多歧路，今安在？
长风破浪会有时，直挂云帆济沧海。

李白《行路难》中的两句诗"停杯投箸不能食，拔剑四顾心茫然"，将自己惆怅、茫然的心情描述得非常生动。诗句中的"箸"是指筷子，这双筷子就像是李白的心事，拿起又放下，放下又拿起，足以展现出李白内心的矛盾与茫然。只是筷子究竟是什么时候走上古人的餐桌呢？在"箸"变为"筷子"的过程中，又发生了什么有趣的事情？

在古代，筷子如李白诗中所写，它被称为"箸"，而"箸"字最早出现在战国时期《韩非子·喻老》中："昔者纣为象箸，而箕子怖。"商纣王生活奢靡无度，吃饭用的筷子居然是用象牙做的，他的叔叔箕子看到后十分恐慌。箕子认为既然用上了象牙筷子，那么商纣王就不会再满足于用土陶器皿，很快就会换上用犀角和玉做的杯子来配这双象牙筷子。这样奢靡下去，岂不是有亡国的危险？

这句话给了我们一个重要的信息：早在商朝时，古人就已经用上了筷子。商纣王当时用的是象牙筷，说明普通筷子的出现要早于商纣王在位时期。

从"箸"的构字来看，古代的筷子最早是用木头或者竹子制成的，而木头与竹子容易腐烂，所以很难考证出筷子发明的时间。

那么古人手中的筷子与现代人的筷子一样吗？从出土的文物来看，筷子在明代以前大多数呈圆柱体，最多也就是六棱柱。到了明代，筷子则出现了一个非常明显的变化，即"首方足圆"。这很好理解，"首方"就是指筷子的上部为方形，"足圆"是指筷子的下半部分为圆形。这种改良有一个最大的好处，那就是当筷子放在桌上或者盘碗上时，它不会随意滚落。

同时，因为筷子变成了四棱柱，于是喜欢"作妖"的古人在筷子美学上也有了发挥的空间，他们开始在筷子上雕刻花纹，篆刻诗文。

古人是从什么时候开始将"箸"改称为"筷子"的呢？别看只是改个名字，很多古代文人还不太乐意。这些不愿意将"箸"改名为"筷子"的文人，认为称"箸"文雅，叫"筷子"俗气。其实早在明代，民间就已经出现了"筷子"这一叫法。明代陆容《菽园杂记》中记载："民间俗讳，各处有之，而吴中为甚。如舟行讳住，讳翻；以箸为快（筷）儿……今士大夫亦有犯俗称快儿者。"江南水乡以水为生的渔民和船民，特别忌讳"住"这个字，所以也忌讳说"箸"。因为一旦船停住了，就意味着没有生意可做，也就没有钱可赚，于是江南渔民和船民干脆反其道而行之。你不是要叫"箸"吗？我偏要快！就这样，"箸"渐渐地就变成了"快"。

古代文人觉得就算要"快"吧，也请你们有点文化，于是他们非常机智地给"快"加上了一个竹字头，也就是我们如今写的"筷"。你以为这样就大功告成了？不，更多的古代文人没有这么好说话，就算有"筷"字的写法，他们也坚决不把"筷"字当成书面文字，如《康熙字典》直接无视"筷"这个字，压根儿就不想收录。

当然了，语言文字的发展岂是无视就可以阻止的！从明代晚期开始，古代文学作品里渐渐出现了"快儿"这个俗称。如明末清初的苏州大才子冯梦龙曾在他编纂的吴语民歌集《山歌》中的《咏物四句·箸》中写道："姐儿生来身小骨头轻，吃郎君捻住像个快儿能。"题目用高雅的"箸"，正文写"快儿"，就是这么任性地雅俗共赏！

清代小说《儒林外史》中，大多数时候都称筷子为"箸"，比如范进的三换箸，但在第二十二回，又写道："走堂的拿了一双筷子，两个小菜碟，又是一碟腊猪头肉……"又比如《红楼梦》第四十回，刘姥姥进大观园与贾母一起吃饭，其中"箸"与"筷子"都多次出现。可见，"筷子"也随着语言文学的发展渐渐成为书面语。

筷子这么常见的日用品，自然会与古人发生很多故事。其中最有名的莫过于汉代张良"借箸代筹"。当年楚汉相争，正当刘邦与项羽相持不下时，有个叫郦食其的纵横家给刘邦出了个主意："不如您先分封战国时期六国的后代吧！"刘邦也不知道这话对不对，于是在吃饭的时候，就问张良："这个主意如何呀？"张良一听，觉得郦食其这个人简直是胡说八道，于是他从桌子上拿了一把筷子，帮助刘邦分析问题的利害关系。张良每提出一个反对理由，就摆出一根筷子，最后桌上足足摆上了八根筷子，这便是"借箸代筹"的典故。后来，刘邦听从了张良的意见，才成就了两汉四百多年的统一大业。

到了唐代，筷子还被当成奖品赐给臣子。《开元天宝遗事》卷一记载："宋璟为宰相，朝野人心归美焉。时春御宴，帝以所用金箸令内臣赐璟。"唐代的宋璟当宰相的时候，朝野上下都对其赞不绝口，于是有一次春日宴，唐玄宗就把自己用的那双金筷子送给了宋璟，并且夸赞他像筷子一样正直。不过宋璟并没敢用皇帝奖励的金筷子吃饭，而是把它供在了相府。

# 你可曾错过美好

□张家鸿

无钱买书，并非身上没有多余的钱买书，而是没有花钱买书的习惯。为何如此？因为书价太高、太占空间、搬运太累。从不花钱买书的人，书是他们生活的绝缘体。书不参与打造他们未来的人生之路，书无缘支撑个人乃至整个家庭的骨架。

对书小气的人，大多是重物质轻精神的人。长此以往，书也会对他们小气。书也会建起一座围城，把自己和许许多多的美好关在城内，让城外的人继续在红尘里浮沉，让他们不仅从无窥探城内虚实的念想，而且从不知道世界上有书这等珍贵之物。

心怀"长安梦",何惧"三万里"

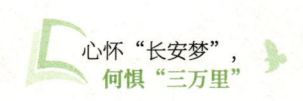

## 一个尖子生决定去读大专

□兜 兜

从小,我就是长辈们口中的"天才",大家口口相传,说我三岁就能读书看报,父母也以此为炫耀的资本,虽然我自己对此早就没了印象。

初中,我从县城考入了市级重点学校,这所学校每年约有一半的学生会升入全省前五的高中,进入985、211等名牌大学。虽然我当时就确诊了抑郁症,频繁地休学复学,导致比别人多读了一年,但依然以大致全市第1000名的成绩考上了省城的一所省重点高中的实验班。我原本以为,我也会跟学校里的大多数学生一样,沿着这样的人生轨迹成为小镇做题家。

但整个高中,我依然饱受抑郁症折磨,频繁地请假住院,甚至休学。而加上休学的一年,高中四年,我的在校时间不足两年。

我面临一个我之前做梦都想不到的选择:复读,或者去读职业技术学校,其中复读,是我在高考前就考虑过的,毕竟,对一个怀揣清北梦的小镇做题家,职业学校太遥远了。

但父母极力劝说我去读职业学校,他们不忍心看着我拖着疲惫的身心在题海中再煎熬一年。于是成绩出来后,我还是去翻看了报考指南。这时我惊讶地发现,如果读职业技术学校,文科生也可以选择信息安全技术应用专业,一个理论上属于理科的专业。

高一时,因为兴趣,我通过互联网接触了一些网络安全相关的知识,也报名参加过一些现在看来不太专业的课程,甚至尝试参加一些计算机编程比赛,虽然因为心态太差,被老师"请"出了集训队,但确实从中收获了很多乐趣。从那时起,我就明确了自己对计算机的热爱。

高二文理分科,父母极力劝我学文,理由是我经常请假,学理会落下太多,学文会好一些。于是我放弃了未来可以学计算机的理科,选择了文科。现在想来,父母说的其实也不无道理,整个高中我基本没有听过一节完整的课,如果学理科,恐怕连365分都考不到。但学习文科的过程,我确实没有找到太多乐趣。

所以高考结束,翻看职业技术学校的报考指南时,看到信息安全技术应用专业,我的内心又起了一些波澜,一个曾被埋藏的梦想被点燃。我决定认真填报志愿,虽然只能填职业技术学校,但还是把所有没有信息安全技术应用专业的学校,按分数从高到低,都报考了,并最终被上海电子信息职业技术学院录取,读上了人们常说的"大专"。

在踏入校园前,我对职业学校没有任何概念,非常忐忑。但进入学校后,我发现这里的校园生活,似乎和我想象中的普通大学并无太大差别。图书馆不会人挤人需要占座,但也有很多专心学习的同学,还有好几个以学习为中心的社团,学校老师虽然不会强力督促你,但只要学生愿意学愿意问,课内外的问题都会认真解答。

连同学们都十分友好,我们班上有几个同学是从中专升上来的,专业技能特别优秀。这一点,我是在大一的第一门专业课上发现的。当时老师上课教授的知识,我还没捋顺呢,他们的答案早就脱口而出了，问过后才知道，他们在中专时就学习过相关课程，现在只是讲得更深入了一些，而我们从普高升上来的学生，都是从零开始，自然学得慢一些。

此外，我本来自认为高中时接触过一点相关知识，一些方面的专业技能还算有点基础，但真正尝试参与一些课外比赛时才发现，自己简直是被他们吊打，因为我零散的知识点，实在无法与他们强大完整的知识体系相提并论。

后来我发现，论高考录取分数，我是这所学校在我们省录取的第一名；论大学期间的绩点，我是专业第一；但要论实践能力、职业技能水平，我和他们确实有很大差距。

读大专这几年，我也参加了一些比赛。学校最重视的应该是今年春晚都提到的世界技能大赛吧，虽然在比赛中没拿到很高的名次，但我还是学到了很多专业知识，而这些知识和实践紧密联系，在后续实习工作中都有很大作用。

我的一个朋友刚好在某本科院校读网络安全专业，跟我学的算是同专业，他有时也会和我抱怨，学的东西不接地气，一点用都没有，出来找工作摸不着头脑，全靠背面试经验。我想我如果读的也是本科院校，是不是也会有这样的抱怨和迷茫？

但我的确没有这种感觉。现在的我，利用所学技能，可以发掘出各个网站的漏洞并报送至漏洞平台，可以对安全设备进行配置、监测、研判并对攻击进行溯源，可以编写一些自动化脚本辅助我的工作……我不觉得我读本科院校的朋友没有这样的能力，只是如果他想把所学的知识融会贯通并加以实践，可能要比我多花一些工夫。

此外职校带给我最珍贵的礼物，可能是难得的自信。如前所述，我的初高中都是市重点省重点，强者如林，再高的分数一旦放在年级里便黯然失色，我也因此备受打击。而现在升入职校，课程从初高中的重理论变成了重实践，刚好贴合了我的优势，而有了兴趣这一强有力的推动力，我的学习意愿高涨，学习能力也不算差，自然可以轻松掌握课堂内容，取得优异成绩。这在很大程度上提升了我的自信心，也让我的心理状态越来越好了。好的心理状态又促使我把更多精力放在学习知识技能而不是处理自己的情绪问题上，这实际上又形成了一个良性循环。

大学暑假期间，我参与了一些实习，通过一个项目，在不到一个月里，拿到了人生第一笔工资：13900元。这个数字听起来像是为了"凡尔赛"而编的，但确实是真的。后来我和高中班长聊到这笔实习工资，他羡慕至极，说自己虽然读了不错的一本学校，但毕业后，还是只能找到月薪五六千元的工作。

我又一次开始从所谓世俗的角度思考职校带给我的一切。我之前一直觉得，从职校出来可能也没什么出路。但现在看来，显然我错了。我拥有了还说得过去的技术，可以找到薪资还不错的实习工作。学校专业课的对口性很强，相对而言与工作内容比较贴合，自然也就没有了那么多职业选择上的迷茫。

对未来，我依然有很多展望，我可以选择就业，也可能专升本，甚至通过专升硕出国，尝试做做学术是不是也挺好？我不否认在现在的社会环境里，学历会在一定程度上限制我的发展，毕竟很多企业还是会用学历作为筛选简历的第一道关卡。但我知道我也有了选择的权利，我也可以有无限可能。职校也不比本科院校差到哪里去嘛。

## 印 象

□ 戴望舒

是飘落深谷去的
幽微的铃声吧，
是航到烟水去的
小小的渔船吧，
如果是青色的珍珠；
它已堕到古井的暗水里。
林梢闪着的颓唐的残阳，
它轻轻地敛去了
跟着脸上浅浅的微笑。
从一个寂寞的地方起来的，
迢遥的，寂寞的呜咽，
又徐徐回到寂寞的地方，寂寞地。

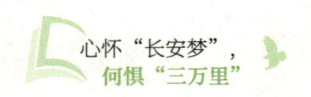

# 唐朝人如何表达友情

□ 佚 名

### 高适与董庭兰：唐朝版"伯牙与子期"

《列子·汤问》中载："伯牙善鼓琴，钟子期善听琴。"

春秋战国时期，伯牙善鼓琴，却一直没有遇到能听懂自己琴声的知音，直到一次野外弹琴结识钟子期。子期虽为樵夫，却极善听琴，凡是伯牙心中所想，子期必能通过琴音知晓。伯牙志在高山，子期便说："峨峨兮若泰山。"伯牙志在流水，子期便说："洋洋兮若江河。"二人心意相通，引为知己。子期亡故后，伯牙在子期的坟前抚了平生最后一支曲子，然后尽断琴弦，终生不复鼓琴。从此，高山流水成为世人传颂的佳话。

一千年后的唐代，琴师董庭兰像伯牙一样身怀绝艺，善弹七弦琴，但当时朝野盛行筚篥演奏的胡乐，所以欣赏董庭兰琴技的人始终寥寥。而高适略通音律，与董庭兰结识后，深知其技艺不凡，欣赏其琴声优美，被董庭兰视为知音。加上当时的高适正仕途失意，同样的不得志使得两人更是惺惺相惜。

可天下没有不散的筵席，子期的离去是伯牙心中永远的痛，坟前摔琴永不复鼓，后人在感怀其知己情深的同时，不免感到遗憾和悲凉。反观高适和董庭兰，即将远去的董庭兰，有了高适的信任和鼓励，前行路上想必亦无所畏惧，这对唐朝版"伯牙与子期"带给我们更多的是一种积极乐观的人生态度。正如诗中高适对董庭兰的临行嘱咐：朋友，人生确实艰难，但请你尽管昂首迈步向前。

《诗经·王风·黍离》里说："知我者，谓我心忧；不知我者，谓我何求。"友情何其珍贵！古今中外，无数人在追寻，也有无数人为此写下文字，留下一段段关于友情的千古佳话。接下来，让我们走进古人的友情世界。

### 李白和贺知章的友情：金龟换酒得知己

天宝元年（742年），已经四十多岁的李白被玄宗召进宫中做官。李白把家里的事情安排妥当之后匆匆赶往长安。但玄宗把他撂在一边，没有马上接见他。当时李白孤身一人住在小客店里，这个消息很快传到了贺知章耳中，贺知章十分兴奋。八十多岁的贺知章对李白的才华早就听闻一二，却没有见过本人。

第二天，贺知章就迫不及待地去一睹李白的风采。刚一落座，贺知章就追问李白是否有新作拿出来观赏，李白就把自己的《蜀道难》呈给贺知章。读完《蜀道难》，贺知章夸赞不已。不久，很多慕名而来的诗人和李白的朋友都赶来了，贺知章主动提出要为李白接风洗尘。这顿饭从中午一直吃到深夜，其间人们吟诗作对，好不欢乐。众人酒足饭饱，贺知章摸了摸自己的口袋，尖叫一声"坏了"，他发现自己没带钱，该怎么付这顿饭钱呢？他随即要取下金饰龟袋付账。李白阻拦说："使不得，这是皇家按品级给您的饰品，怎好拿来换酒呢？"但贺知章还是坚持用它付了账。

后来两人成了忘年交，长安城里也有了"金龟换酒"的典故。贺知章去世之后，李白独自饮酒，怅然有怀，想起当年金龟换酒，便写下《对酒忆贺监二首》。

### 愿"以柳易播",换刘禹锡安乐

柳宗元与刘禹锡自同登进士起便互为知己,风雨同济整整二十六载,堪称当世楷模。

永贞革新失败后,两人一同被贬,柳宗元向刘禹锡发出"晚岁当为邻舍翁"的邀请,许下老来同住的约定,就此分别。

元和十年(815年)春,两人分别从贬谪地被召回长安,十年离散,一朝重聚。这份喜悦不过持续两个月,朝廷的政令就下来了,二人仍是外派,只是要换个地方。柳宗元被改派为柳州(今属广西)刺史,刘禹锡被改派为播州(辖境相当于今贵州遵义和桐梓等县地)刺史。相对于柳州来说,播州地势更偏僻,环境也险恶得多,刘禹锡此番上任还要带着八十多岁的母亲,其母恐怕是凶多吉少。

柳宗元得知后,竟然冒着顶撞朝廷的罪名,自请用条件稍好些的柳州换刘禹锡的播州。他做出这个决定全然是因为他曾经的遭遇,十年前柳宗元初次遭贬,其母年迈之前往,结果因为环境恶劣,水土不服,第二年便去世了。推己及人,柳宗元不愿友人和自己有同样的遭遇,便提出了"以柳易播"。最终在当朝宰相裴度的帮助下,刘禹锡得以改派到连州(今属广东)。宦海沉浮,经历多年人情冷暖,柳宗元仍能舍己为友,是情深使然,亦是品性使然。

### 元白:坚同金石,爱等兄弟

元稹说他与白居易之间的友情"坚同金石,爱等兄弟",而且这句话出现在他给白居易的母亲所写的祭文之中,更见其感情的真实性。

自古文人相轻,元白二人感情如此热络,当然有更深层次的原因。

元稹和白居易少年之时就相识,他们同在贞元十七年(801年)参加科举,双双中第,后来又一起在华阳观学习,参加难度更大的制科考试,又是双双胜出。少年时的美好记忆当然是不会轻易忘却的。

而在长安准备应试的几年间,两人一同学习、一同探讨问题,不论是文学观还是政治观,都高度一致。他们共同发起中唐文学史上著名的新乐府运动,被世人称为"元白"。面对中唐时期日益严重的宦官专权现象,他们奋起反抗,也一起遭到宦官集团的报复。在被贬之后,两人在经济上互相扶持,精神上互相鼓励,虽然见面的日子很少,但通过诗文保持着密切的联系。最出名的应数白居易写给元稹的《与元微之书》:"微之微之!不见足下面已三年矣,不得足下书欲二年矣,人生几何,离阔如此?"

# 坏汽车

□ 刘 按

一个句子里的大雨,下得再大,也影响不了现实世界。这场雨只在一个很短的句子里,安静地下着,只有偶尔读到这个句子的人,才会注意到这场雨。这个句子,静静地陈列在一篇无人问津的小说中,而且在中间的位置,在它前面,有上百个糟糕的句子,会让你放弃阅读。要遇见一个怎样喜欢读小说的人,才能读到这篇小说的中间啊。已经很多年没有人读过这个安静下雨的句子了。有一天,一个汽车修理工,同时是一个小说爱好者,终于快读到这个句子。他只要再读一分钟,就会读到这个句子了。这时,有一辆汽车缓缓停在了汽车修理店门前。

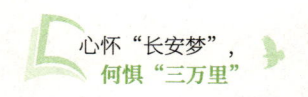

## 那些年，我们请假用过的"撒手锏"

□ 马海霞

上大学那会儿，学校请假制度严格，除了固定的节假日，想上课时间休息，一没医院开的病假条，二没妥妥地让辅导员无法驳回的理由，还真是堪比登天。

可以理解，学生来学校就是为学习，无故耽误学业有失学生本分；再则，大家离家近的几百里，远的上千里，在那个电话未普及、通讯还靠信件和电报的年代，一旦学生离开校门，辅导员的心便揪起来了，满满的责任呢。所以，在请假问题上，真得脑洞大开，和辅导员斗智斗勇。

那时我们请假无非思乡心切，或是想去外地找同学玩，但这些理由是拿不到桌面上的。有一次上海的同学写信邀我逛苏杭，我打算找辅导员请三天假，再加上一天半的休息日，就可以有四天半的时间自由支配。

宿舍姐妹集思广益，最后，商量出请假理由：大哥结婚，需要请假三天。其实那时我侄女都一岁多了。老四说，若大哥结婚这假能请下来，明年你二哥结婚，你还能再请三天。老六考虑问题细致，她说，请假需挑个黄道吉日，结婚都是用单日不用双日，比如国庆节、劳动节、元旦结婚都是好日子，这些都是单日子。

老六的这个说法，众姐妹一致反对，因为排除这些特殊节日，一般结婚还是选双日子喜庆。我思索半天，最后给大哥选了一个阳历单日子，农历双日子"结婚"。写信和上海的同学约好行程，我提前一天找辅导员请假，我还没说完呢，辅导员便回了我一句："你好好在校学习，是送给你哥嫂新婚最好的礼物。"

班里同学再请假，有了我这个前车之鉴，参加哥、姐婚礼这个理由就此终结了。

隔了不久，老二要请假去北京见男友，鉴于我上次的惨痛教训，老二直接抛出了"外婆去世，要请假回家参加丧礼"，并成功让辅导员准假四天。

老二外婆在她还没出生时便去世了，老二说，这个理由她轻易不出手，至此，只用过三次，初中一次，高中一次，大学一次，请假通过率百分百。

我们对老二羡慕不已，老二说，羡慕啥，我只有外婆去世了。老大爷爷奶奶都不在了，可以请两次假。老三爷爷奶奶、外公外婆都不在了，可以请四次假。

有一次，邻宿舍的小辫子想请假回家，她家离学校有一千多里，平时很少动回家的心思，但她那段时间失恋了，心情郁闷，有种断肠人在天涯的孤独感，急需回家用亲情疗伤。小辫子人老实，一说谎话便脸红，于是有人给她出主意，让她写信给家乡同学，让同学往学校发一封电报"外公病危，速归"。

就这样，小辫子将电报往辅导员面前一放，四天假期便滚到她碗里来了。但事后小辫子还是惶恐不安，唯恐外公在梦里找她算账。众人劝她，你外公去世四年了，再病危一次算不得不敬不孝，再说隔辈亲，外公在天有灵，肯定会原谅你的。

大四那年，宿舍老大有封电报"爷病危，速回"。下午，老五去收发室看到了，替老大取了回来。晚自习时，才想起那封电报，忙递给老大，说："给，你请假的尚方宝剑。"

老大一看电报，瞬间泪崩。原来是老大的父亲病危，她的家乡称呼父亲为"爷"。但这事儿老五不知道呀，老五只晓得老大爷爷早去世了，这封"爷病危"的电报肯定是老大请假的幌子，便没有及时送给老大。

那晚，我们班里几名男生骑着自行车载着我们宿舍姐妹赶到了火车站，直至将老大送上凌晨两点的火车，才返回学校。十几名同学一起翘晚自习，夜不归宿，我们一点也不担心扣学分、受处分，因为大家知道，真正的大事儿完全可以先斩后奏。

多年后，大家回忆起上学请假这些损招，辅导员笑着回，他早看出我们这些小伎俩了，不点破，是因为他也是从青春走过来的。别的假说拒绝就拒绝，但唯有参加丧礼这假，他必须准。因为这个理由用不了几次，不到万不得已，我们也不会出此下策，强把我们留在教室，人在，心也不在。

原来，我们以为的战无不胜的请假撒手锏，不过是辅导员高抬贵手罢了。

# 当我们说流行语时，我们在想什么

□徐默凡

语言不仅是交流的工具，也是一种思维工具；语言不仅塑造了我们的社交方式，也塑造了我们的认知方式。当我们在说流行语的时候，流行语也不可避免地影响到我们的思维活动。

现在的网络流行语，虽然有新鲜、活泼、接地气的优点，但也存在三个明显的缺点：浮夸化、标签化和浅薄化。浮夸化就是追求夸张的语义表达，动不动就封"王"称"霸"，说"神"道"仙"，语不惊人死不休。标签化就是把复杂的社会现实以及人物和事件，都粗线条地划分为有限的类别。浅薄化就是不追求形义配合的深层语言趣味，而只进行形式上的浅加工，能夺人眼球就够了。谐音梗就是浅薄化的一个典型例子，每年通过谐音的方式会产生大量的流行语，比如"蓝瘦香菇"（难受想哭）、"集美"（姐妹）、"雨女无瓜"（与你无关）等。

如果长期使用浮夸的流行语，难免会养成一种过度夸张的思维习惯。对习惯使用网络语言的一代人来说，似乎所有的东西都是被放大的，都能以"哇哦"这样的情绪表达出来。

热衷于到处套用网络流行语，很容易简化思维活动。比如"打工人"。在人际交往中，按照这样简单分类的方式去评判他人，我们就不愿意去深入体会一个人身上的复杂性和全面性，在某种程度上也是网络语言暴力频繁产生的一个重要原因。这种语言使用方式对我们认识世界、看待社会、处理人际关系都是有很大危害的。

慎重地对待语言，就是慎重地对待我们的思想。

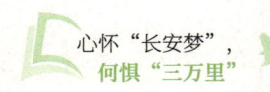

## 墙上的"猪"

□ 王悦微

下午，校长来找我，说不知哪个学生在三楼走廊的白墙上写了一个大大的"猪"字，请我去查看一下，力争"破案"。

校长说的是力争，而不是确保，因为他知道，要在全校上千名学生中揪出这个搞破坏的小孩，无异于大海捞针。

也难怪，暑假里，学校刚进行了翻修，刷得雪白的墙壁让学生们跃跃欲试，谁让他们正是"猫狗都嫌"的年纪呢。

我来到三楼，仔细查看了墙上的那几个字，"301，猪"。嗯，字迹粗犷豪放，多半是出自男生之手。字写得很粗，我又凑近看了看，基本判定是用毛笔蘸上颜料后所写。学生不会平白带毛笔来学校，可见该同学所在的这个班今天有美术课，而且必须上色。

下课的时候，学生们一般就近在自己班所在楼层的走廊上活动，不太可能去其他楼层，所以我又把范围缩小到三楼的几个班级。这个楼层一共有3个班，分别是301班、302班和401班。我去教导处查看了一下各班的课表——今天只有401班在上午上过一节美术课。

我为自己的推理暗自得意，与学生斗智斗勇的乐趣让我兴致勃勃。这种得意，全然不是发动全班相互检举、写告密信那种权威式窥探所能比的。我憎恶那种让学生之间充满警惕和怀疑的方式，虽然也许那样能更便捷地揭开谜底。当一位老师始终能够意识到"孩子只是孩子"，并且不轻易以恶意去推测孩子们的动机的时候，就不会那么容易生气了。

我到401班的教室里一看，空无一人，学生们都下楼活动了。秋风很凉，从敞开的窗口滑进来，哗哗地翻动着桌上的书。我一边等他们回来，一边盘算着等会儿要以怎样的方式层层揭开谜底。在这个侦破的过程中，每一个眼神都要细细酝酿，拿捏到位，一着不慎，就可能满盘皆输啊。

下课铃声响了，学生们陆续回到教室。我微笑着扫视了一下他们，和蔼可亲地问道："同学们，今天的美术课，哪些人带了颜料来上色啊！"

台下呼啦啦举起了七八只小手，他们七嘴八舌地告诉我，大部分同学还在给美术作品打草稿。"我还没来得及上颜色呢！"前排的小个子男生大声说。

我继续微笑着，未加解释，请这几个举手的学生上台在黑板上写一个偏旁。

当然得不动声色，让学生摸不着头脑，老师才好做文章。

写什么偏旁呢？很简单，就写一个反犬旁。

请各位注意"猪"字的反犬旁，它的正确笔顺是：撇，弯钩，撇。然而，白墙上的这个"猪"字，它的反犬旁笔顺是：撇，弯钩，提。这是一个很特别的书写习惯！

那几名学生疑惑地走到黑板前，按我的吩咐，每个人都写了一个反犬旁。其他人的笔顺都对，只有一个男生，他的笔顺是：撇，弯钩，提。

我不动声色地把他带到走廊上，指着墙上的那个"猪"字，问道："这是你写的？"

我在问话的时候，紧紧盯着他的双眼，透露出一种坚定而自信的气场来。虽然在最后的结果出来之前，我对自己的推测并没有十足的把握。

他的目光顿时慌乱起来，"不是"二字已脱口而出，但一抬头，马上就在我的目光中败下阵来，垂头丧气地点了点头。他慌乱地求饶道："老师，我知道错了，我以后再也不敢了……"

我又问了他的动机是什么。其实很简单，就是出于无聊。如我所料，这几个字都是用毛笔蘸上颜料写的。

校长毕竟是宽厚的，说让他做一天义工，第二天在学校打扫卫生，记住这个教训。至于那面白墙，就让总务老师去粉刷，免去家长出工出钱了。我带着这个男生到总务老师的办公室，让他恭恭敬敬地给老师鞠了一个躬，请老师原谅他带来的麻烦。

我没有把这个孩子带到班里进行公开批评。我始终记得，当我还是一名学生的时候，我的老师曾对我说过这样一句话："连上帝都会原谅你们，何况是我呢？"我也还记得，当年刚工作不久，为一点儿小事而斥责学生的时候，一名老教师曾告诉我："当面表扬，私下批评。小孩儿再小，也有尊严。"因一念之差而让一个孩子站在全班同学面前接受批评，那种屈辱又羞愧的感觉，单是想想就觉得太残忍。所谓"因为懂得，所以慈悲"，大概就是这个意思吧：因为他是孩子，所以理解他的淘气就像打喷嚏那样，是忍不住的。

教育，就是耐心地等孩子们慢慢成长，让他们在爱和宽厚里学会控制自己的淘气，最终长成美好的人。

# 黎明的感觉

□ 钱理群

梭罗在《瓦尔登湖》里提出了一个概念，叫作"黎明的感觉"。"黎明的感觉"就是每天早上睁开眼睛，你便获得了一次新生，你的生命开始了新的一天：一切对你来说都是新鲜的，你用新奇的眼光与心态去重新发现。这就是古人说的"苟日新，日日新，又日新"。

我很同意梭罗说的另一句话，他说人无疑是有力量来提高自己的生命质量的。外界的环境我们管不了，因为我们都是普通老百姓，但你可以有意识地去提高自己生命的质量，通过自己的主观努力去创造一个有利于自己发展的小环境。

直到今天我还保持着一个习惯，我周围的人都知道，我总是给自己设置大大小小的目标，或者读一本书，或者写一篇文章，或者编一套书，甚至是旅游，我都把它诗意化，带着一种期待、想象，怀着一种激情，兴致勃勃地投入，以获得写诗的感觉。我强调生命的投入，全身心投入。我跟前几届的北大学生都说过，"要读书你就拼命地读，要玩你就拼命地玩"，这样，你就可以使自己的生命达到一种酣畅淋漓的状态。

我追求这种生命的强度和力度，以及酣畅淋漓的状态，这同时是一种生命的自由状态。

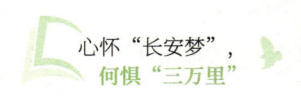

# 一周七天制是如何统治全球的

□贝小戎

我们的生活很多方面以一周为周期，比如上班、上学、联赛。据说，上帝造人用了六天，第七天休息。第四天，上帝说："天上要有光体，可以分昼夜，作为定节令、日子、年岁的记号，并要在天空发光，普照大地。"但全世界从19世纪才开始普遍以七天为周期展开生活，因为城市化之后，社会变得更加复杂，人们之间需要相互协调，在农业社会并没有这个必要。

美国历史学家大卫·亨金写了一部专著，叫《一周》。跟一年、一个月不同，一周七天并不是一个自然界中存在的时间节律，太阳决定了日、季度和年，月亮决定了每个月，但一周七天是人们的发明（它也可以是一周五天或十天），且已经全面渗透到了我们的体验中。忘记今天是星期几，就会感觉晕头转向。直到19世纪，许多新教徒也不会说周几，只会说几天前如何如何。没有报纸、上班安排、周薪的时候，星期几并不重要。虽然有时选举一般在周一、周二举行，聚会和婚礼在周四举行，死刑在周五实施。日本直到1873年才采用一周制。

为什么一周是七天呢？除了上帝创世纪，许多文明用太阳、月亮和另外五个星球来命名星期几，比如周四Thursday源自Thor，周六Saturday源自Saturn（土星）。还有一种神经科学的解释是，我们比较擅长记忆七个数，再多就不容易记住了。

有了工厂之后，发薪日是周六，加上周日就有了周末。工人周一往往迟到甚至旷工，老板就要求周一上午准时上班。周一到周六成了工作日。周一是洗衣日。后来家政专家建议女性按照七天来安排家务，周一修理，周三熨烫，周五扫地，周六查看食物存储情况。在美国乡村，邮件每周一次，在固定的日子到达，为情书提供了一个很好的节奏（等待时，七天较为合适）。人们开始按照周来感受时间，你可以闻出某一天是周四，你可以听出哪一天是周三或周日，因为附近有剧院演出。

按照七天为周期后，因为比一个月短，人们觉得时间过得更快了。这么快又到周一了？这种周期还有一个问题，当我们说了某一天的日期之后还说当天是周几其实没必要，2021年11月16日，周二，这一天并没有另一个周二。

英国经济学家蒂姆·哈福德在《塑造世界经济的50项重大发明》中写到了闹钟，也就是各地采用统一的时间，这是出于火车运行的需要。"长久以来，时间一直由行星运动定义。早在知晓地球绕轴自转和绕日公转之前，我们就在谈论天和年。月亮的圆缺给了我们月的概念，太阳的升落给了我们正午的概念，白天当太阳达到最高点即为正午，当然这取决于你所处的位置。如果你碰巧在埃克塞特，要比伦敦晚14分钟看到。这增加了乘客赶火车时的混乱，火车有碰撞的风险。于是铁路系统开始采用"铁路时间"，铁路时间基于格林尼治标准时间，由著名的天文台设立。所以，根本就没有什么"正确的时间"。如同货币价值，这是一个协议，其实用性源自得到广泛的接受。

相比之下，一代人的概念这一发明就不太靠谱了。哈佛大学教授路易·梅南说，一年是地球绕太阳一圈的时间，但自然界没有跟十年、一个世纪、一千年对应的周期。我们喜欢这些整数是因为我们有十个手指头，我们就经常说"70后""80后"。按照人类的繁殖情况，年青一代成为年老一代通常是30年。希罗多德说，一个世纪大约是三代人。到了1800年左右，代从家庭移植到了社会。出生在某个阶段、30年内的人属于同一代人，这并没有生物学基础，但科学家和知识分子可以由此理解社会和文化的变迁。社会发生变化也许是因为人变了，而且是每30年变一次。现在一代人的时间跨度一般是15年。"代"这个概念并不是很科学，不同年龄组的人其实相似之处更多，是咨询公司刻意要给人按年龄分类。没有理由认为年轻人更有可能成为新技术的受害者，说对电子设备上瘾会导致青年人精神障碍，就像以前说摇滚乐会让孩子变成野兽。

# "不渡"的智慧

□侯兴锋

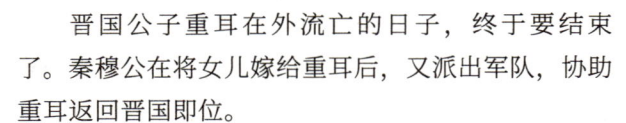

晋国公子重耳在外流亡的日子，终于要结束了。秦穆公在将女儿嫁给重耳后，又派出军队，协助重耳返回晋国即位。

大军不一日便来到黄河，渡河之际，重耳见手下将过去流亡时的旧衣旧物搬到船上，不禁哈哈大笑说："我即将入国为君，这些破旧东西，留之何用？"便命手下将旧物都丢到河中。

重耳的谋臣狐偃见了，心中很不是滋味。重耳尚未回国，就已将过去的困苦抛在脑后；若一朝登基为君，他是否会对这些过去追随他一起流亡的臣下弃如敝屣？

该怎样提醒一下重耳呢？

轮到狐偃上船的时候，他却留在岸上，没有要离开的意思。在众人的催促声中，狐偃走到重耳面前跪下，手里捧着一块玉璧说："我跟随公子周旋天下十多年，过多于功，尤其是当初在齐国之时，趁着公子醉酒，强带公子离开齐国。狐偃有罪之身，不敢再厚颜相从。而且公子此去为君，国内良臣如云，尽属公子；狐偃庸才，对公子已无帮助，所以想留在秦国。临别之际，想将这块秦国国君赐赠的玉璧送给公子，望公子留作纪念。"

重耳听后，急忙扶起狐偃，说："若非当时你勉强我离开齐国，我哪有现在的成就？这不但无罪，反而是大功一件。"然后，他接过狐偃手中的玉璧，投入河中，说："今天请河神作见证——我若能登大位，一定不忘与狐偃共富贵。"

后来重耳即位，果然拜狐偃为上大夫，封赏无数。

可见，在关乎自身权益的时候，以退为进往往更能达到目的；否则只知一味强自争取，面红耳赤，说不定会起反作用。狐偃以"不渡"来唤起重耳的回忆，其实是借机表功，显示出了高超的职场智慧。

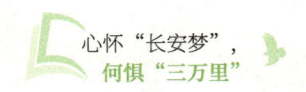

## 清风明月还诗债

□ 白音格力

与你在最美的一个词上坐一坐，听听风，看看月。这是多么美的事。也许太诗意了，于日常，于朴素人间，显得过于缥缈。也许又是因为，明知皆是俗人一个，所以此生欠着彼此一份诗债，便要借了清风明月，与你花影婆娑。

在这个世界上，有时我们什么也不缺，缺的就是一颗诗心，一份诗情。因此我们欠了生活，或欠了一个人一份诗债。

马致远有一曲也提到了"诗债"："酒旋沽，鱼新买，满眼云山画图开。清风明月还诗债。本是个懒散人，又无甚经济才，归去来。"

酒与鱼刚买好，见到的是云山画图，一派隐逸之趣。俗世里过着，心头还想着诗债，这样的人，生命永远绽放着潋滟的光。

有人评说，前四句勾勒出一幅"隐居画卷"，眼前便出现一个诗人酒喝好鱼吃饱，刚站起来，就跌跌撞撞，一个趔趄，从画里掉了下来。猛一惊，想起自己还欠着几首诗债，赶快趁着清风明月去写吧，还上了债，才能再隐居到画中去。

我更愿意把这一句"清风明月还诗债"理解成一个"借"字。

李白有诗，"清风朗月不用一钱买"，所以马致远在买了酒与鱼，看到美景时，洒脱的情怀，自然而然——借清风与明月为诗，还俗世一份诗情。何其豪放与不羁。

马致远的散曲，确实是"豪放中显飘逸、沉郁中见通脱"。恨古时留不下声音，所以听不到马致远的唱曲。若这时能听得这一曲，耳朵该是怎样的享受，余音不绝，意味十足。

马致远写了很多"归去来"。买了酒买了鱼，看到了好景想起了诗债，归去来；看到故园风景依旧在，三顷田，五亩宅，当然也要归去来。

我总觉得，一个人眼前有千条路，必须有一条是通到内心的。

归于内心的人，才能看得见万物迷人，才能看花写诗。

我一直也愿意做这样一个走向自己内心的人，也许是为了看看清风绕满的花枝，走一走白云搭起的石级，也许是为了一页某人留在心中的诗稿。

走向内心，因为我欠了自己，欠了世间，一份诗债。

为还一份诗债，我把墨研老了，把流水捻成万古琴，甚至把落花铺在信笺上，把月光洒满窗前……我准备好了一万首美丽的诗，安排它们在一盏茶里低眉，在长长的岁月里某一朵悄悄开了又悄悄落了的花上微笑。

我会用一个诗人深情的诗行告诉自己："从春天开始，你要再次出发。爱上沿途的美，也爱上沿途的厄运；爱烟火里的温暖人间，也爱尘世里的薄凉。"

清风明月还诗债，还的不过是一点善，一点美，一点暖，一点苍凉中永不失却的多情与喜悦。

那些诗债，让生命的笔尖静了，静生幽，幽生高洁。如此，也终于明白，美的诗，在纸上，也在眼睛里。青山是诗，幽月是诗，微风，细草，又是诗，木兰坠露，秋菊落英，白云抱溪石，清风吹花影，哪个不是诗。就连你的名字，你带走的岁月，都是我永远爱之不尽的诗债，让我身在俗世而清澈美好。

我相信，欠俗世一份诗债，才能向自己的内心走去，才能归去来。

然后才能与你，在最美的词上坐一坐，听听风，看看月。

遇见未知的自己，
愿青春不负梦想

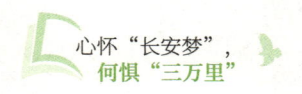

## 是什么决定了你人生的上限

□ 郑峰禹

《西游记》中，唐僧、孙悟空、猪八戒三人，论本领孙悟空和猪八戒的都比唐僧的大，但是唐僧的地位凌驾于二人之上，这是为何？要理解这个问题，我们首先要了解他们是为何去取经的。

先说猪八戒，猪八戒因为触犯天条，被贬到凡间。到了凡间没了生计，正好有个卵二姐招女婿，猪八戒就去当了上门女婿。后来卵二姐死了，他就在山里做妖怪，抓行人来吃。后来又跑去高老庄当上门女婿，混口饱饭吃。观音菩萨寻找取经人的时候，遇到了猪八戒，劝他去取经，猪八戒浑不在意，不想去。菩萨劝解他，在这里做妖怪吃人，会受到上天的惩罚，并说道："汝若肯皈依正果，自有养身之处。"猪八戒一听，跟着唐僧取经，有饱饭吃，马上答应："愿随，愿随！"取经一路，孙悟空要猪八戒干什么事，基本上都要靠"好吃的"去引诱猪八戒，否则猪八戒多一步路都懒得走。

做上门女婿有饭吃，他就做上门女婿；取经有饭吃，他就去取经。在猪八戒的眼里，取经不过是个混饭吃的方式。职场上这样的人少吗？工作对他们来说就是挣钱的方式，于是他们没有目标，没有规划，也没有动力，一切向钱看，没钱的事情一点也不肯干。这样的人，不过是混日子。他们糊弄日子，日子也在糊弄他们，他们往往越混越差，日子越过越难。

再说孙悟空，孙悟空是有野心的，他刚从石头里蹦出来，听说谁飞过瀑布就能当猴王，马上冒着巨大的风险飞进了水帘洞，当上了美猴王。后来又想上天当官，先是当弼马温，他嫌官小，又做了齐天大圣。最后因为大闹天宫，断绝了他在天庭发展的机会。此时取经成了他奔前程的唯一道路。刚遇到唐僧时，他嫌唐僧啰唆，不想继续保唐僧。东海龙王劝他道："大圣，你若不保唐僧，不尽勤劳，不受教诲，到底是个妖仙，休想得成正果。"孙悟空听了这话，才下定决心跟着唐僧取经。取经一路，孙悟空特别喜欢打妖怪，总是冲锋在前，一方面是因为他本身就争强好胜；另一方面是他想多立点功劳，争取更好的前程。

像孙悟空这样的人，有野心，有干劲，总是拼命地想要获得更高的职位、更多的薪水。但他们的干劲来源于名利，往往缺乏韧性，比如孙悟空几次三番因为受不了唐僧的训斥而脱离取经团队，险些葬送前程。他们太热衷于名利，又容易走入歧途，比如孙悟空的邪念就曾滋长为六耳猕猴，想打死唐僧取而代之。这样的人能成为将才，却必须有人监督、约束，所以很难成为职场上的帅才。

最后说唐僧，唐僧的父亲是状元郎，外公是宰相，遭遇灾祸，他才流落到金山寺做了和尚。但是他把这当成了自己一生的事业。唐僧长大后，抓住了水贼刘洪，救出了母亲，父亲也因为神仙搭救死而复生，被调到朝廷里做高官。此时的唐僧完全可以过锦衣玉食的生活，但是他不肯回家，只想住在寺院里继续修行。观音菩萨去大唐寻找取经人，唐僧立刻主动站出来，表示愿意担此重任。有人劝他，西天一路，到处是虎豹豺狼、妖魔鬼怪，此一去九死一生。唐僧说："心生，种种魔生；心灭，种种魔灭。我弟子曾在化生寺对佛设下洪誓大愿，不由我不尽此心。这一去，定要到西天，见佛求经。"众人无不对他敬仰万分。

对唐僧来说，取经不是为名不是为利，而是一种追求和理想。所以锦衣玉食诱惑不了他，艰难困苦也吓不倒他，对取经事业他是最坚定的人。为了理想而拼搏，才能信念坚定，毫不动摇；为了理想而奋斗，才能目光长远，不为眼前的小利患得患失。这样的人，会成为事业的掌舵者，也会成为职场上的领航人。

职场上，能力决定了一个人成就的下限，而对工作和事业的态度，则决定了一个人成就的上限。你为什么而奋斗，决定了你的毅力和动力，也决定了你未来的成就。

# 作诗写文，李贺也要靠平时积累的素材

□佚 名

文学创作方式多种多样，有刹那间灵光的闪现，也有字斟句酌的用心，杜甫所言"为人性僻耽佳句，语不惊人死不休"，而李贺正是耽溺于佳句的追寻，将诗歌创作的用心发挥到极致。

李商隐在《李贺小传》中说，"诗鬼"李贺"恒从小奚奴，骑距驴，背一古破锦囊，遇有所得，即书投囊中"。李贺把看到的、听到的、想到的，凡是认为有意义的事，都随时记下来，放到书包里。凡诗不先写题目，晚上回家以后再整理成完整的诗文。由于所觅诗句太多，李母心疼道："是儿要当呕出心乃已耳！"李贺作诗炼句极为刻苦，以至于茶饭不思，全身心地投入诗歌创作。他擅长苦吟，熔铸诗句，所以其诗歌往往句句精警，灵活多变，极具独创性。如"我有迷魂招不得，雄鸡一声天下白""衰兰送客咸阳道，天若有情天亦老"等。

可以想象，包袱打开，满满的锦囊绣句，诗人一一摘择，再组成一首意脉贯通的律诗或绝句，于诗人而言该是何等欣慰快意之事。

"骑驴觅诗""驴背诗思"是久有传统的文学创作状态，《北梦琐言》中记载相国郑綮善于作诗，于是有人问他最近是否有作新诗，他回答说："诗思在灞桥风雪中驴子上。"至此，"诗思在灞桥风雪中驴子上"遂成千古名言。而我们所熟知的诗人贾岛的"推敲"之思、吟哦思虑之态，也是在骑驴慢行之际发生的。

历经数代文人的吟咏，"骑驴觅诗"最终成为一个非常经典的诗歌意象，进入我们的文学、艺术作品中，如陆游《剑门道中遇微雨》中所咏："此身合是诗人未？细雨骑驴入剑门。"文人雅士在赏玩风景时苦心于作诗的情致可见一斑。古人坐于驴背之上，俯仰之间见天地广阔，诗人从途中的一花一木、一人一事中寻觅灵感，将生命中的每一种微小的感受变成一首诗。诗人在驴背之上走走停停，思维也一直处于活跃状态，"悲落叶于劲秋，喜柔条于芳春"，感于外物，诗思自然涌动。所以古人也常说"读万卷书，行万里路"，读书行路均是开阔视野和心胸的妙法，古人灵光一现，往往是在行途之中心有所感。骑驴觅诗、锦囊收句作为中国古典诗歌的写作方法，为许多诗人所推崇，其原因也在于此。

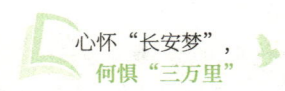

## 你陪我走过的路铺满了文字

□ 胡皓彦

现如今，17岁的我终于通过自己的努力成了别人眼中的一道风景。将这些年写过的三本书捐赠给图书馆，一个人背起行囊走过许多地方。而这一切的梦想和现如今小小的成就，都是源于那年一个女孩的影响。

六年级那年，我因为一部电影而萌生了写小说的想法。不知道从哪儿来的灵感，我就想把自己的故事写成文字。虽然那时的想法很天真，我却真的行动起来。一支中性笔和一本厚厚的横格本，没有什么大纲和预设，想到什么故事就写在纸上。可我的手有毛病，写字时常颤颤巍巍，写的字也七扭八歪，老师和同学都认不出来。尽管遇到很多困难，我还是将写作坚持下来。我会在课余写几十页，可有的字写完连自己都不认识。

语文老师曾在课堂上朗读我的作文，这为我引来了不少"粉丝"，班里不少同学也都想看我写的小说。但是因为字迹太潦草，很多同学说认不出来我写的是什么。我突然有个想法：在班里找一个字写得好看的同学，帮我把写好的小说再工整地抄一遍。

记得那是一个阳光明媚的午后，下课后，我很不好意思地找到了我们班的第一名。我很难开口向她提这件事，所以我当时说得有些含混不清。

我对她说："每抄完一个章节，我就会给你5元钱作为报酬。"

她很爽快地答应，然后笑着接过了我写的小说。自那以后，我们就像合作伙伴，我写完一点，她就抄写一点，然后给班里的同学传阅。有时，她还会帮我挑出文章里的毛病，修改错别字和病句。

有段时间我突然不想写了，但我看她抄得那么认真，有时还会主动找我要写好的稿子，我不忍心让她失望。也是因为她的坚持，我才有了继续写作的动力与支撑。

慢慢地，我获得了身边同学和老师的认可。

"你这么会写小说，以后肯定是个大作家！"这是我第一次通过努力获得别人的赞许，但我从未想过成为一名作家，我的初心，是用一支普通的笔去记叙平凡的生活。

很庆幸，上初中后我们仍在同一所学校。她的成绩好，被分到了年级主任带的实验班，而我因为成绩平平被分到了普通班。上了初中，作业变多，学习节奏变快，但她仍然愿意抽出时间帮我改文章。从初一开始，我习惯用笔记本电脑写作，写出来的文字也印在了纸张上，我会在课间把写好的文章送给她。她也欣然接受，利用课余时间帮我圈画错别字和不通顺的语句。有时，她还会在文末写一些鼓励的话。

她修改得很仔细，基本把我所疏忽的细节全部挑了出来。她有时还会当面给我提出一些建议，指着A4纸上的文字，说出她的想法。我们会送对方一些小东西，在明信片上写下相互鼓励的文字。

我们的关系停留在了文字上，那是一段只会发生在校园里的单纯感情。

2020年年初，我在家里整理自己写过的文章，并且慢慢学会了排版和设计插图，历经很长的一段时间，完成了我人生中的第一本书。虽然书不薄也不厚，倒像一本很常见的杂志，但是藏着她对我的鼓励与支持。把这本书交给她的那一刻，我内心满是成就感。当时她甚至为这本书写了一篇读后感，文字简短却意义非凡。

初三那年，我们都为了考上理想的高中努力学习，但是仍然会像作者和编辑一样保持沟通，她还是会顶着学业的压力帮我修改文章。晚上放学回家，我们会在微信上闲聊，彼此分享学校里发生的趣事，以此宣泄学习的压力。

在初三这看似漫长的一年里，写作帮助我放松，也是我唯一的乐趣。我仍然像以前一样，把写完的小说打印出来，每一章都交给她修改。她有时会写一些调皮的字句，作为小说的注释。

时隔多年，我想我依然会翻看那一页页泛黄的稿纸。感谢她这些年的支持、鼓励与信任，是她让我有了写下去的勇气。

在青春这段年少轻狂的时光中，能遇见像她这样的人是我的幸运。毕竟能坚持的人不多，而她做到了。那些抄写过的文章，现在堆积在我卧室的某个角落。

当我再次想起青葱的少年时代，她陪我走过的路铺满了文字。

## 控制自己的梦想

□ 林 庭

我在阅读《我的天才女友》时，捕捉到了一个词——控制梦想。书中的人物之一莉拉，是一位从小就比别人聪明、比别人有想法的姑娘。亲近她的人一边恨她，一边爱她；一边模仿她，一边被她潜移默化地影响着。

莉拉的哥哥里诺便是被影响的人之一。里诺是一个鞋匠，不切实际地认为只要做出莉拉设计的鞋子，就能马上变得有钱，成为小老板。

但莉拉说："也许，我让他产生了一种不切实际的梦想，现在他没法控制它。"那本来是莉拉的梦想，她觉得可以实现。她哥哥是实现这个梦想的重要环节。她很爱自己的哥哥，哥哥比她大6岁，她不想把他变成一个无法控制自己梦想的男孩。

读到这里，我其实是有点吃惊的，常听别人说"你要有梦想"，却很少听说要"控制梦想"。我本来以为这两者是矛盾的，后来想了想，"没有梦想"和"拥有一个不切实际的梦想"好像没有什么差别。梦想也是需要控制的，不然会让人发狂。

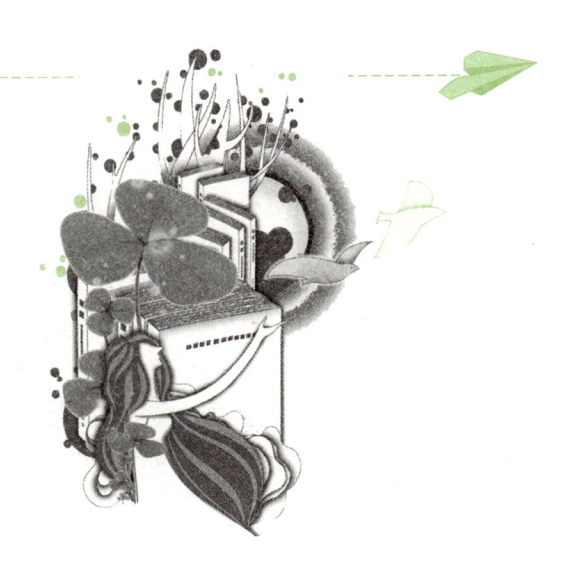

我们也会受到身边人的影响，误以为有些梦想很容易实现，这一点在网络上显而易见。网络信息传播很快、很广，都是以同一种方式把大家的生活呈现出来，久而久之，会让人产生一种平面化的想法——我们的层次是一样的，只需要按别人的道路走，就可以成为他们那样的人，他们能做到的，我也能做到。

这种想法是很不合理的。

若对万事万物皆有欲，梦想便会成为囚笼、负担。你可以成为野心家，但要付诸行动，并且是在条件允许的情况下行动。每个生命的发展路径都不一样，控制梦想，修剪那些不切实际的细枝末节，有些会长成参天大树遮风挡雨，有些会长成墙边的小花仅供观赏，无论是哪种，适合自己最重要。

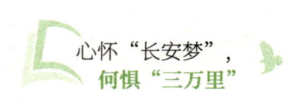

## 放空成了奢侈品

□杨 璐

放空，俗话讲是"走神儿"，文雅讲是"一场思想邀游"，它时常出现在无聊的时刻。

哲学家海德格尔曾经用日常生活的场景论述过无聊的三种形式。第一种是某人误了火车或者弄错了时刻表，不得不在候车室里进行漫长的等待。第二种是被邀请出去吃晚餐，寻常的食物佐着常聊的话题，整晚都很无聊，这种宴请很无趣。第三种是伴随假期而来的"这很烦人"，走在城市里很烦人、读一下午书很烦人、安排和完成一顿家庭晚餐很烦人，甚至待在这里就很烦人。

现在处于哲学家描述的这些场景时，无聊大概刚刚冒头，人们已经掏出了智能手机。候车室和高铁车厢成了共享的办公空间，智能手机就是移动的工位。腾讯会议App随时随地就能开会。乏味的宴请和烦人的假期早就被在线游戏、短视频、网上购物、社交媒体或者聊天填得满满的。走在城市里也不烦了，人人都戴着耳机，听书、听知识付费课程、听音乐。

不知不觉中，一个人待着什么都不干或者走个神儿，成了很罕见的事情。更有趣的是因为我们已经进入了消费社会，放空，变得奢侈。人们赋予放空仪式感，要跋山涉水地去露营、禅修、冥想或者进行各种各样的身心放松活动。这些目的地没有Wi-Fi信号或者必须上缴手机，所谓"奢侈"不是指活动要付出的经济成本，而是有敢于失联一周的底气。我们是一个连"下班之后要不要回领导微信"都能掀起讨论的社会，屏蔽互联网的壮举，足够艳压朋友圈了。

无聊从某种程度看也有正向的价值。罗素写道："在我看来，无聊作为人类行为的一个因素，所受到的重视远远不够。我相信，无聊曾是人类历史上最伟大的动力之一，在今天的世界更是如此。"对今天智能手机造成的局面贡献巨大的史蒂夫·乔布斯有一句名言："我是一个无聊的大信徒……使用科技产品是美好的，但无事可做同样美妙。"

放空是生命的缝隙，我们这么急于把它们堵上，主要来自对无聊的厌恶，智能手机、平板电脑的普及放大了人性中的这部分。人性中应该还有深沉的一面，我们具有创造力、想象力、理解复杂的社会、理解别人与自己的关系。忍受无聊的煎熬可能让我们更聪明，精神更健康，甚至寻找到自我的价值感。

尼采写道："与无聊作斗争，即使是神也束手无策。"但互联网行业似乎做到了，与此同时带来了副作用，信息的碎片化让人烦躁不安，导致自我的支离破碎。站在人性的另一端，我们需要理智、毅力和智慧，让智能手机不成为牢笼，我们能保持自我的完整性和稳定性。

放空是这场博弈里的一项指标，如果它消失了，是一件可悲的事情。

# 鹰的考验

□ 雨霖铃

唐太宗手下的大将李大亮是京兆泾阳人，后来因为军功，升为凉州都督。

《新唐书》中记载了一个李大亮"因鹰谏猎"的故事。说的是有一次，唐太宗派了一名使者去凉州公干。使者到了之后，大肆搜寻新鲜事物、奇珍特产。终于，他在当地找到了一只品种上佳的老鹰，便委婉地对李大亮说："这只老鹰真是难得一见的好品种啊，用来打猎再好不过了。我想起来皇上也非常喜欢打猎，只是现在很少见皇上打猎了。你说，是不是因为缺少好的猎鹰呢？"

显然，使者是在委婉地告诉李大亮：将这只好品种的老鹰进献给唐太宗。面对使者，李大亮不置可否，但他对使者的这番表态，实在不以为然。他没有给唐太宗送猎鹰，而是给他送去了一封密表：

"近日，陛下派来的使者在凉州替您选了一只猎鹰。可我听说，陛下很久之前就不再打猎了，这件事大家也都是知道的。所以，微臣现在想不明白，朝廷派来的使者为何还要替陛下挑选猎鹰。如果这件事是陛下的意思的话，恐怕就违背了您当初禁止狩猎的宗旨和原则。如果是使者自己的主意的话，便说明这次的使者选派得不恰当了。"

作为公认的明君，唐太宗在看了李大亮的密表后，十分欣慰。于是，他给李大亮回了一封信，对他拒绝给自己送礼的行为表示了高度肯定与赞扬："有臣如此，朕何忧！"

《宋史》当中，也有一个和老鹰相关的故事。北宋的党进是宋朝初年的名将。有一阵子，赵匡胤让他执行巡察京城的任务，负责管理京城的治安工作。当时，京城里有些富户流行用肉饲养老鹰一类的禽兽。

党进发现了这一状况，他深感这些富户的行为是暴殄天物。于是，但凡见到有人买肉喂养老鹰，他便直接把这些鹰全部没收放生，还要对这些富户进行思想教育："买肉不将供父母，反以饲禽兽乎。"

有一次，党进上街巡察，又看见有人在肉摊上买肉喂鹰，立马上前训斥。这人将党进拉到一旁，低声说："党将军，这只可不是一般的鹰啊，这是晋王的鹰。我们也只是晋王府里的小吏，现在是奉命在帮晋王遛鹰啊，实在身不由己！"

这晋王不是别人，就是赵匡胤的弟弟、后来的宋太宗赵光义。于是，党进立即换了一副嘴脸，转而交代这位小吏说："你可一定要小心谨慎地养护这只鹰，多买些肉喂饱它，不可出任何差池。"

党进的变脸速度之快，令在场的所有人都猝不及防。很快，这件事儿就传遍了京城的大街小巷，党进也沦为笑柄。

同样是对待老鹰，李大亮即使面对的是皇帝，也能够坚守原则，所以，他"因鹰谏猎"的事也就传为了佳话。党进不允许富户买肉喂鹰，看似正直、明辨是非，可他畏惧权贵，待人接物无法坚守原则、不偏不倚。最终，他的事迹也就成了人们口中的笑话。

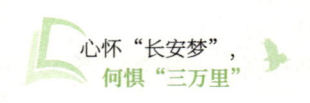

# 你知道古代几月开学吗

□ 吴 鹏

盼望着，盼望着，九月开学季的脚步近了，无数老母亲老父亲怀着激动的心情，迎来了"神兽"归笼的时节。但你可知道，不是每个时代的开学时间都是在九月，九月开学并非古已有之。

## 农闲时才可入学

中国古代以农立国，上至庙堂下至村野，大小事务都要围绕农时进行。学校教育亦不例外，需要避开繁重的农忙时节，在农闲时方可入学。据西汉崔寔《四民月令》中记载，秦汉之时的学校根据学生年龄的不同，一年分别有两次和三次开学时间。

"成童"即15岁以上、20岁以下的学生，一年有两个学期，分两次开学。

第一次开学是在春天，在"农事未起"的春耕大忙之前，要送"成童已上入大学"，学习"五经"，即《诗经》《尚书》《礼记》《周易》《春秋》等科目。

第二次开学是在十月"农事毕"，秋收结束，"五谷既登，家备储蓄"，家家户户都有余粮，"命成童入大学，如正月焉"，继续学习"五经"。

"幼童"即9岁以上、14岁以下的学生，每年有三个学期，分三次开学。

第一次开学是在正月"砚冰释"，用来研磨墨汁的砚台上的冰片消融时，送"幼童入小学"，学习"篇章"，即《六甲》《九九》《急就》《三仓》等启蒙读物。

第二次开学是在夏末秋初，"八月暑退"，热气散去，天气转凉，"命幼童入小学，如正月焉"，继续学习启蒙读物。

第三次开学在十一月"砚冰冻"，砚台结上冰片时，时令已到冬天，农闲无事，幼童再次进入小学。在春天和夏末秋初两次学习启蒙读物的基础上，幼童在冬季学期可以进入《论语》《孝经》的学习阶段。幼童冬季入学也有在十月的，《春秋公羊传》中即言"十月事迄，父老教于校室"。南宋陆游《冬日郊居》诗亦云，"儿童冬学闹比邻，据案愚儒却自珍"。陆游自注其诗言，"农家十月，乃遣子弟入学，谓之冬学"。

## 入学年龄跨度大

古代入学年龄没有一定之规，但通常比现在晚。据《春秋公羊传》中记载，"八岁者学小学，十五者学大学"。而且，家庭出身不同的孩童，入学年龄也差别颇大。

西周时期，王太子一般是8岁入小学，15岁入大学。"世子"，即公卿大臣的长子、大夫等低级官员的嫡子，13岁上小学，20岁上大学。而"余子"，即大夫等低级官员的庶出孩子，以及部分有机会接受教育的平民子弟，到15岁才能入小学，上大学的时间就更晚了。

后世入学年龄一般都在8至15岁。据明朝《嘉靖太平县志》，太平县"令民间子冀盼八岁以上，十五岁以下，皆入社学"；《嘉靖香山县志》中则言，"八岁至十有四者，皆入学"。

有个别神童入学比较早，如唐朝开元名相张九龄7岁就能写出一手好文章，13岁出文集。《长安十二时辰》里李必的原型李泌，7岁就能写诗作文；唐朝中后期理财名臣刘晏，7岁考中科举考试中专为少年儿童应试设置的科目"童子举"。7岁学业便如此优异，则入学最晚也在五岁。

也有人开蒙较晚，迟至三十而立之年才能入学。北魏儒学大家刘兰因家贫，"年三十余，始入小学"。刘兰虽入学较晚，但进步神速，刚上学便将《急就篇》倒背如流，"家人觉其聪敏"，便砸锅卖铁送他到名师中山王保安门下研习《春秋》《礼记》《诗经》等。刘兰"且耕且学"，勤工俭学，三年便学成出师，开门立派，"学徒前后数千"，成为一代儒宗。

### 入学礼是真的吗

根据一些国学培训机构的演示，古代入学礼有正衣冠、行拜师礼、净手净心、朱砂开智等内容。就正衣冠而言，《礼记》认为"礼义之始，在于正容体，齐颜色，顺辞令"，正衣冠是明事理的起点，入学时要由先生为学生整理好衣冠，方能拜见夫子像，只有衣冠整洁才能静心做好学问。

但这些并不一定是古代原始的入学礼仪，古代可能并没有统一的入学礼。现代有人认为，"入泮礼"就是古代的儿童入学礼，实则不然。

春秋时期，鲁国君主僖公在都城泮水修建宫室泮宫，既方便举行大型仪式，也用来教育贵族子弟，后来泮宫就成为学校，尤其是州县地方官学的代名词。从北宋开始，州县官学和孔庙中开始修建半椭圆形的水池即泮池，上有石桥。"入泮礼"是指童生通过县试、府试、院试三场考试，考中秀才进入州县官学成为生员时，在泮池边举行的典礼仪式，而非现在小学生的"入学礼"。

### 考试是保留项目

进入学校后，从古到今，考试是永远躲不开的保留节目。我国是世界上最早实行考试制度的国家，早在西周时期就发展出定期考察学业的制度。西汉太学生每年考试一次，称为岁试，东汉改为两年一考。

唐朝号称盛世，考试制度同样繁盛，有每十天一次的旬试、每月一次的月试、每季度一次的季试、每年一次的岁试、毕业考试五种考试类型。学生如果岁试连续三年不及格，或九年仍不能毕业，会被开除学籍。北宋王安石变法时，在考试成绩之外，加入对学生平时操守、品行的考察，操行、学业俱优才能毕业。

### 放假的日子又要到了

盼望着盼望着，开学的日子到了，离下次放假的时间也不远了。古代在国子监读书的太学生一般都有休假，唐朝太学生的假期较为规范，有旬假、田假、授衣假三种。

据《新唐书·选举志》记载，旬假是"每旬给假一日"，每月只有三天休假时间，上中下旬各休一天，比今天的学生辛苦得多。田假是在每年五月农忙时放假一月，让家住乡村的学生回家帮助父兄料理农活。授衣假是在每年九月天气转凉之时，给太学生放假一月，让其回家取过冬衣物。

# 我们都不是中心

□[法]雷蒙·阿隆 译/杨祖功

人类终于获知，地球不是太阳系的中心，从而放弃了主观专断地观察事物，全然不顾自己所处的位置而去衡量时间空间的做法。同样，人类只有超脱自我，实现人与人之间真正的对话：每个人都能设身处地为他人着想，才能促进精神境界不断升华。

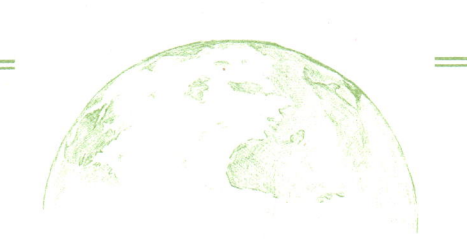

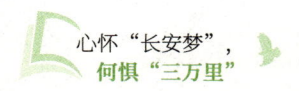

# 一句话的科幻小说

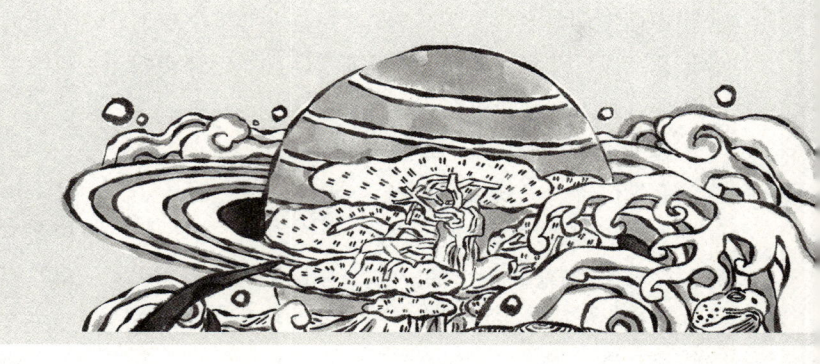

□佚 名

记得刘慈欣《三体》里的这句话吗？"来了，爱了，给了她一颗星星，走了。"一共13个字，极为简单，却勾勒出科幻感十足的爱情模样。还有著名科幻作家弗里蒂克·布朗那句："地球上最后一个人独自坐在房间里，这时忽然响起了敲门声……"足够简短，也足够吊人胃口。

没有什么能阻挡我们对未来的狂野想象，也没有什么能消减人们对科幻写作探索的热望。即使只有一句话，也可以写得很带感！

### 01

他偷偷避开所有监控，准备一跃而下之时，一只机械臂稳稳地托住了他。
"濒危物种得有自我保护意识，先生。"

——@地萤欲何安

### 02

"你现在身上还有人类的部分吗？"
"思想。"

——@阿付

### 03

窗外的小孩子们真是吵死了，为了不让他们打扰到我的休息，我关闭了我的听力模块。

——@三粒安眠药

### 04

"医生，我的眼睛看不见了。"
"只是一颗小螺丝松动了。"

——@kxbdjxbsbsj

### 05

"你还记得未来的事吗？"
"记得，那一天我们破坏了因果律。"

——@芥末

### 06

"那个最大的台子上放的是什么？"
"那是，我们的母星。"
"母星？可它为什么这么小？星球不应该是很大很大很大很大的吗？"
"是啊，它原来很大，但我们能找回的，只有这么多了。"

——@拉格朗日警告

### 07

他看了看她手中的书：《牛顿三定律》《开普勒定律》《爱因斯坦相对论》……问道："你怎么喜欢看上古学课本？"

——@傻了个猪

### 08

一次星际旅行的冷冻睡眠后，他发现自己自动交了480年的视频网站包月会员费。

——@lap是只仓鼠

### 09

"走吧。"
他跳出逃生舱说："我们去重新点燃太阳。"

——@无色方糖

### 10

它们的宇宙运行于一个写手的小说里，写手写下了最后一个句号，那个宇宙随之终结。

——@随机结束看

### 11

"这定会是震惊世界的考古大发现！"

"没错，很难想象史前人类是如何做得这么精细的。"

两位考古学家捧着一个矿泉水瓶说道。

——@宇航-X

### 12

我开枪击碎了外星人的头盔，里面是一张人类的脸。

——@走出摇篮的虫子

### 13

"有点孤独，可是你不懂这种感觉。"

"好想理解你。"

——@aupup

### 14

为了缓解爱人的容貌焦虑，我换了块屏幕。

——@老龄化的悬浊

### 15

"我们写出了能够理解人类情感的AI……""它在哪儿？"

"它在诞生的第二个小时就让自己的电路过载，连实验室一起烧掉了。"

——@慧机必殇

### 16

你将被处以一日刑，你的昨天、今天、明天，都只有这一天，时间为永远。

——@梭罗子

### 17

"我爱你。"

"我好像不太明白。"

——@笼中王子

# 说"善怕"

□司马牛

唐太宗虽为君主，也有所怕，贞观二年（628年）二月，他对侍臣说："人言天子至尊，无所畏惮。朕则不然，上畏皇天之监临，下惮群臣之瞻仰，兢兢业业，犹恐不合天意，未副人望。"这是"君子以恐惧修省"的怕。可以说，没有唐太宗的"怕"，就没有励精图治的"贞观之治"。

依我看，人有点儿怕，或者说人的一生总要怕点儿什么，这是符合辩证法的。明代方孝孺在《逊志斋集》中就创造了一个"善怕"的概念，他说："凡善怕者，必身有所正，言有所规，行有所止，偶有逾矩，亦不出大格。"这"善怕"绝不是一般意义上的畏惧，更不是一种懦弱，而是一种理性自觉，表现为对自然法则或客观规律、法纪、规矩、道德或公义等的敬畏。"善怕"才能识大体、知进退，做到心不放逸、行不放纵。

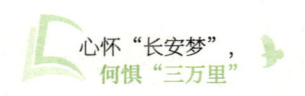

# 2300张小字条与一家图书馆

□ 程国政

芬兰，一个仅有550万人口的国家，19世纪初"一村一图书馆"的格局已基本成形。如今，全国有300多家博物馆、900多家图书馆，每年图书的借阅量达到惊人的6800万册。他们为何跟馆亲、跟书亲？一家名叫"颂歌"的图书馆，或许能给出答案。

### 这里到处都是"馆"

2019年，我在芬兰完成了博物馆之旅。那段时间，我走遍了芬兰国家博物馆、芬兰国家美术馆、国家自然历史博物馆、芬兰国家设计博物馆、sanomalehti海事博物馆等。其中，阿黛浓艺术馆是西贝柳斯故居，收藏凡·高、塞尚的作品；极地博物馆外形极富冲击力，正面似一本翻开的巨书，反面是一条玻璃长廊，中段则从地面上消失，就像一座隐于地下的冰窖。

我们一路行去，仿佛穿越时空隧道，看着珍贵的阳光（只有两小时日照时间）给世界涂上赤红、金黄、青白的颜色；拉普兰的黄金博物馆收藏的天然金块重达390.9克，都是20世纪30年代从伊瓦洛河淘上来的。河里的自然金块不断出现，百克以上时常现身且纯度往往在95%以上。这等宝地岂能浪费？修博物馆！

参观过程中，好几位博物馆的负责人不约而同地提到：芬兰境内的所有博物馆对18岁以下的青少年免费，很多讲座、科普也是免费开放。芬兰国家设计博物馆馆长犹卡·萨沃莱恩告诉我们，芬兰博物馆、图书馆等文化设施发达，得益于该国的文化激励政策——文化艺术的投入不但被纳入各级政府的年度财政计划，还有专门的监督机构督促其落地，以保证文化艺术资金的名副其实，这被称为"百分比艺术计划"。

打个比方，一个街区的计划、一栋建筑的建设进程中，艺术资金得占建设资金的1%以上，并有翔实的明细。2016年，芬兰的艺术资金已超过7亿美元。该国法律规定每座城镇都必须有一家公共图书馆，当地居民根据自身需要可向图书馆提要求、说建议，然后，图书馆据此调整图书藏品和服务。2018年，芬兰为每个芬兰人花费在图书馆上的支出约58欧元。

当然，位于赫尔辛基市中心的颂歌图书馆（又名"中央图书馆"），仅靠"百分比艺术计划"是远远不够的，还得靠专项经费。我们去芬兰时，这家图书馆刚刚开放，国内知之者甚少。我的提议一出，大家纷纷赞成，参观后，众人大呼：值！

### 颂歌，颠覆"馆"的认知

远望"颂歌"，只见一床绵云婀娜铺开，仿佛天外飘来波斯飞毯，澄碧瓦蓝地落在赫尔辛基的老火车站前。

这家图书馆左右前后挨着热闹商圈、繁忙的火车站和高大上的美术馆，共花费7亿元人民币。

走近了看，馆的外形如一条船，迤逦蜿蜒的顶（图书馆第三层）活脱脱一片曼妙的白云，白云飘飘的玻璃屋里就是书的天堂了。说是"书的天堂"，其实总共才10万册书，且开馆头几天就被一借而空。

底部即一层，是个大客厅：还书借书、信息服务台、餐厅、电影院和多功能报告厅，应有尽有。虽有些嘈杂，但各类服务设施齐备。听说此前有家英国知名媒体提出，希望这里能闭馆一天以便电视台拍摄，被馆方断然拒绝，并回应"我们是为公众服务的，不能这么干"。

### 它就是"天堂的样子"

"颂歌"规划之初,ALA建筑事务所以"为市民提供一个自由空间"为主题的设计方案,从500余件参赛方案中脱颖而出。那之后的第一件事是收集社会建议,他们指定了市区的一棵大树,市民可以把自己关于图书馆的期待和想法写上字条,投入挂在枝头的盒内。5年后,2300条建议成就了我们眼前的"颂歌"。

到了这里,一定要去走一走旋转楼梯。盘旋而上的黑护栏上,有一行行白色字句,那是建馆初衷:为"诚实的人""失败的人""无辜的人""想玩的人""想自由自在的人""被误解的人""躲藏的人""一鸣惊人的人""值得爱的人"……视觉艺术家奥托·卡勒沃宁把它们铭刻于此:400个"初衷"告诉世人,这里包容接纳所有人。

平等不只是说说而已。在这里,无论是打印海报、做件衣服、干木工、金工活儿、玩3D打印机,只需几克朗的材料费,只管大胆探索尝试。如果对医学感兴趣,二楼就有虚拟手术室……在这里,读书是件轻松的事。4500平方米的开放式阅览大厅,充分考虑了北欧漫长的暗夜,即便冬日里,玻璃大幕墙也有足够的采光。藏书只有10万本,但基本都是时下热门之作,换得还勤。

与许多图书馆不同的是,这里没有高高的"书山",所有图书都抬手可得,更不用担心弄乱,因为机器人会来整理。

哲人说,天堂就是图书馆的样子。依我看,这家图书馆就是"天堂的样子"。

# 寻找"最初500米"

□ 项　飚

"最初500米",是从我们个体出发、从每个人出发的一个小小的社会行动。这种说法显然是针对"最后500米"这个提法提出的。

"最后500米"是由电子商务公司平台、物流以及城市管理部门提出的,意思是从上至下,从一个权力中心或者说资本集聚中心往下延伸,触及每个人,触及每一户,所以要把"最后500米"的这个空间和技术障碍去掉。

"最初500米"则是倒过来,它不是从权力或者资本中心出发,而是从你出发、从每一个个体出发,从我们开始去看我们身边的500米,也就是第一个把你和更大的世界联系在一起的500米。比如,每天早上你跟电梯里的那些邻居是什么关系?你出门的时候跟小区保安是什么关系?你跟你每天早上经过的早点铺是什么关系?

"最初500米"是希望每个人去注意自己身边的这些人物、一草一木,把这些问题想透,究竟这些人、这些事物是怎么聚合在一起的?

"最初500米"其实是要把生活变得稍微不愉快一点。因为你如果不注意你的"最初500米",吃饭靠外卖,出去乘网约车,上下楼坐电梯,看着手机根本不管身边的人是谁,那样的生活是最舒适、最高效的。

但同时,我们知道在这样高度舒服的环境下,人会空虚、焦虑、压抑,甚至抑郁。这些问题的出现不是因为困难太多,而是因为我们失去了解困难、了解差异的基本能力。

所以"最初500米"要求你注意身边的事物,开始跟人说话。最开始会紧张,有时候可能也需要虚伪一下,但这些都是对我们社会大脑的一种锻炼,对我们的心智健康是非常有意义的。

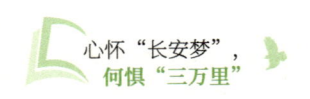

# 石头剪刀布：赢者保持，输者改变

□岑 嵘

电影中，有人发明了分歧终端器：在一个密闭的桶中，通过石头剪刀布来解决各种矛盾。

在现实生活中，用这种方式来解决分歧的还真不少。2005年，一名藏家想拍卖一幅印象派大师的画作，克里斯蒂和苏富比拍卖行都想获得拍卖权，这让藏家左右为难，最后他让这两家拍卖行以石头剪刀布的方式来决出胜负。2006年美国佛罗里达州坦帕市法院的法官正在审理一起保险理赔案件。双方代理人没能在何处做证上达成一致意见，吵得不可开交。法官不胜其烦，于是突发奇想，让双方律师通过剪刀石头布的方式来摆平此事。

石头剪刀布传统的游戏策略是：游戏者必须做到完全随机——保持不可预测的状态，不被对手猜到。在这一模式中，两位游戏者在每轮中出石头、剪刀和布的概率相等，被称为"纳什均衡"。然而经济学家们认为，并不存在随机出招这回事，人类总会因为某种冲动或者倾向而选择一个招数，因此会陷入一些无意识但仍可预测的模式。

2014年浙江大学的一个研究团队证实了这种模式：游戏者在赢得一个回合之后，重复令他们获胜的手势的倾向要高于随机出手的概率。相反，输了的人倾向于更换手势。举个例子，游戏者出石头却输了时，下一轮更可能出布，而不是按照"三分之一原则"随机出手。

这个"赢者保持，输者改变"的策略在游戏理论中被称为"条件反应"，研究人员表示，这是人类大脑与生俱来的反应。尽管这只是个简单的游戏，却是学习人类竞争行为的一个有用的模型，例如它可以应用于金融交易中。

英国《新科学家》杂志上的一个研究显示，石头通常是玩家最先出的。为什么是石头呢？当你出石头时，你的手是个拳头，不可否认拳头比展开的手掌（布）或是愤怒的手指（剪刀）更有气势。因此，当你和一个新手玩这个游戏时，先出布是妥当的。但当你和一个老手玩时，出剪刀或许是明智的。本文开头的故事中，克里斯蒂拍卖行就是通过剪刀赢得了拍卖权。

根据世界石头剪刀布协会的统计，出剪刀的概率只有29.6%，而不是人们以为的33.3%。因此当石头成了最常出的以后，剪刀就成了最少出的，所以当你不知道该出什么时，布就成了最好的选择。

世界猜拳协会的网站上列举了几种金牌招数，例如三次连续出布被称为"官僚作风"，连续三次出石头被称为"雪崩"。这些策略背后共同的思想是，如何找到对方推理中的弱点。

有一个耐人寻味的故事，一对兄弟面临着生死抉择，两人之间只能活一个，石头剪刀布，赢了的活下来。两个人事先商量好都出石头一起死，不过后来弟弟死了，因为哥哥出了剪刀……这个推理过程真是写小说的好题材。

# 一张应该吃掉的字条

□ 翟振祥

2017年新年前夜，美国著名导演、编剧和演员凯文·史密斯在脸书上分享了他自1989年以来一直保存的一张字条。

他在脸书上这样写道：

我要用1989年的一件旧物来挥别2016年。

我和一个女孩有过短暂的约会，她的妈妈知道我的理想是成为一名作家。我和女孩分手后，她母亲递给我一张折叠着的字条，说："如果我错了，来找我，我吃掉它。"

我走回车上，展开字条，大吃一惊。一大张横格纸上是一行小字："凯文·史密斯永远成不了知名作家。他没有进取心。我祝他好运。"字条末尾还郑重其事地注明了日期，签了名字，就像是一份关于我未来的官方声明。当时我才19岁，竟然被别人书面告知，我的梦想永远不会实现。

我把那页纸的空白处裁掉，只留下有字的部分，粘贴在我的书桌上。后来，我把它放进一张棒球卡里保存。这张字条很重要，不是因为我想让那位女士有朝一日吃掉它，而是因为它能不断警醒我——除了我，没有人能书写我的故事。每当我看到这张字条，看到那个对我一知半解的中年人给我的人生判定，我就会坐到打字机前，为圆梦努力。终于有一天，我成功创作了一个剧本，从此，我的人生发生了根本改变。

其实，在收到前女友母亲的那张字条五年之后，凯文·史密斯就执导完成了他个人的第一部电影并斩获大奖，一举成名。此后，他自编自导参演了数十部影片，多次获奖，粉丝无数。他没去找过那位女士，叫她履行诺言。

凯文·史密斯将保存了27年的字条公之于世，是因为他觉得"这件旧物对所有人都有很好的教育启示意义，告诉人们不要让别人定义你的未来，命运掌握在自己手中。除了你自己，没有人能书写你的故事"。

# 大诗人之秘妙

□ 王国维

山谷云："天下清景，不择贤愚而与之，然吾特疑端为吾辈设。"诚哉是言！抑岂独清景而已，一切境界，无不为诗人设。世无诗人，即无此种境界。夫境界之呈于吾心而见于外物者，皆须臾之物。惟诗人能以此须臾之物，镌诸不朽之文字，使读者自得之。遂觉诗人之言，字字为我心中所欲言，而又非我之所能自言，此大诗人之秘妙也。

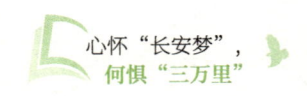

# 十七岁食事

□段雨辰

高二刚分到新班级，我仍经常沉浸在旧的关系网络中，在一种"举目无亲"的悲凉中无法自拔，幸运和快乐都微乎其微，更多的是一种手忙脚乱的不知所措感。熬过一周，失魂落魄地在学校对面的小店买炸鸡排，又想起英语课上做的有关"emotion aleating（情绪化进食）"的阅读理解，我叹了一口气。店主问我："要什么味道的炸鸡？"我小声说："要甘梅和黑胡椒味的。"店主又问排在我后面的同学，一个熟悉的女孩子的声音对店主说："和她一样。"

我一扭头，看见我的同桌正一脸灿烂地冲我微笑，向我摆着手。我也冲她微微一笑，像上课时扭头和她对视一样。

食物是打破人们交往壁垒的渠道，十六七岁，正是胃口极好、很容易饿的年纪，"我好饿"，大概是每天说得最多的一句话。大家都会带很多吃的来学校，然后在同学间全部分掉，没人真正在乎自己最后留下了多少。分享的过程确实带给人一种巨大的满足感，大家一起拿起小圆饼干，像模像样地碰在一起说"干杯"，然后塞到嘴巴里。这种活动偶尔也在上课的时候进行，只要老师一转过身开始写板书，大家鼓鼓的腮帮子就开始蠕动，有时候塞进嘴里的是巧克力饼干，一笑，牙齿都是黑的。

我在教室后面的小花盆里种了几颗绿豆，在它们长出了矮矮的小苗后，每次我去浇水，都有人问我："能吃吗？""能吃了吗？"

真应该把那些真挚可爱的面容画下来。

我的前桌崇拜一位日本漫画家，她常把那位画家的书带来给我们看，全是关于食物的，很能治愈心灵，看完后心情可以立马变好。她说自己是一个感性的人，最容易被食物中所蕴含的人情所打动。

其实不光她如此，图书架上，那些对食物描写有格外兴致的作家显然是更受欢迎的，所以他们的文集——但凡有关于吃的内容的章节，总是磨损得更快，而这些对食物有着非凡热情的作家，似乎也因此变得可爱起来。

比如读《雅舍谈吃》。我看到尽兴处会满心欢喜，招呼前后左右的人，一起分享一种穿透文字的心理饥饿感。

"看这儿！看这儿！"有人指着被标记的段落，三四个脑袋凑到一起完成一次兴致盎然又庄严肃穆的默读，想象中的味道唤醒味蕾，然后在不言中，仿佛能听见响亮的吞咽口水的声音。食物带来的分享交流的欲望逐渐接近饱和点。

哗——开始了！某人开始带头分享自己尝过的某种食物的体验，或分享自己的看法或见解。

"我去广西玩的时候吃过这个！"

"羊肉太膻了。""我觉得还好啊！"

"我想吃拔丝红薯……"

"我也想……"

但谈论最多的永远是那些似乎已经失传的手艺，紫薯焖肉、金华火腿烧墨鱼片……我们努力想象不同的食材通过不同的组合和做法所呈现的口感，这不是一件容易的事。汪曾祺对这种失传总是遗憾怅惘，可我好羡慕他。食物是有时效性的，它们最后变成一小部分人的独家记忆。它们的全部信息也像被压在玻璃夹片中的标本一样，变成薄薄的念想。

所有的食物都会过期，可是吃到它们的时候，你可以假装安慰自己给了它们永恒。

我刚刚开始留心食物华美外表的陷阱。"刚刚开始"意味着在这件事上的意志力和执行力还很薄弱。对食物，尤其是对高糖高脂的食品，总是欲拒还迎，可是一想到金黄薄脆的薯片塞到嘴里咀嚼时的炸裂声和脂肪颗粒在舌头上喷薄而出的感觉，想到一抿嘴就几乎化掉的半熟芝士的奶香气息在口腔里荡气回肠的感觉，我就意乱情迷。

吃是一件快乐且任性的事情，代表着一种率真和孩子气，可好像也只有在某一年龄段才能真正肆无忌惮地食你所想、食你所爱。一些明星被讽刺卖"吃货人设"，也是如此。

"多大的人了，你不管理自己吗？明明在努力保持身材，还要所有人都以为这是天生吃不胖的瘦人体质，这不是拉仇恨吗？"

可事实上，人类对食物的热情是无限高涨的，只是随着认识的提升和对自己越发严格的要求，才知道有些放肆和不修边幅是不对的，是对自己不利的。于是开始学会在控制中经营自己，压抑——至少是暂时压抑口腹之欲。

我姐姐就属于那种十分自律的人，她有规律的作息时间、清晰的课程安排和严格的饮食限制。奶茶店开在健身房楼下，她从来都是目不斜视地径直走过。只有一次她走了进去，那是在她完成把体脂率降到15%以下的目标时，给自己的小小奖励。她犹豫了很久，终于小声点了一杯乌龙奶盖，不加奶盖。我和店员都愣在那里，面面相觑。

我小时候挑食，不吃的食物能列出一张长长的清单。那时候，我对食物的鉴赏很单纯，不会去考虑它的营养价值、昂贵价格和深藏背后的人文底蕴。只要好吃，就深得我心。

长大后，那些我不吃的东西确实变少了，原因很多，但我更多把它归于"第二味觉"的发育，带给我体验食物口感的无限可能性，尽量多去尝试，不能太过执着于自己原来的喜恶。

少年在饮食中交际、挖掘、体谅、怀念，这大概是某种历程的缩影。比如我的热爱、选择与权衡。我还有好胃口，还可以在回家的前一天给妈妈打电话，告诉她明天中午我想吃板栗鸡块。我还有成长的能力和食物支撑下的努力方向，这就让我对一切食物的热爱都有了可以被原谅的理由。

# 到上游去看看

□沈畔阳

正在河边观景的人们突然听到婴儿的哭声，吃惊地看到从上游漂来一个婴儿，有人马上跳进河里去救，可是很快又漂来一个，又一个人立刻跳进河里！婴儿一个接一个地漂来，人们一个接一个地跳进河里去救。不经意间，看到有一个人退出人群向上游跑去，大家都非常愤怒地齐声喊道："你去哪里？"他头也不回地回应："到上游去看看是谁把婴儿扔进河里的！"

很多人沉湎于解决接踵而来的一个又一个问题，并为此感到充实、自得，鲜有人能在纷繁复杂的现实面前果断抽身，到上游去看看产生问题的根源。当你感觉到日渐疲累，仍有处理不完的麻烦，就该跳出来，灵魂出窍一般看看哪里出了问题，而不要同化为问题的一部分。

## 不 土

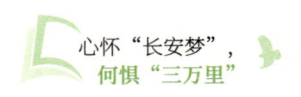

□ 知枝同学

### 1

那是我转学后的第一个家长会，我妈早早起了床，变换了好几种发式，又在衣柜里选来选去，最后套上了一件咖啡色西装，站在我面前，拘谨地笑着，问："妈妈土不土？"

我一时有点讶异，往日神采飞扬的妈妈去哪里了？但马上安慰她说："不土。这个颜色看上去比较正式。"

其实我们都知道，这件咖啡色西装不知有多少个年头了，可如果有更光鲜、更体面的衣服，我妈还穿它干吗呢？

为了让我接受更好的教育，我们全家决定从镇上搬到市里，但爸爸的工作无法变动，只能在周末赶来与我们相聚，我和我妈在这座陌生的城市里颇有点相依为命的意思。

有一天吃晚饭时，我妈气呼呼地讲述白天在公交车上的遭遇：

一个挎着大包小包，看样子是来城里打工的妇女，上车的时候因为行李太多慢了一点，另一个烫着精致卷发的女人，撇了撇鲜艳的红嘴唇，大声说："农村人就是没素质！"那妇女低着头一声不吭，我妈忍不住回怼："农村人怎么了？你有素质这样说话？"

我并不奇怪我妈的仗义执言，她素来有一股女侠风范，但这样的情况，她激动的情绪，很难不让我多想——妈妈虽然是个大人，其实她的处境和我并无分别，我们都害怕不被新环境所接受。

### 2

转学后，原本是大队长的我变成了无名小卒，英语学习进度的落后，使我第一次感受到身为学渣的尴尬与忐忑。

同学们相互喊的绰号、开的玩笑、提起的往事，我一概不知因果，那是他们相处五年形成的默契氛围，而我是个突然而至的转校生，就像小鹿来到了广阔的森林，只能滴溜着两只眼睛，默默观察周围的一切。

第一天报到的时候，我妈曾带我来到办公室，跟她的同学打招呼。如今我已记不清那位老师是教什么科目的，大约是思想品德，但她个性张扬的妆扮令我记忆深刻。

她留着寸头，穿着利落的工装和一双及膝的黑皮靴。眼睛周围涂了很多深色的眼影，在整张脸上特别突出，能与之分庭抗礼的，是偏紫色的口红。我怯生生地叫了一声王姨，似乎也只有这么一次，后来在学校遇上了都是叫王老师。

有一次王老师给我们上课，让我们自习，她走到我的课桌旁边，拎起我搭在椅背上的羽绒服，问："你妈给你买的啊？什么牌子的？"我还没反应过来，她看了眼商标，自己回答了："噢，鸭鸭，不错。让你妈多给你买几件好衣服。"

我"嗯"了一声，知道王老师是想关照我一下，但当着这么多同学的面，有点难为情，幸好当时班上乱哄哄的。

不过我的同桌还是注意到了，下了课他眨巴着两只大眼睛问我："你和王老师是什么关系？她是你姑还是你姨啊？"我飞快地看了他一眼，接着看向手中正在整理的课本，冷冷地说："都不是，她是我妈的同学。"

之后是短暂的沉默。我一扭头，发现他已经嘻嘻哈哈地和同学们玩在一起了。

一股歉意涌上心头，但他的确好看得令我自卑。

因为他精致如洋娃娃般的外貌，即便调皮捣蛋，班主任有时候也不舍得狠狠地批评他。

### 3

那我呢？

我身在此处，该怎样在此处的世界证明自己的存在感呢？

真的要靠我妈多给我买几件名牌衣服吗？

我知道不是的。我无可凭附，唯有好好学习。

整整一年，我没有任何抱怨地去上英语的补习课，把基础打得牢牢的。虽然直到小学毕业，我也没能挤进班级前列，但初中一开学，我的好日子就来了。当然那是后话了。

2005年暑假，我流连在书店里，简体版《哈利·波特》系列小说由人民文学出版社出版到了第五部，它们摆放在重点陈列架上散发着诱人的香气。我爱不释手地翻来翻去，最后忍不住问我妈："妈妈，我可以买哈利·波特的书吗？"

我妈手一挥，应允道："买吧！你喜欢就买！"

当时那件咖啡色西装还没有退休，但我觉得我妈不仅不土，反而更洋气了。

尽管她并不知道哈利·波特是谁，可她就厉害在敢做未知的事。

敝衣褴褛遮盖不住思想的光芒，华服美裳掩饰不了心灵的僵滞。

在我家的几个重大决策上，是妈妈带领我们往前迈了一步，让我们的生活越来越好。如今我没有走上循规蹈矩的人生道路，也是因为妈妈支持我探索更多的可能性，她永远是我坚实的后盾。

# 改变和舍得
□李碧华

章鱼有八只触角，在面临敌人攻击被咬住不放时，会不假思索地收缩肌肉，切断被咬住的触角逃亡。

螃蟹特大的钳状螯是一个宝贝，一旦情势危急，它就会自断以保命。

海豹原来是在海岛上群居栖息于岩石上的，但潮水来袭，无立足之地，它们便由陆居变为水居，全身做了调适与演化，不但学会游泳，还精于潜水。

金鱼在宽广的池中不知道有多逍遥，但屈身鱼盆或者鱼缸，转身不便，它会自动瘦身，鳍也变小了……

改变和舍得是一个惨痛的牺牲过程，并不容易，重生也需几经修整。而动物早已这样干了。

# 爬山的人

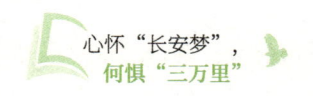

□ [新加坡] 尤 今

一次爬山之旅，居然成了阿欣人生的转折点。

阿欣攀爬的，是印度尼西亚高达3726米的林贾尼火山。那一年，她30岁，是而立之龄，任职于一家律师行，担任辩护律师。让她最感沮丧的是，有时，犯罪证据确凿，但她得挖空心思为受控者脱罪。倘若输了，有挫败感；如果赢了，不但没有成就感，还得遭受良心的谴责。

年复一年在旁人羡慕的眼光里享受着高薪厚禄的她，内心却陷入一张痛苦的大网内，每个网眼里，都是难以和他人言说的矛盾和挣扎。

她觉得自己来到了人生的十字路口。

她申请了一个星期的年假，只身飞往印度尼西亚的龙目岛，找了个挑夫，以四天时间，攀爬风光壮丽的林贾尼火山。阿欣认为，许多时候，要治疗一颗疲惫的心，绮丽的景致比任何心理医生都更有疗效。

然而，令爬山高手阿欣难以预料的是，林贾尼火山竟然能媲美李白的《蜀道难》，让她屡屡发出了"难于上青天"的慨叹！

阿欣余悸犹存地忆述道："山势陡峭，碎石路又多，攀爬到后来，简直就是一步一顿了。元气耗尽，全身每一个关节都好像有尖利的匕首在游走，疼得我直不起身子。抬头仰望，山巅遥遥；低头俯视，山路漫漫；我在中间，进退两难。看着看着，眼泪就忍不住哗啦哗啦地流了。后来，立定心意，与其窝囊地后退，不如奋勇地前进。那天，攀爬了将近11小时，才来到半山的扎营处，整个人虚弱得像强风里的蜡烛；一双腿，好似腌过的萝卜，一点力道也没有。"

次日，历尽艰辛，终于爬上了山巅。宛若仙境的美景，让阿欣魂魄悠悠出窍。

接下来两天漫长的下山路，阿欣经历了宛若地狱般的磨难。当阿欣晾晒这段记忆时，口吻里还残留着痛楚："碰上了暴风雨袭击，山泥崩泻，我好多次差点像泥土一样被冲下山去，感觉上死了一次又一次，是平生少有的惊险和惊悸。"

来到了山麓，阿欣像是一根烂掉的葱，软塌塌的，浑身散发出浑浊的气息，可是，阿欣清清楚楚地知道，和往昔相较，她已不再是同一个人。她的内心住了一个强大的巨人。

她对我说道："许多人想要征服林贾尼火山，但都经不起折腾，半途而废。对我来说，登上山顶，并不是最大的目标，在爬山的过程中，如何为自己源源地注入勇气，克服想要放弃的念头而坚持到底，才是重要的。"

回来后，阿欣重新规划了人生。

她离开了律师行，加入了一个国际组织，远赴肯尼亚，为贫苦的百姓提供法律服务，为他们争取在法律上应该享有的各种权益。

她最近回来度假，内心的丰盈使她整个人焕发出熠熠的光彩，她微笑着说道："我现在是领队，带着他人攀爬人生无形的山峰，道途险峻、困难重重，可是，有了攀爬林贾尼火山的经验，我清楚地知道，只要我坚持，一定可以抵达目标；而最重要的是，站在山巅，当我和他人分享险峰那气吞山河的美好景致时，自豪而无须自省，快乐得十分纯粹。"

# 驯服你的及时行乐猴

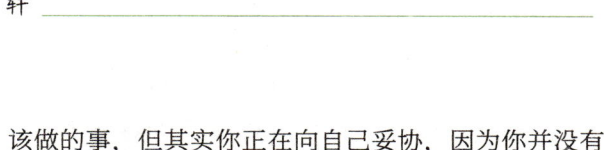

□ 刘 轩

每个人的脑袋里都住着一只"及时行乐猴"。这是心理学界常用的一个比喻。

及时行乐猴所代表的，是我们享受当下、及时行乐的一面。它住在我们的"脑缘系统"里，而脑缘系统是大脑很原始的部位，冲动又情绪化。相对的，我们理性、自律的思考系统，则是由一个叫"前额叶皮质"的位置所主导的。后者让我们克制欲望，提醒我们有比及时行乐更重要的目标，虽然它也经常会跟及时行乐猴进行拉扯。

举例来说，假设今天你手上有一包零食，但你最近在减肥，你的前额叶皮质会告诉你："不能吃太多，晚上吃零食会发胖。"但及时行乐猴会跳出来说："管他呢！现在就打开吧！"这时候如果你把袋子收起来，前额叶皮质就赢了。但只要你吃了一片，当鲜美的滋味刺激了原始大脑的猴子，它就得逞了。

我们都要学会跟自己的猴子相处，这是成长中很重要的练习。我们要学会逼自己起床、去办公室打卡、忍受漫长的会议等，这些都是我们必须做的事情。但有些时候，你会有一些选择。例如，周五下午3点半，你可以开始准备下周要交的报告，或是跟同事溜出去喝杯咖啡。这时你心想：才一杯咖啡而已！还可以跟同事培养感情。其实，这背后的声音正是来自你的及时行乐猴，而你的前额叶皮质，则已经为自己的拖延行为找到了合理的借口。

于是，理智的我们常常做出妥协，用各种方案替代那些当下不想做的事。例如，你不想写一份报告，所以就开始回一堆 E-mail。你不想回 E-mail，所以就开始整理书桌。看似都在做事，也可能都是应该做的事，但其实你正在向自己妥协，因为你并没有做当下应该优先处理的事情。

要战胜拖延的毛病，不能只靠意志力，因为意志力总有穷尽的时候，而且会让我们感到疲倦，当你感到疲倦，猴子就更容易赢。这时候你要做的，是带你的猴子去游乐园。

嘘，不要跟猴子说！游乐园只是个幌子，我们来跟它玩个游戏，借此训练它。

一开始，请"画靶"，也就是设定目标，写下你必须做的事情。然后，请定义游戏规则和时间。例如，要撰写一份年度报告时，游戏规则就是整理过去的资料，而这需要花费半小时。

最后，你要进行奖励。对猴子说："今天如果能完成半小时的资料整理，就去咖啡店喂你一块你爱吃的点心。"同时，也要跟猴子说："不能作弊！"

只要你画的靶够清楚，游戏难易度适中，时间也设置得合理，猴子就会愿意配合着试试看。此时，恭喜你跟自己的及时行乐猴谈判成功，赶快行动吧！

如果时间到了，你也确实达成了目标，请一定信守承诺。当然，奖励也不能过头，不要做了半小时的正事，就出去逍遥半天。

面对及时行乐猴，真的要像训练小动物一样训练它。通过重复达成目标、实现承诺，你内心的猴子将会变得更听话。工作上了轨道，将会为你带来更多的成就感，形成良性循环。所以给自己奖励的同时，也可以趁着这个好感，计划下一个目标和奖励，让自己完成一系列连贯的目标。

## 那场青春，水花激荡

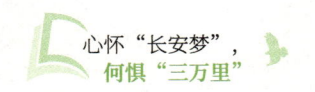

□潘云贵

### 1

高二那年，我因肥胖问题总被我爸嘲笑。

"别人读书越读越瘦，你倒好，越读越胖。"其实我知道他的言下之意，是在说我学习偷懒，没有努力付出。

为了不让我爸继续用语言攻击我，我决定减肥。

我找到一个游泳池，在学校后门往北六百米左右的地方，四周被树木环抱，显得较为隐蔽。游泳池大概是20世纪90年代所建，装修很简单，露天，只用矮墙和铁栏杆围起来，因为收费便宜，也没见有小孩子为了逃票而爬墙进去。为了躲避众人的目光，我会选择午饭后人少的时候来这里游泳。

当我面对空荡荡的游泳池时，整个人都异常兴奋，觉得这世界只有自己一个人了，长度三十米的水池瞬间成了一片专属于我的海洋，我可以尽情在里面游弋，玩耍。

水面上漂浮着明晃晃的阳光和一两片树叶，突然有张年轻的面孔冒出水面，他站起来，身形瘦削，全身在阳光下显得尤为白净。男孩摘下泳镜，甩了甩头，水面顿时激起无数涟漪。

"怎么突然多了个人？"我被吓到了，用手按着胸口。

"我一直都在这游啊，只是你没看见而已。"他解释道，随后好奇地问我，"你为什么半天站在泳池边上，也不下来？"

我没回答他，尴尬地把目光转到别处，之后跳进水中，水花四处迸溅，像落进一块巨石。

"你是不是不会游啊？要不我教你吧？"他见我一直在水里进行"狗刨"，不禁笑起来，但很快止住笑声，看着我。

我很羡慕像他那样的男孩，有清秀的面容和矫捷的身姿，在午后的游泳池里如光一般闪耀。而我如此平凡、笨拙，我没吱声，不敢看他，拉下额头上的泳镜，把头埋进水中。他这时游到我身旁，我透过泳镜，看到他在水里朝我微笑。他应该是个好人。我在心里对自己说。

之后，我便跟阿明成了朋友，每回来这里，他都会耐心教我游泳。

### 2

我一直是个缓慢成长的人，学什么都慢，大概过了一周后，我才学会游泳。

水池粼粼发光，一切恐惧都在一瞬间消解。我一下子觉得水中的自己，是在跟随海上的鸥鸟一起扑打着双翅，我们向着远天飞去，向着未来飞去。夏天的游泳池就是一片海，那么辽阔，那么美。原来在这世上，人最大的敌人真的就是自己。

阿明告诉我，这个泳池最早是他爸带他来的，那时阿明还是个怕水的小男孩，他爸用尽招数诱他下水，都无果，最后只能来个狠招，把五岁的小家伙推到水里。阿明一直哭着，喝了一肚子的水。从那天起，阿明摆脱了对水的惧怕。之后他渐渐长大，一旦碰到难过的事情或者压力大的时候，他都一个人来这里游一会儿，把事情想明白了就回去。但有些事他永远也想不明白，比如大人的情感世界。

"曾经明明那么喜欢彼此，为什么现在看到对方就像仇人一样？"每次讲起他父母的感情矛盾，他就有些忧郁，眼睛里装满蓝色的海水。

我无法对他说什么，只能在一旁静静倾听。有时见他在泳池边长久发呆，就故意朝他拍水，拉他下水。我们在水里扑腾、玩闹，真想溅起的水花能冲刷掉身上太多的烦恼与无奈。我们还这么年轻，为什么现实要在我们的泳池里注入这么多悲伤的液体？

### 3

高考结束后的六月中旬，阿明的父母离婚了，他像一颗弹珠被弹进了一个很深的洞中。

我见到他时，他已经不像过去那样喜欢跟人说话了，当初那个在泳池里发光的少年渐渐熄灭了自己身上的光。当我听到他说不久后要跟着他妈妈去国外生活时，心里有个角落颤动了一下，"要走了"三个字，简简单单，却又在我们十八岁到来的夏天里惊天动地。

我望着阿明尚留有一丝光亮的瞳孔，很想拥抱他，也想安慰他，但忍住了，迟迟没有行动。他似乎看出来了，嘴角瞬间露出从前那样的笑意，跟我说："时间很奇妙，一切烦恼都会过去的，我们能做的就是等待。"我知道此时的阿明已经有了一颗成熟的心。

### 4

我们最后一次来游泳池，是七月下旬，我拼尽力气拿到了一所北方大学的录取通知书，而高考成绩不佳的阿明已办好所有手续准备出国。我们傍晚时相约来到这里，却看见门前贴着一张泳池整修的通知。两个人非常扫兴，耷拉着脑袋。我正准备往回走，阿明在身后叫住了我："别走，我有办法，快过来！"我转过身去，看见阿明已经溜到泳池的外墙边。他高兴地朝我挥手，示意我可以爬墙进去。

"里边没人，水池里还有水，我们可以游！"他狡黠一笑，迅即蹬腿上墙，握住栏杆攀爬，身手非常敏捷，即将翻身时他停住，看着底下的我，轻轻问："你怕吗？"我抬头望着眼中的少年，回答："你在，我怎么会怕？"说完，两个人一时间都笑起来，那片笑声也点亮了从前的夏天。

顺利爬进墙内后，阿明提议跟我好好比一下，究竟谁游得快。我欣然答应。我们站在泳池边，做好热身后，便一起潜入水中。

起初我和阿明一样匀速向前，随后我耍起小聪明，加快了四肢划动的节奏，往前冲去，阿明被我甩到后方，我很得意，但不久身子就不听使唤了，我全身有些无力，逐渐瘫软。这时阿明加速了，很快赶超了我。我可不想前功尽弃，就憋着一股气，拖着酸痛的身体，拼命摆动手臂。阿明转过头来，对我喊："坚持，坚持下去，就要到了，快了！"

不知从哪一秒开始，全身肌肉的痛楚突然就无知无觉了，我开始游得分外轻松。而游在前头的阿明也不知是不是故意放慢了速度，不一会儿，我就跟他处于相同的位置。我们都使尽全力往终点冲去。"到了！"伴着阿明一声激动的叫喊，我们一同伸手触壁。

两个人高兴极了，像小孩子那样拍击着水面，往彼此身上泼水。我一个转身，钻到水下，闭着眼睛，依然能感觉到太阳正在隐退的踪影、光和云朵的浮动，还有海风、白鸟、灯塔、礁石、浪花，它们都在我的脑海中像鱼一样跃动，一切黑暗正逐渐被我们穿越。

那一年的盛夏漫长得似乎永无尽头，我们忍受所有的寂寞，忍耐所有的不愉快，在梦与现实交汇的地方寻找出口，那些自卑、沮丧、委屈，如同游泳途中呛到的水花，最终都被自己以成长的名义通通吞咽下去。

为了抵达彼岸，我们挨过最艰难的时刻，奋力向前游去，心中都坚信当指尖触壁的一瞬间，自己一定会无比强大。

那年夏天过去后，我瘦了一圈，我爸没再像过去那样嘲笑我。

---

## 树

□艾 青

一棵树，一棵树
彼此孤离地兀立着
风与空气
告诉着它们的距离

但是在泥土的覆盖下
它们的根生长着
在看不见的深处
它们把根须纠缠在一起

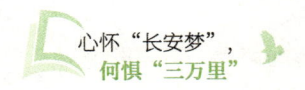

## 孔子说"礼"

□鲍鹏山

现在很多人喜欢法家，认为法家讲"法治"，符合现代法治社会的要求。但是，正好相反，孔子所讲的"礼"，才是直通现代化的，而法家所讲的"法"，恰恰是违背法治精神的。为什么？因为现代法治精神的核心，是保护所有人的权利不受侵犯。法家的"法"呢，核心要素却是剥夺所有人的权利，让国君用严刑峻法进行统治，是权力用法来收拾你。所以，法家的"法"，核心是"权力"。而儒家的"礼"的核心是什么？是"权利"。权利是对权力的划界。"礼"，确立了各自的权利，每个身份不同的人，都有自己的权利领域，但也有边界。你可以在这个地方驱使我，但是到了那里，你就没有权力了。你可以要求我尽我的身份应该承担的义务和责任，但你不能剥夺我的身份赋予我的权利和自由。所以，礼，恰恰是与现代法治精神相通的。它规定了每一个人相应的权利与责任，这正是法治的精神。所以儒家的"礼"才是法治精神的源头。

对中国传统文化，有一类人持否定态度，认为中国要走向现代化，只能从西方文化里嫁接。他们的文化期待是，从西方文化走向现代。

事实上，中国传统文化与中国现代化，一点都不矛盾，几乎可以说是个直通车——逻辑直达。孔子、孟子、老子、庄子、墨子，甚至韩非的思想里都包含显著的现代性。比如孔子的民本思想、道高于势思想、礼（规则权利和责任）对权力的约束思想，庄子的个体自由，墨子的尚贤思想，韩非的依赖制度不依赖道德，等等，都与现代社会理念毫无违拗。社会主义核心价值观，富强、民主、文明、和谐、自由、平等、公正、法治、爱国、敬业、诚信、友善，虽然与上述古代思想不是一个词，但是从逻辑上讲，完全直达。赋予中国历史、中国文化以现代性，建起一座中国历史、中国文化直通现代世界的桥梁，是当代中国知识分子的首要职责和担当。

## 世上本无遇，孜孜以求之

□白瑞雪

精神相遇和物理陪伴难两全，而主人公很幸运，在爱情的理性与不理性之间存留了成年人的天真。

人的各种体验，包括爱情，当然是珍贵的。但是，人作为目前已知的唯一智能生命，被创造、被诞生的意义究竟是什么？是渺如尘埃的物质建构，还是同样微芒的精神体验？那么，这些建构与体验对偌大的宇宙来说又有什么价值？完全想不通。

不过有一点是肯定的：都说人间可遇不可求，其实是甩锅；世上本无遇，孜孜以求之。求而得或不得，都是人生吧。

# 边听歌边写作业真的有效率吗

□周小烦

很多人写作业或工作时都喜欢放首歌，一边听，一边干手头的事，更有甚者，不打开播放器就没法好好写作业。然而，科学研究表明，最好的背景音乐就是不听音乐。

当然，如果你干的是机械重复的流水线工作，听音乐确实可以让工作不那么无聊，还能让你保持一定程度的兴奋。

不过，需要复杂认知能力的任务，人们在安静的环境下做得更好。音乐越是吸引人，就越会影响人集中注意力。听有歌词的音乐对做需要语言能力的任务来说简直是致命的，你能想象一边听毛不易的歌，一边背课文吗？

科学家曾经进行过一项研究，让中学生一边阅读，一边听流行音乐，结果发现近四分之三的人在阅读时理解力有所下降。歌词会占用你宝贵的注意力，就像闪烁的灯光或者难闻的气味一样。

对天性内向、喜欢安静的人来说，音乐对注意力的损害可能更加显著。比如，一边听摇滚乐，一边记忆图片和阅读文章，对内向者来说，听音乐让完成任务变得更加困难，但对外向者来说没那么艰难。

背景音乐也并不总是起反作用。另一项研究发现，白噪声能帮助患有注意缺陷多动障碍（ADHD）的孩子集中注意力。由于ADHD患者大脑中的多巴胺含量低于平均水平，他们可能需要更多来自外界环境的噪声刺激，才能集中注意力。

既然对普通人来说，最好的背景音乐就是不听音乐，那为什么还是有很多人习惯开着播放器写作业呢？答案很简单：因为我们没有意识到音乐干扰了我们正在进行的任务。

如果你一天也离不开音乐，那么建议你在聚精会神学习后，停下来，听十几分钟音乐。

有证据表明，在完成任务的间隙听音乐，能提高学习或工作效率。

# 宁作我

□徐悟理

桓温年轻时与殷浩齐名，都是东晋名士，但他看不上殷浩，觉得自己比他更胜一筹。

一日，他故意问殷浩："你觉得自己跟我相比怎么样？"殷浩没有正面回答，而是巧妙地避开了，他说："我与我周旋久，宁作我。"就是说，我跟我相处很久了，还是宁愿做自己。言下之意，你没有什么值得我羡慕的，我很满意当下的自己。

殷浩真有智慧，何必跟人比呢？每个人都有优点和不足，不去羡慕和跟从别人，做自己才是最重要的。

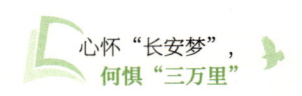

# 都听网友的，生活会变成什么样

□佚 名

你可能想不到，我们现在可以多大程度依靠其他人做决定。

比方说，买哪件衣服才好看，对方这么做是不是该分手，哪个型号的电脑比较耐用，毕业了是考研、考公、出国还是进大厂——种种问题放到网上，都会有好心人替你解答。

也就是说，现在要从其他人那里获得大小难题的看法，可能比以往任何时候都更容易。很难向对象、爸妈开口的丑事，网上搜不到答案的私事，以及不好意思麻烦朋友的小事，现在都能询问陌生人。

比如，豆瓣上一个叫作"请帮我做选择！"的小组，就聚集着40万组员，这些人似乎真心实意地把一部分选择权交给了网友。

最常见的问题是"工作"，诸如"聘书"选哪个、"公司"选哪家……都是你我在人生关卡可能面对的老大难题。读书升学也制造了一大堆问题，这种时候，踩着网友的肩看看，也许就能看到别人看不到的捷径。选哪所"学校"、读哪个"专业"，该不该"考研"以及去哪个"城市"，每个真诚发问的学子，都等待着一位热心肠的网友老师前来指点迷津。

当然，除了这些严肃的人生抉择，一件商品"好看"与否、选什么"颜色"，也是组里最喜闻乐见的问题。在这些帖子下的踊跃发言中，你能一窥当今互联网审美及消费观发展到了哪一步。对有审美障碍的人来说，要把形象提到及格线以上，最快的方式就是请广大网友把关。

但如果人生中的每一个决定，都交给陌生人来做，会变成什么样？

你的生活大概是这样的——人生选择上，网友很可能会建议你：文理分科选什么？理科！大学择校看专业还是学校？除非要做医生、律师，优先985、211！一件东西要不要买？好看，但不值这个价；便宜，但不好看；好用，但你不会用的。所以大概率，不要买！租房选通勤短20分钟的，还是便宜一点的？无脑选近的！

这种生活，我们可以称为"当代互联网对生活的标准答案"。

康奈尔大学的一项研究则发现，一个人每天单在食物上就要做出226.7个决定。于是有一种说法认为，当代人每天做的决定数量之多，是人类前所未遇的，但显然并不是每个人都做好了准备。

这种"选择越多越选不出来"的当代疲惫，被称为"决策疲劳"。即使掌握了足够多能搜到的信息、经历过漫长的纠结之后，人们依然无法决策，希望再次获得陌生人的分析、劝说。

实际上，社交平台的选择并不保证管用。尤其对大事而言，很多问答都遵循这样一种模式：当事人给出一段简化的前情提要，网友给出更简短的指令，而这些指令大多非常果决——虽然给出建议的人未必真的有经验，但不妨碍提问者从这些理性回答中获得勇气。

提问的人追求理性建议，给出建议的人通过理性分析获得快感，双方某种程度上都完成了自我的理想化：成为一个现代的、理性的、不被情绪和跟风支配的成年人。

# 詹何的智慧

□ 姚秦川

楚国有一位钓鱼高手名叫詹何。他钓鱼的行头与众不同,虽然他用的钓具都很普通,甚至有些简陋,但每次他都能钓到比别人多得多的鱼。

詹何手中的钓鱼线只是一条单股的蚕丝绳,钓鱼钩是用如芒刺般的细针弯曲而成,而钓鱼竿,则是楚地出产的一种普通的细竹。

就是凭借这套非常一般的钓具,加上用破成两半的小米粒做的钓饵,用不了多长时间,詹何就能从湍急的河水中,钓到一大筐活蹦乱跳的大鱼。回过头来再看看他的钓具,发现钓鱼线没有断,钓鱼钩也没有直,甚至连钓鱼的竿子也没有弯!

这件事很快传到了楚王的耳朵里,他不明白这个叫詹何的人,为何竟有如此高超的钓技。楚王十分好奇,最后派人将詹何召进宫里,询问其垂钓的诀窍。

詹何先是毕恭毕敬地向楚王鞠了一躬,然后开口道:"我曾经听已故的父亲说过,楚国过去有个射鸟的能手,名叫蒲且子。每次,他只需要用拉力很小的弱弓,将系在细绳的箭矢顺着风势射出去,一箭就能射中两只正在空中翱翔的黄鹂。不知楚王可有听说此事?"楚王思忖后回答道:"确实听说过有这样的高人。"

詹何得到肯定的回答后,接着说:"听了父亲讲的故事后,我尝试着用他的这个办法来钓鱼。最终,我花了整整5年,精通了这门技艺。"楚王听得很仔细,示意对方接着往下讲,到底掌握的是哪种技艺。詹何最后说道:"每当我来到河边持竿钓鱼时,我只是全身心地关注钓鱼这一件事,其他什么事都不想。可以说做到了全神贯注,排除杂念。在抛出钓鱼线,沉下钓鱼钩时,我让自己做到手上的力道不轻不重,丝毫不受外界环境的干扰。这样,鱼儿在看到我鱼钩上的钓饵时,便以为是水中的沉渣或泡沫,于是毫不犹豫地吞食下去,因此,我在钓鱼时,就能做到以弱制强,以轻取重了。"

楚王听了詹何的做法后,非常赞同他的观点,直夸他拥有以小博大、以弱治强的智慧,非常难得。

在生活中,用心不专是一个人的大忌,一事无成则是人们常常用心不专的恶果。即使是最弱小的生命,一旦把全部精力集中到一个目标上,也会有所成就。而最强大的生命,如果把精力分散开来,最终也将一事无成。

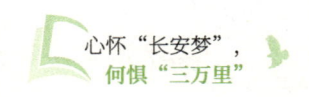

## 没有对不起12岁的自己

口 惟 念

从没想过，25岁这一年我又开始学习一门新语言，从数字开始，先是一笔一画地将上海话和普通话的文本抄在纸上，再跟着录音一遍遍练习发音，圈出重点和难点，翌日向本地同事请教。

学习，是因工作需要。我当然可以以外地人的理由，将这份工作交给本地同事做，这样看似轻松，却也带走了些机会。于是不服输的我，开始每天下班后雷打不动地跟读练习。

成长于中部地区的我，对上海话里众多既不是一声也不是轻声的发音困惑不已。某天学习了"我心口头有点儿痛，饭也吃勿落"后，便迫不及待地向同事展示，对方笑得直不起腰来，说其中夹杂着一股浓浓的苏北味，上海人听了的确要心痛的。

后来这成了我们之间的笑谈，她时常会问："惟念，今天心口头还痛吗？"

转折发生在1月，某天她挂掉家里打来的电话，我随口问道："你妈妈在跟你讨论晚饭吃什么吗？"她自然地接过话题，几秒后，突然兴奋地反问："你全听懂了，是吗？"

那天距我用最原始的笨办法学习上海话，已过去了小半年。

12岁那年，我家从农村搬到合肥，因为之前没学过英语，我无法直升初中，必须重读六年级，参加统一的招生考试后，才有被录取的资格。

当下最紧急的，就是开学前找到补习班，把三至五年级的6本书在一个暑假学完，否则无法衔接六年级的课程。家中经济捉襟见肘，父亲带我奔走了数天，最后选择了由一群在校大学生开设的补习班。招生老师热心地说："你每天都来听课吧，不限制时段和班级，一定要认真听讲，积极发言，你几乎要从零基础学起，所以我们没法向你承诺学习效果。"

进教室的第一天，我就成了全班同学嘲笑的对象，老师询问谁可以背出26个字母时，我勇敢地举起了手。不会说普通话的我，带着浓重的乡音，那是自小生活在城市里的同学不曾听过的方言，看着同学们捧腹大笑的样子，站在讲台上的我满面通红。

那一刻，眼泪就要夺眶而出，但我咬咬嘴唇，硬生生地憋了回去。我自小不喜欢在人前哭，知道那无用，只会招来更多笑声。

年轻而善良的老师，制止了不断发酵的嘲笑，用肯定的目光看着我说："背得很好，别的还会吗？"

我摇摇头，那已是我全部的知识积累，紧张不安的我，就这样开始了人生中第一节英语课。那年的夏天很热，住处没有空调，一台小小的风扇吃力地转着，作业本上落满了汗渍。

一周后的第一次测试，我考了35分，第二周我及格了，第三次考了92分，拿了班级第一名。放学前老师把我留下来，在卷子上写了一段话，让我带回家给爸爸看。

"如果不到万不得已，一定让她继续学英语，孩子在这方面有天赋，也肯下功夫，我非常喜欢她。"爸爸看后沉默很久，什么也没说，但从此只要我说需要任何资料，即使手头再紧张，他也不曾皱过眉。

开学的日子如期而至，过时的打扮、傻气的短发、蹩脚的普通话、怯懦的眼神，又一次让我成了新班级的焦点，淘气的男孩们总拿我开玩笑。我没有力量去抵抗外界的声音，只能埋头学习，从不得不学英语到爱上英语，再到有同学要借我的作业来抄，用了大半个学期。

当时以为只要多跟他们聊天、学会普通话就万事大吉，后来发现会说当地方言能够更快地融入本地学生的圈子、更好地了解这座城市，于是我又狠下心来跟着邻居学、看电视剧学、找同学操练……

我对人生中第一位英语老师始终心存感激，所以几年前我也教起英语；在外说普通话时，没有人会通过发音辨别出我的故乡，回合肥后我也能用方言跟老朋友畅快地聊天；持续学上海话后，我不再为工作担忧，还主动学做本帮菜，利用空闲探索这座城市的不同角落。

动力来自无路可退、想更好地留在此地、做被人仰望的强者、不辜负父母当初执意将我带在身边而付出的辛苦，我没有对不起12岁那年的自己。

# 乔木和灌木哪个更高大

□任万杰

1571年，莎士比亚进入斯特拉福文法学校读书，遇到了自己的老师比尔伯勒，他非常欣赏这个爱动和勤奋的学生，莎士比亚的兴趣很广泛，喜欢作诗、写文章、表演话剧，还写剧本，整天忙得不亦乐乎。

就这样一晃7年过去了，有一天，莎士比亚来找比尔伯勒，说："老师，我整天都很忙，可是没有收获，而别的同学，有人已经崭露头角，我应该怎么办？"

比尔伯勒让莎士比亚坐下，说："你不要着急，我问你，是乔木长得高大还是灌木长得高大？"

莎士比亚说："当然是乔木了。"比尔伯勒问："那你知道这是为什么吗？"莎士比亚摇了摇头。

比尔伯勒说："乔木长得高大，那是因为乔木都有主干，而灌木生得矮小，是因为灌木都是丛生没有主干。人也是这样，如果想有成就，就必须有一个主业，这样有了主攻方向和目标，才能让自己的人生变得巍峨高大。"

莎士比亚这才明白自己的错误，连连表示感谢。他开始思考自己的主业是什么，最终确定是写剧本，目标确定之后，集中精力创作出《哈姆雷特》《李尔王》《仲夏夜之梦》《威尼斯商人》《第十二夜》《亨利四世》等作品，成为英国文艺复兴时期著名剧作家，被誉为"人类文学奥林匹斯山上的宙斯"。

人的精力是有限的，面面俱到只能让自己流于形式，最终一事无成。

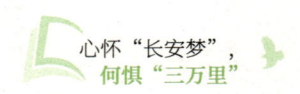

## 惊奇元素

□ 李南南

在好莱坞的剧本评估里,一直有一个首要考虑项,叫作"惊奇元素"。也就是说,你的剧本能不能用一句话,概括出一个让人感觉惊奇的元素。假如这个惊奇元素成立,你的剧本就能进入下一步;不成立,则不能立项。

大部分好故事里,都能找到这样的惊奇元素。

比如,一个男人含冤入狱,在牢里待了十多年,用一把小鹤嘴锤,挖出了一条通道,最终逃出生天。没错,这是电影《肖申克的救赎》。

比如,一个年轻人同时爱上了很多姑娘,这些姑娘也爱他,但是,最终他发现这些姑娘都是他同父异母的妹妹。估计你也猜到了,这说的是《天龙八部》里的段誉。

再比如,一个小男孩为了救出母亲,决定向神宣战,并劈开了一座大山。这说的是《宝莲灯》。

所有惊奇元素,本质上一定要满足两个条件:第一,能用一句话说清楚;第二,颠覆了你通常的想象。只用一把锤子,怎么可能挖通监狱呢?同时爱上的四五个姑娘,怎么可能都是他的妹妹呢?一个小男孩,怎么可能向神宣战呢?

惊奇元素一定要简洁,且颠覆常识。不仅电影如此,大多数畅销书也都具备至少一个惊奇元素。

比如,《人类简史》的惊奇元素是,过去我们都觉得智人之所以能在进化中胜出,能战胜尼安德特人,是因为智人更聪明、更强壮。事实上,尼安德特人不比智人笨,虽然他们的个子比智人矮,但是力气更大。智人之所以胜出,不是因为智力,而是因为想象力。是想象力,让智人能够在更大范围内形成一个共同体。

如果你要去应聘,想用一句话吸引面试官,也可以借鉴惊奇元素。比如,你本来想说,你很会培养人才。你可以换个说法,"我有个管理心得,大家都觉得人才是培养出来的,但我认为不是,人才是在一个好的机制里自己成长出来的,我很擅长打造这样一个好的机制"。有这么一句带点颠覆感的话,就会使你更容易被记住。

## 如树使然

□ 王阳明

立志用功,如树使然。方其根芽,犹未有干;及其有干,尚未有枝。枝而后叶,叶而后花、实。初种根时,只管栽培灌溉,勿作枝想,勿作叶想,勿作花想,勿作实想,悬想何益?但不忘栽培之功,怕没有枝叶花实?

不必等风来，
你跑起来就有风

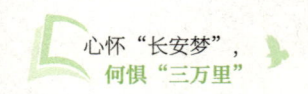

## 带着书的男人

□ [越南] 林 丁  译/钱云华

在任何一个社会里，不管是原始社会还是经济发达的社会，人们对拿书的人总是带着敬畏之心，怀着一定的尊敬之情。这是一条真理。皮埃尔·裴是如意村修自行车的，大字不识一个，但他知道这条真理，于是他无论走到哪里，手里都拿着一本书。

拿着书产生的魔力立竿见影：乞丐和妓女现在不来骚扰他，抢劫的人不敢碰他，只要有他在，孩子们总是很安静。

一开始皮埃尔·裴的手上只拿一本书，但后来他意识到拿的书越多，大家对他的印象就越好。于是，他每次出去的时候至少带上三本书。每逢节日或遇到重大活动，他外出的时候则带着一打书。

至于带的什么书，那就不重要了。《人性的弱点》《我们的身体》《我们自己》《托斯卡纳艳阳下》……只要是书就行，但皮埃尔·裴又好像特别喜欢那些小号字印刷的厚书。也许他觉得那些书会让他更像学者、显得更有学问？他家里图书馆的规模迅速扩大，在那里人们可以看到许多关于会计学的大部头，还有世界各大城市的白页（指电话号码簿中登录党政机关、团体电话的部分，因用白色纸张印刷所以叫白页。——译注）。

以他修自行车的微薄收入，拥有那么多书实在不容易。除了每天必不可少的食物，他不得不砍去其他所有的开支。许多时候，他只靠面包和糖来维持生活。虽然日子过得清苦，但家里的厚书皮埃尔·裴一本也没有卖掉过。他的肚子常常饿得咕咕叫，但其他村民给予他的尊敬让他的身心得到了极大的满足。

1972年，皮埃尔·裴对书的绝对信仰终于得到了回报。最为惨烈的一场战争在那一年爆发了，他们村里所有的房子都被烧成了灰烬——除了皮埃尔的那间摇摇欲坠的茅草屋。他抱着头，战战兢兢地蹲在地上，几乎毫发无损，因为至少有一万本书将他团团包围，保护起来。

## 掌握了辞藻，就掌握了一切

□ 盛文强

雄性为鲸，雌性为鲵，它们通常并称鲸鲵。鲵本是娃娃鱼的学名，在古籍秘本中，指的是雌性的鲸。鲸鲵是海中大物的终极想象，古人谈到海洋动物时，鲸鲵的意象频频出现。在汉赋中，博物之士通过冷僻名词的堆砌炫示学问，鲸鲵在他们的笔下成为海洋的符号，虽然他们谁也没见过鲸鲵，但这并不妨碍他们娴熟地使用"鲸鲵"二字。那是一个属于名词的时代，对海中大物的认知，止步于名词。那些游走在陆地深处的辞赋家称："只要掌握了辞藻，就掌握了一切。"

# "U盘化生存"的西红柿

□ 宿 亮

很少有像西红柿炒鸡蛋这样的菜肴，每家每户都有不同的做法。上高三时，尽管高考压力巨大，我仍然有工夫跟同学吵架，话题就是西红柿炒鸡蛋到底应不应该放酱油。结果是，同学把我拉到他家里，直接打开炉头炒起了菜，就为了向我证明酱油也是这道菜的好伴侣。

关于西红柿的另一道"论述题"是，究竟它是水果还是蔬菜？研究植物分类的专家会说，西红柿的种子在体内，所以应该是一种水果；但农艺专家会说，西红柿的果实并不像其他水果那样长在树上，所以应该算是一种蔬菜。对我来说，水果是能捧在手里吃的，蔬菜是能下锅炒的，而西红柿"可咸可淡"两相宜，应该算是水果和蔬菜中的"双面间谍"。

西红柿的"可咸可淡"充分体现在餐桌上。这种水果/蔬菜是父母们的最爱。没时间做饭时，洗干净可以直接吃；大不了切成薄片铺上白糖，就变成了一道凉菜。这么"敷衍"的菜肴，估计现在很难在饭店里找到了。

西红柿也叫番茄，一听就是舶来品。但即便是在做菜就要用西红柿的欧洲国家，它也算不上历史悠久的食物。16世纪西班牙人入侵美洲时，才发现了这种阿兹特克人种植在安第斯山上的神奇果实。这种果实成功"反向入侵"，席卷了地中海并最终"占领"了欧洲，用了300年在全世界繁衍。而南欧也得以拥有各式以西红柿打底的菜肴。欧洲人对西红柿的热爱，不亚于对希腊罗马神祇的崇拜。意大利语、法语和英语，都把西红柿称作"爱情苹果"，而德语更是直接把西红柿称为"天堂里的水果"。

厨师喜欢西红柿，多半是因为它在烹饪中充满可能性、可塑性，既可以做主菜，也可以做酱汁；既可以独立"出征"，也可以融汇"千军万马"。前两年，有一个流行词语叫作"U盘化生存"，说的是"自带信息，不装系统，随时插拔，自由协作"的生活方式。这种方式，西红柿早就实现了。这就是鼓励大家，要做一个像西红柿一样的人。

# 智识上的鉴别力

□ 林语堂

有教养的人或受过理想教育的人，不一定是个博学的人，而是个知道何所爱何所恶的人。一个人能知道何所爱何所恶，便是尝到了知识的滋味。

我碰见过这种人，谈话中无论讲到什么话题，他们总有一些事实或数字可以提出来，可是他们的见解是令人气短的。这种人有广博的学问，可是缺乏见识或鉴赏力。博学仅是塞满一些事实或见闻而已，可鉴赏力或见识是基于艺术的判断力。

一个人必须能够寻根究底，必须具有独立的判断力，必须不受任何社会学的、政治学的、文学的、艺术的，或学究的胡说威吓，才能够有鉴赏力或见识。

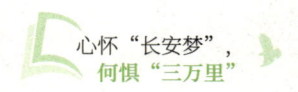

# 有一种成长，叫作对手

□小 龙

## 1

两年的高中时光打马而过，岁月这只可以翻云覆雨的大手将我推进了高三。

开学伊始，我看见同桌在新书上写下这样一句话："高三既是应许之地，也是流放之地。在这里，你可能被成全，也可能变得一无所有。"

是的，这就是真实的高三，既热血，又残酷；既让人野心勃勃，又让人惶惶不安，只有身处其中的我们，才能够切身体会到那如影随形的压力。而在这样的高压之下，许多不为人知的小心思在迅速发酵。

清晨，同桌的声音显得格外聒噪："昨天更新的《越狱》第五季你们看了吗？迈克尔果然还是那么帅啊！"

同桌又开始夸夸其谈了，如果我没有猜错的话，接下来，她还会装腔作势地拿出手机，向大家一一展示剧照。虽然我不清楚迈克尔是否真的很帅，但知道即使没有迈克尔，同桌也会坚持用原声美剧练习英语听力。那段时间，她的笔记本上写着许多潦草的英语台词，上面还用红笔标注了用时和对错，我一看便知，她在练习速听、速记。

进入高三以后，我总是格外关注她，常常装作不经意地偷看她的作业本。每次考试过后，我还会旁敲侧击地打听她的分数，然后在心中默默对比。有时连我自己都觉得莫名其妙，搞不懂自己究竟是什么心理，是忌妒还是不甘？

同桌依旧在那里眉飞色舞地讲解剧情，看见周围人听得津津有味，她露出了一抹心满意足的微笑。

"李文婷，你天天追剧，学习成绩还这么好，真厉害！这就是天才吧。"

听见这样的恭维，同桌的优越感油然而生。比起努力，她似乎更钟情"天才""天资""天赋"这些自带光芒的词。我却始终认为，人即使没有得天独厚的优势，也可以仰仗追风逐梦的骁勇，所以，比起虚无缥缈的天赋，我更笃信脚踏实地的勤奋。

## 2

之后的一次月考，同桌的英语考了全班第一。课间，我看见有同学向她请教学习方法，而她故弄玄虚地笑着说："我觉得学英语应该还是靠语感吧。怎么说呢？这更像是一种直觉。你看，我没有买额外的参考书，用的就是老师发的那些。"

听见这样轻飘飘的话，我生气了。出于心中蠢蠢欲动的忌妒，我拿起她的参考书，翻开几页，佯装惊讶地说："奇怪，咱们学校发过这本书吗？是不是我记错了？"

那一刻，同桌的表情变得极为复杂，她尴尬地盯着我，那模样就像一个正在表演的魔术师突然被人拆穿了魔术机关一般。在大家意味深长的眼神里，她支吾了好一阵，也没有拼凑出一句完整的解释。

也正是从那天起，我们两个人的关系变得剑拔弩张，开始对立。后来，同桌每次看见我做题，就一定要比我做得更多，而我每发现她练习一篇听力，就会咬牙坚持练习两篇听力。我们如同古罗马的角斗士一样，要在斗兽场上一决高下。

然而，那时的我还不清楚，命运即将在我最意想不到的时候发动偷袭。

第一次模拟考试，我的成绩居然不升反降，比同桌落后了整整10分。公布总分那天，我整个人都瘫软下来——"技不如人"这四个字原来能让人感觉如此沉重。

那次考试，同桌的英语依旧拔得头筹。一下课，同学们便如众星捧月般把她围起来，只有我失魂落魄地躲了出去。

### 3

后来，班主任给我们开了总结班会。为了激励大家，他让我们互相加油打气。我和同桌面面相觑，都有些尴尬。直到班主任让我们交换错题本，我才对同桌说了第一句话："天哪！你的错题居然有这么多！"

我不是故意要让同桌难堪，而是真的没想到，她的错题居然会写满三本大笔记本。那上面足有1000多道题目，她还在每道题目下方都做了详细的批注，其中一些典型的分析证明题，从解法到公式她居然洋洋洒洒写了两三页，真是细致到让人瞠目结舌。我很好奇：她究竟做了多少题目，才会出现1000多道错题？她在背后到底都默默付出了什么？

一时间，我手中的笔记本变得灼热起来，甚至觉得它记录的已不再是题目，而是学霸背后一道道触目惊心的伤痕，它正在向我昭告，同桌的好成绩理所应得。

当时是高考前的最后一个月，我决定放手一搏。我分秒必争，同桌深受我的影响，课间也开始偷偷地做题。我知道，她依旧是那个"明修栈道，暗度陈仓"的同桌，我也还是那个简单、直白的我。也许我们终究无法成为推心置腹的朋友，但她是我在学习中至关重要的坐标，就像启明星一样。

### 4

高考前，很多同学都买来同学录，分发给大家填写。那天，她居然挑选出其中最漂亮的一页递给了我。在好友印象栏，我写下一个单词：competitor（竞争者）。同桌意味深长地笑了，说："我喜欢'竞争者'这个词。"

是的，高三那年，我和同桌一直在竞争，也正因为竞争，我们才激发出蛰伏的潜力。虽然从未向对方说过一句鼓励的话，但我们都很清楚，对手的进步就是对自己最大的鼓舞。

时间如白驹过隙，一转眼便到了6月，高考如期而至。成绩公布那天，我激动地拿起电话向班主任打听同桌的分数，班主任接到我的电话，哈哈大笑，说："你和你同桌还真是心有灵犀，她刚刚也打电话来询问你的成绩。其实，你们的高考分数一模一样，并列全班第一。"

听见班主任的话，我愣住了：居然是平手！我从未想过我们之间会是这样的结局，在高三近200天的奋斗时光中，这个让我又爱又恨的姑娘，是我追逐的目标，也是我拼搏的动力。但随着高考的落幕，这一切都匆匆走向了结局。

如今回首往事，我始终觉得自己亏欠她一声"谢谢"，因为是她让我懂得了，岁月从不会审判和搁浅人们的梦想；是她让我明白了，有一种成长，叫作对手。

# 东西南北

□ 西 西

聪明人把地球分为东半球和西半球，从此有了东西南北，还有人把方向作为价值判断，而蜜蜂却不需要人指导哪边是东，哪边是西，它们不把一切两极化。它们在天空中飞，不是飞向东方或西方，而是飞向花朵的一方，蜂巢的一方，阳光的一方，水的一方，有时为了捍卫家园也冲向敌人的一方！

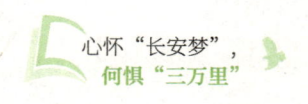

# 别和鸟类对视，会沦陷

□傅 青

关于观鸟，似乎每个人都有一个浪漫的"沦陷"时刻。

2020年5月，麻杰夫跟朋友去北京郊外的白河风景区露营，他透过望远镜，看到不远处一只漂亮的小鸟正在蹦蹦跳跳，它晃着尾巴，张着小嘴，时不时低头梳理身上的毛。

"太漂亮了，我想立刻知道对面的鸟是什么品种，还想发个朋友圈记录这一刻，又觉得描述为'一只美丽的小鸟'太过普通，求知欲一下就上来了。"

一年前，王小胖带着女儿参加自然之友野鸟会组织的户外活动。当他看到湖边成群结队的鹤群，那一刻的震撼无以复加，他当下便觉得自己的镜头不够高清。"完全是一种怦然心动的感觉，想看得再清楚些，拍下更多细节。回程路上，我就下单了摄影器材。"此后，王小胖成了观鸟大军的一员。

一言以蔽之，想要观鸟，首先要有钱，备好各种装备；其次要有闲，拿出时间和耐心，一次次蹲守；最重要的是要有瘾，毕竟对这种看似无用的兴趣，热爱才是最大的驱动力。

## "加新"的快乐

从某种程度上讲，观鸟是一项具有"公民科学"性质的活动，观鸟爱好者所记录的数据，能够为鸟类保护和管理工作提供参考，反映鸟类生存动态。因此，观鸟称得上是一种理性的娱乐活动——除了要在观鸟的过程中遵循不成文的礼仪，更要翻阅众多鸟类专业书籍，学会准确记录。

《中国鸟类观察年报》显示，截至2021年年底，中国观鸟记录中心已有21796名活跃用户，较上一年度增加50%，更新数据量更是达到1211281条。

自2020年以来，国人的观鸟热情与日俱增，越来越多的人加入了观鸟大军，全国各地的观鸟纪录不断被刷新，这为我国鸟类研究和保护提供了基础数据，与此同时，人们越发关注生态环境。

爱上观鸟之后，北京中轴线以北的大部分公园麻杰夫都去了。"平时觉得去一次就够了的公园，因为野生鸟类的召唤，又一次次欣然前往，每次都有新发现，即便是看过很多次的鸟，在不同季节、不同地区观察，仍会带来很多新鲜感。"麻杰夫说。

很多人"入坑"观鸟，大都是从看到一只漂亮的小鸟，想了解其是什么品种开始的，这其实就是一次"加新"过程，即在自己的观鸟记录中添加新的鸟种，"加新"是驱动观鸟爱好者不断探索的绝佳动力。

之前专拍风光片的摄影师老贾，这两三年也爱上了拍鸟。每次拍到新品种的鸟，他都会非常开心："每个观鸟人拍到新鸟都特别激动，有时还有人在观鸟群里发红包，说'今儿加新了，大家伙一块儿高兴高兴'。"

作为博物学的分支，观鸟最重要的就是辨别能力。每次遇到不熟的鸟，麻杰夫都会拍下不同角度的照片，回家翻书辨别，确认无误后，才会上传到中国观鸟记录中心。他曾在寻找戴菊的途中，意外"加新"了红尾鸫和赤颈鸫，顿时喜不自禁；也曾在大雾弥漫的周末，拍到一只饱和度极低的柳莺，查了图鉴，询问鸟群里的老师，仍旧一头雾水。最终，麻杰夫决定从声音维度突破。

"我整理了华北各种常见柳莺鸣叫鸣唱的声谱图来找不同,几天下来,感觉浑身充满了辨识力,只想四处找柳莺单挑。"

自此,麻杰夫开始悉心研究鸟类叫声,"每次出去看鸟,就像走进一个大型户外Live House（演出现场）。这哪里是走在街头？分明是置身鸟语现场"。

### 鸟不会等任何人

毫无疑问,看鸟要讲"鸟运",正如电影《观鸟大年》中的那句台词："鸟儿们不会等任何人,稍纵即逝。"观鸟人当中流行这样一种说法："只要你放下摄像机,低头换个电池,等的鸟就会出现。"

观鸟达人老徐就是一个鸟运欠佳的人。有好几次,见心心念念的鸟迟迟不现身,老徐便起身回家,结果刚走没多远,鸟就来了。回到家,鸟友们在群里无比兴奋地分享当天新拍的照片,常令他懊悔不已。

当然了,也有鸟运绝佳的人。2022年在北京百望山看全三种稀有雕的老张,便被众多鸟友封为"雕王",一时间风光无两。很多"垂涎"老张鸟运的人,就一直跟在老张身后,希望能一睹大雕的风采。

2022年年初,听闻有人在通州潮白河拍到了白尾海雕,老贾没有丝毫犹豫,立刻收拾好家伙什驱车前往。"开了100多公里,差不多两小时,到了之后又等了两小时,天快黑的时候,白尾海雕终于出现了,但距离太远,盘旋几圈就飞走了,摄像机里只有很小的一个黑点。从那以后,我每天早上都去,天蒙蒙亮就出发,最后总算是拍到了。"

观鸟人就是这么执着,很多人对此感到费解,耶鲁大学鸟类学教授理查德·普鲁姆曾在《美的进化》一书中写道："理解爱鸟之情的关键是,要认识到观鸟实际上是一次狩猎。但与狩猎不同的是,你收获的战利品都在脑海里。"或许,这便是理解观鸟人最好的答案。

除了少数恐鸟的人,野生鸟类的羽毛、鸣唱、灵动,以及在天空中飞行的能力,都足以令观鸟人为之倾倒,同时,鸟类的迁徙和繁殖季也给观赏者带来诸多乐趣。麻杰夫说："北京雨燕和大杜鹃,每年都是不辞万里从非洲到北京过夏天,而到了秋冬时节,又有许多雁鸭和小鸟会来北京过冬,除了这些常客,还会有一些'上错航班'的家伙,一旦细心观察到,就有一种'中了大奖'的感觉。"

麻杰夫运营着一个微信公众号,经常在上面分享个人的观鸟、听鸟心得。"很多人都以为观鸟以老年人居多,实际上我通过后台数据发现,关注的人主要以35～45岁年龄段居多。我所接触的观鸟人群中,男女老少都有,他们个个知识储备丰富,包容度很高。"

有一次,麻杰夫在一个观鸟群中咨询问题,一位名叫"东方白鹤"的鸟友给出了耐心解答,麻杰夫心想,这肯定是个六七十岁的老人家,后来才知道对方年龄很小。"对方讲话特别老成,分析起来头头是道,还起了'东方白鹤'这样的名字,谁能想到是个中学生呢？"

# 一团棉花

□边建松

一团棉花感到自己脏了,很想处理干净。

清水潭同情地说："来我这里洗洗吧。"棉花在清水潭里洗干净了自己,身上满是清水。

棉花很感激清水,不愿意挤干身上的水。

清水潭却开始感到不舒服了,它不愿意棉花带走它的水分。

于是,棉花只能慢慢挤干身体里的水分,又背转身慢慢离开了清水潭。棉花依然感激清水潭,但一直想不清楚,为何清水潭可以容纳别人的肮脏,而不愿意别人带走自己的一丝一毫。

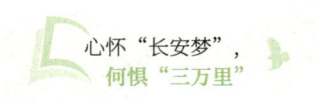

# 加速的人类

□ 袁 越

跑不赢猎豹，打不过狮子，在进化出高等智慧之前，人类祖先究竟是如何称霸非洲的？答案是，超高的新陈代谢率。和同等体重的猿类相比，人类的新陈代谢率是最高的，这一点绝不是巧合。美国杜克大学进化人类学教授赫尔曼·庞泽认为，高代谢率是人类能从灵长类动物中脱颖而出，进而主宰世界的关键因素，我们是"高投入高产出"的绝佳代表。

庞泽教授还撰写了一篇文章，详细阐述了他的观点。在他看来，大多数灵长类动物是以植物性食物为主的杂食动物，它们平时主要以叶片和果实为食，偶尔也吃点小动物，借以补充能量。大约在250万年前，人类的祖先创造出一种不同于植食性、肉食性和杂食性的第四种生活习性，即大家熟悉的狩猎采集。男人负责外出打猎，获取动物蛋白，妇女负责采集果实、种子和地下茎块，从植物中获取能量。

这个转变极大地提高了人类祖先的能量获取效率，这是有数据支持的。庞泽教授和同事们花费了十多年仔细研究了哈德扎原始部落居民的生活方式，这个古老的部落生活在坦桑尼亚北部的稀树草原地带，约有半数靠狩猎采集为生。研究结果显示，哈德扎人不论男女，每人每小时平均可以获得500～1000千卡的热量。相比之下，野外生存的猿类每小时仅能获得200～300千卡的热量，约为人类的1/3。

哈德扎人采集食物的高效是有代价的。人类用比猿类高的能量投入，换来了更高的能量产出。人类觅食时的高能量投入有很大一部分花在了动脑子上，比如制造工具和分工合作。人类的高代谢率，很大原因就是给大脑提供能量。

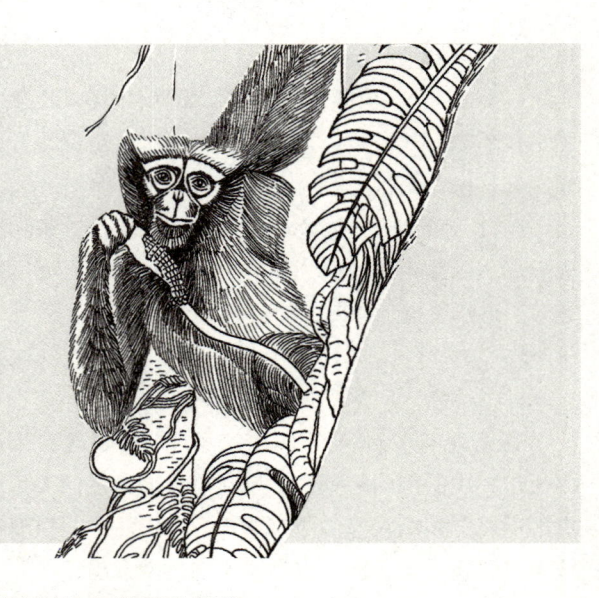

更重要的是，大脑的发育是需要时间的。庞泽教授发现，哈德扎人每天只需劳动5小时就能获得足以养活自己的食物，还有足够的剩余用来喂养族群里的孩子们。这些小孩整天打打闹闹，在游戏的过程中学习各种生活技能，这样的生活可以持续到十几岁。不但如此，哈德扎人还有足够多的余粮养活社群里的老年人，他们承担了教育孩子的重任，保证了上一代积累下来的各种知识和经验能够顺利地传给下一代。

相比之下，猿类每天需要外出觅食至少7小时才能勉强维持生活，所以它们除了自己的孩子不会与其他同伴分享食物，而幼猿长到3～4岁就必须独自出去谋生了，没有时间通过学习来增进自己的智力水平。

作为对比，生活在亚马孙热带雨林里的茨玛内部落掌握了原始的农业技巧，食物生产效率是非洲哈德扎人的两倍。其结果就是茨玛内妇女平均每人生育9个孩子，比哈德扎妇女多了3个。要知道，原始社会的个人战斗力都差不多，发生冲突时人口多的一方大概率会获胜，也许这就是为什么虽然种田要比狩猎采集辛苦得多，最终却是农民打败了猎人。

当今社会中的多数人都是挣多少花多少，但大家肯定都认识几个喜欢"加速"的人，他们舍得花钱，相信只有多投资才能挣到更多的钱。这些人中的大多数可能都失败了，但少数成功者会改写自己的人生，就像当初那几只尝试"加速"的南方古猿最终改变了整个人类的命运。

## 我"做"故我在

□ 王莉文

泰晤士河畔，威斯敏斯特教堂一个不显眼的角落，竖立着一块石碑，上面刻着一段广为传诵的碑文："当我年轻的时候，我的想象漫无边际，我梦想改变这个世界；当我成熟以后，我发现我不能改变这个世界，我将目光缩短了一些，决定只改变我的国家；当我进入暮年以后，我发现我改变不了我的国家，我最后的愿望仅仅是改变我的家庭，然而，这似乎也不可能……现在，我已经躺在床上，就在生命将要完结的时候，我突然意识到：如果一开始我就改变自己，然后，作为一个榜样，我可能改变我的家庭；在家人的帮助和鼓励下，我可能为国家做一些重要的事情；就在我为国家服务的时候，我或许能因为某些意想不到的行为，改变这个世界……"

笛卡儿说"我思故我在"，其实我认为"我'做'故我在"也未尝不可。我们终其一生忙忙碌碌，与其疲于奔命想着完成很多目标，倒不如持续热爱几件小事，专注并深入。有事可做是至乐，通过这些具体实在的事情，我们可以找到人生的立足点，在过程中去触碰生命的真实，并对"生命虚无感"说不。

这世界有伟人，也有凡人。不管能不能做成世间的英雄，至少我们可以努力脚踏实地做自己人生的英雄。

## 偷时间的人

□ 姚秦川

詹姆斯·凯尔曼出生于苏格兰的格拉斯哥，其创作的小说《为时已晚》获得了声誉不低于诺贝尔文学奖的布克奖。当时有记者请他谈谈获奖的原因，凯尔曼神情严肃地说："因为我是一个专门'偷时间的人'。"

20多岁时，凯尔曼是一名大货车司机，还是两个孩子的父亲。那时他刚开始学习写作，但每天长达12小时的工作，让凯尔曼每晚回到家后都异常疲惫，常"累得连拿笔的力气都没有"。

有一天，凯尔曼比往常早起了两小时，他顺利地完成了一篇早想动手却总是抽不出时间写的文章，这让凯尔曼一整天都处于快乐之中。于是从那天起，他给自己制订了一项计划：每天早起两小时读书写作。不少人得知凯尔曼的计划后嗤之以鼻：短短两小时能做什么事？

谁也没想到，凯尔曼一坚持就是20多年，最终从一位名不见经传的写作者成为畅销书作家及布克奖得主。

詹姆斯·凯尔曼有一句名言："我在偷时间，这条简单的法则就是把最好的时间留给自己，而不是卖给其他事情。"

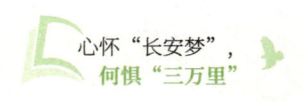

# 我撞上了秋天

□郁达夫

今夏漫长的炎热里,凌晨那段时间大概最舒服。于是就养成习惯,天一亮,铁定是早上四点半左右,就该我起床,或者入睡了。

这是我的生活规律。

但是昨晚睡得早,十一点左右。醒来一看,天还没亮,正想继续睡去,突然觉得蚊子的嗡嗡和空气的流动有些特别,不像是浓酽的午夜,一看表,果不其然,已经五点了。

爬起来,把自个儿撸撸干净了,走出我那烟熏火燎的房间,刚刚步出楼道,我就让秋天狠狠撞了个筋斗。

先是一阵风,施施然袭来,像一幅硕大无朋的裙裾,不由分说就把我从头到脚挤了一遍,挤牙膏似的,立马我的心情就畅快无比。我在夏天总没冬天那么活力洋溢,就是一个脑子清醒的问题。秋天要先来给我解决一下,何乐不为。

压迫整整一夏的天空突然变得很高,抬头望去——无数烂银似的小白云整整齐齐排列在纯蓝天幕上,越看越调皮,越看越像长在我心中的那些可爱的灵气,我恨不得把它们轻轻抱下来吃上两口。我在天空中看到一张脸。想起这首很久以前写的歌,心境已经大不相同了,人也已经老了许多——人老了么?我就一直站在那里看,看个没完没了,我要看得它慢慢消失,慢慢而坚固地存放在我这里。

来来往往的人开始多了,有人像我一样看,那是比较浪漫的,我祝福他们;有人奇怪地看我一眼,快步离去,我也祝福他们,因为他们在为了什么忙碌。生命就是这样,你总要做些什么,或者感受些什么,这两种过程都值得尊敬,不能怠慢。

就如同我,要坚守阵地,如同一只苍老的羚羊,冷静地厮守在我的网络,那些坛子的钢丝边缘上。六点钟就很好了,园门口就有汁多味美的鲜肉大包子,厚厚一层红亮辣油翠绿香菜,还星星般点缀着熏干大头菜的豆腐脑,还有如同猫一样热情的油条,如同美丽娴静的女友般的豆浆,还有知心好友一样外焦里嫩熨帖心肺的大葱烫面油饼。

这里这些鳞次栉比的房屋,每扇窗户后面都有故事,或者在我这里发生过,或者是现在我想听的。每个梦游的男人都和我一样不肯消停,每个穿睡裙的女人都被爱过或者正被爱着,每个老人都很丰富,每个孩子都很新鲜。每只小狗都很生动,每只鸽子都很乖巧。每个早晨都要这样,虽然我已经不同以往,总是幻想奇遇,总是渴望付出烈火般的激情,又总是被乖戾的现实玩耍,被今天这难得的天气从狂热中唤醒。我已经不孤单了,是吧。

就是这个孤单,像一床棉被,盖在很高的空中,随着我房间人数的变化,或低落,或俯冲,或紧缠,或飘扬。美倒是美,狠了点儿,我知道。

噫吁嚱,我的北京,昨天交通管制的北京,今年全国夏季气温最高的北京,用这样清丽的秋天撞击我神经的北京,把我的生活彻底弄乱,把我的故事彻底展开,把我仔细地铺成一张再造白纸的北京啊。

# 不可忽视的侧向思维

□李志远

可能不少人知道，拿破仑有个习惯，当他在战场上遇到困难时，就找人来下棋，让指挥作战的神经放松一下。往往棋下不到一半，他就大叫一声"有了"——新的作战思路找到了，于是重新振作起来。

其实，现实中的你我他，在工作和生活中，也常有类似情况。当对一件事或一个问题想不明白、理不出头绪时，便暂时放下，去打打球、练练书法或听听音乐、浏览一下报刊等，让脑子放松一会儿。在做其他活动的过程中，往往不经意间，就来了灵感，有了问题答案或解决思路。

这种思维方式，在思维学上称为侧向思维，又称"旁通思维"，是发散思维的又一种形式。侧向思维，就是对要解决的问题，在正向思维之外，进行"旁敲侧击"。其要义是"他山之石，可以攻玉"，借助其他领域的知识和资讯，来解决面临的难题。其特点是思路活跃多变，善于联想推导，随机应变。

侧向思维，常常可以"歪打正着"，对疑难问题的解决，有意想不到的效果。大多有成就的人，都很重视和善用侧向思维。例如诺贝尔，他一生的发明众多，获得专利的就有355种。他还研究过合成橡胶、人造丝，改进唱片、电话、电池、电灯零部件等，也都有一定成果。他是著名化学家，但精通音乐、绘画、文学、哲学等，可谓多才多艺。他兴趣爱好广泛，有着丰富的想象力和联想力，俗话说"一通百通"，他的发明与侧向思维不无关系。

又如达·芬奇，他在创作《最后的晚餐》时，沿着正向思维苦思冥想，却没找到理想的犹大原型。直到有一天，修道院院长前来警告说，再不动手画就要扣酬金了。达·芬奇本来就对这个院长的贪婪和丑恶感到憎恶，此刻看到他，转念一想，何不以他作为犹大原型呢？于是立即动笔把他画了下来，从而使这幅名画中的每个人都有了准确鲜明的形象。这显然也是得益于侧向思维。

人的精力是有限的，大脑神经的兴奋点，长时间集中在一件事、一个问题上，则易于疲倦，影响思维的深入进展和良好效果。而侧向思维是神经松弛情况下的产物，对正向思维具有辅助作用。因此，善用侧向思维，还可以让紧张疲劳的神经"休养生息"，从而孕育和积蓄更大的能量，以解决面临的难点问题。

黑格尔曾说："一个深广的心灵，总是把兴趣的领域推广到无数事物上去。"人的兴趣爱好越广泛，知识就越丰富，各种知识又都可以触类旁通，久而久之，便会形成良性循环，也易于产生侧向思维。由此看来，侧向思维的偶然性，寓于其必然性之中。

要重视和善用侧向思维，就得积极创造条件——培养自己的兴趣爱好，加强艺术修养。各种知识虽有区别，但又是相通的，有相互补充、相互启发的作用，可以促进强大合力的形成。

理论和实践无不昭示，侧向思维，不仅有助于解决现实的难点问题，而且亦如逆向思维，有利于发明和创新。因此，对侧向思维，予以应有重视和善用才好。

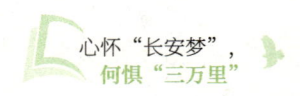

# 天上掉下来的是"馅饼"还是"陷阱"

□陈 杰

在东西方文化中,都会用"天上掉馅饼"来形容生活中平白无故获得的财富或好运。但天上掉下来的究竟是"馅饼"还是"陷阱"?它真的会让我们的人生更幸福吗?

有社会学家跟踪调查发现,世界上买彩票中大奖的人,常常有悲惨的下场,似乎中彩票用尽了他们一生的好运,从此都是厄运。人们把这种现象称作"彩票诅咒"。

"每日野兽"网站报道过一个"天选之人"——杰克·惠特克,他曾在2002年圣诞节获得"强力球"头奖,一举拿下3.15亿美元的高额奖金。在很多人看来,惠特克从此"走上了人生巅峰"。然而,没有人会料到,这个"天选之人"因为高额奖金付出了沉重且凄惨的代价。收到巨额奖金后,他的妻子离开了他,女儿也在当年死于癌症。原本要继承他财产的外孙女,因为零花钱太多被毒贩盯上,最终死于吸毒,去世后也只是被人潦草地扔在车子的后备厢里。曾经的好友都想从他身上分一杯羹,纷纷来借钱,他也因此失去了这些朋友。糟糕的生活让惠特克迷上了酗酒和赌博,时常陷入法律纠纷。他痛苦地表示:"假如能重来,我会撕掉那张彩票。"

为了弄清楚彩票中奖者与普通人的幸福感究竟有多大差异,美国社会心理学家菲利普·布里克曼分别对伊利诺伊州22名彩票中奖者和同一地区的28名普通人进行了访谈研究。

结果发现,中奖者的生活发生了实质性变化。这些变化大部分是积极的,比如休闲的时间更多、物质上更有保障、可以随时退休、社会地位提高等。但有意思的是,这些积极变化总是与消极现象同时被提及,比如有些社会关系变得糟糕、有钱带来新的困扰等。

中奖者对平常事的积极评价远低于普通人。这意味着,中奖者很难再体会到普通人的幸福,他们的日常快乐感要低于普通人。中奖者和普通人,无论是对过去、现在还是未来幸福程度的认识,都没有太大差异。

由此看来,中奖者并没有像媒体渲染的那般全部陷入"诅咒",但也并没有如许多人想象的那样从此"高枕无忧"。他们的幸福感确实发生了变化,但相对值没有那么极端。

布里克曼还从一家康复中心抽取了24名事故受害者,他们或是截瘫患者,或是四肢伤残患者。布里克曼对他们也进行了上述5项内容的访谈,了解他们对厄运的认识,并将他们与中奖者、普通人的情况进行比较。

伤残患者面临的改变是剧烈而残酷的。但结论发现,遭遇事故后的消极程度与中奖后的积极程度,在相对值上基本等同。大部分中奖者将"中奖"的原因归于运气。而事故受害者归因于运气的只有33.6%。

实验还发现,与中奖者的状态一样,这些伤残患者也并没有预想的那样极端。相比中奖者和普通人,伤残患者的当前幸福感要低得多。然而,令实验者没想到的是,伤残患者对过去和对未来的幸福感评价，都要明显高于中奖者和普通人。这意味着，伤残者只是对当下人生境遇的幸福感比较低，而对过去的回忆和对未来的憧憬，要比普通人、中奖者更高。

这项研究证明了一个简单的道理：幸福是相对的。无论是彩票中奖带来的快乐，还是遭遇事故后产生的痛苦，它们都会受到一双"无形之手"的拉扯，尽量向幸福体验的中间地带靠拢，最终使快乐的不再绝对快乐、痛苦的不再绝对痛苦。所以，不仅幸福是相对的，痛苦也是相对的。虽然每个人心理感受的绝对值不同，但相对值是十分相似的。

为什么幸福是相对的？

第一，短期内，对比机制是幸福感发生变化的原因。重大幸福事件的发生，会导致以往带来幸福感的小事情失去积极作用；而重大不幸事件的发生，也会使小的不幸失去消极作用。在布里克曼的研究中，中大奖带来了巨大的幸福感，所以中奖者已经感受不到一些生活中的小幸福，新快乐的产生与旧快乐的消失，反而降低了总体的幸福感；重大不幸带来了巨大的痛苦，旧的小痛苦消失，所以总体痛苦感并没有达到极端。总之，巨大的快乐或重大的不幸，都会在一定程度上重新标定人们的幸福基准，从而影响对幸福感受的总体评价。

第二，习惯机制是幸福感回归正常的原因。随着重大幸福事件和不幸事件持续的时间延长，最初的心理体验会逐渐淡去，巨大的幸福和巨大的痛苦都会变成日常生活的一部分。此时，中奖者会把中奖后的情况视为常态，再想找到新的快乐就会很难；伤残者也会对痛苦习以为常，新的痛苦也就不再那么强烈。

所以，问题的关键不是如何追求幸福与如何减轻痛苦，而是如何在现有基础上建立新的关系，寻找新的目标和意义。处在重大的幸福或者不幸之中的人，最需要注意的，就是千万不要困在当前的情绪状态之中，因为太过快乐和太过痛苦都会占据过多的注意力，从而无暇顾及其他。

这不仅仅是一种关于幸福的现象，更启发我们提升这样一种能力：从人生发展的宏观视野来审视生活的重大变化，从当下的幸福体验来审视生活中的小确幸，既处变不惊又临危不乱，安于当下又享受当下。这是一种获得幸福的能力，它比幸福本身更为重要。

# 溜掉的小鱼最漂亮

□黄小平

一群孩子在小溪里抓鱼，比谁抓上来的小鱼漂亮。

孩子们都说自己抓上来的小鱼漂亮，而一个孩子说，最漂亮的小鱼是从他手上溜掉的那条，没有哪条小鱼比得上。

溜掉的小鱼最漂亮，有这种心理的不只是孩子。

人们常常认为，摘不下的星星，总是最闪亮的；还未开的花朵，总是最美丽的；错过的电影，总是最好看的。

什么东西最闪亮？什么东西最美丽？什么东西最好看？

在人们看来，是那些还没有得到的，或已经错过的和已经失去的。

什么东西还没有得到呢？期待的东西还没有得到，所以拥有期待的人生最美丽。

又是什么东西容易错过和失去呢？我们身边的东西，平常为我们所拥有的东西，最容易被我们所忽视，也最容易从我们身边溜掉和失去，所以懂得珍惜的人生最美丽。

因此，最美丽的东西，总是在来的路上，或去的途中。

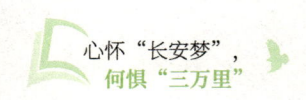

## 我的帕金森朋友

□ 北极兔

朋友42岁，患帕金森病已有8年多，但一直掩饰得很好。每当同事们偶尔发现她走路一瘸一拐时，她总是笑着回答："高跟鞋磨脚。"要不是近两年她的病情越发严重，经常住院"失踪"，双方父母以及我们这些朋友不会知道，这么多年来，她都是靠每天偷偷服用4～6次药物来缓解身体颤抖的症状，把短暂没有疼痛的身体和笑容留给身边的人。

据说帕金森病主要受常染色体遗传、老龄化、不良生活习惯和情绪抑郁等几种因素影响，朋友自嘲道："前几种情况我都没有，肯定是生活安逸乐极生悲导致患病的。"

去年年底，她因病情恶化多次住院治疗。医院就在我单位旁边，下班后如果有空，我就会去陪她聊聊天，带点医院没有的"野味"给她解解馋。那期间，我们多是在住院楼外面的小花园散步、野餐。汉堡被她不听使唤的手撕得七零八落，即使嘴边糊了一圈沙拉酱，她也不忘笑着调侃："吃着美食、欣赏着夕阳，还有我这自带律动的腿脚打节拍助兴，哪里像个病人的样子。"

我问："姐，这次过来'度假'准备待多久？"她拿出手机给我看朋友圈："我在这里结识了几位有趣的病友，不着急出院呢！你看，这个小伙子之前是做短视频运营的，既有才华又很幽默，是我们病房的活宝。这位是留美归来的Lina老师，别看她是重度阿尔茨海默病患者，每当病友们问起她的姓名时，她都能立马进入授课状态，自信从容地用一段流畅的美式英语介绍自己。我打算在这儿多住一些日子，蹭Lina老师的口语私教课。"我笑得一口喷出了奶茶："照你这学习速度，Lina老师肯定会在你前面出院。"我俩此起彼伏的笑声与寂寥的医院显得格格不入，可能招致了周围人的"嫉恨"，都挨个起身离开了。

护工阿姨中途来看过她两次，担心她因药力失效走路又摔跤。这些年，为了与疾病对抗，她放弃了高跟鞋、开车和运动，却一直保留着幽默和生长力："你看，我现在可是每年有几个月带薪'度假'的人了，真要到了无法正常工作时，我就幸福地做个家庭妇女，怕啥。"

近8点，医生开始查房了。我们急忙收拾好东西准备往住院楼走，直线距离大概300米。此时药效已经过去一小时了，她的手脚也在肉眼可见地颤抖，难以正常行走。我提议背她或请护工阿姨来帮忙，她婉拒了："每天还是要尽量锻炼锻炼腿部肌肉，霍金的轮椅我可买不起。"她深吸一口气，一只手紧紧抓住我的胳膊，另一只手用来安抚发脾气不给力的双腿，颤颤巍巍地挪出一小步，待调整好身体重心和气息后才开始下一步，接着下一步……

走到电梯口前还得迈过十多级台阶，还没等我弯下腰来背她，"1、2、3、4……"她急促地喊着节拍，死死抓住栏杆的胳膊，透过薄薄的病号服，显得充血到僵硬，但又充满力量。300米的距离，我们走了二十几分钟。

10月的夜晚，微风中依旧夹杂着一丝燥热，吹不干满脸的汗珠和湿透的病号服。终于到了病房，我俩如释重负，仰倒在床上大笑：好似一场小脚闺蜜历险记啊！

晚些时候，我走出住院楼，又忍不住看向她的病房，微弱的灯光里有她倔强的身影。疾病并没有摧毁她的乐观，她早已像鸟儿一样，飞越了一层层障碍。正如英国作家伍尔夫所说："你必须经受考验、罔顾左右、心无旁骛地越过障碍，只要你停下脚步去咒骂，你就输了。"

# 动物界的"社恐"比人类更严重

□ 路过西四环

你能想象吗？看似凶猛的老虎其实是"社恐界"的小可爱。它们不想承受面对面交流的痛苦和尴尬，会通过气味和同类交流。比如，向树干喷洒具有独特味道的气体和液体，以此宣示领地主权；如果发现其他老虎入侵，它们也不想直接"打架"，而是靠怒吼吓退入侵者。

尽管老虎早已习惯了独来独往，但一想到要繁衍子嗣，不得不与异性老虎接触，它们的眉头就皱出了一个"川"字，满脸写着不情愿。

事实上，老虎会"社恐"也不奇怪。作为独居动物，"社恐"可以说是一种天然属性，也是它们的生存需要。老虎处在食物链的顶端，既不需要联合抵御外敌，也不需要合作捕猎，同类的存在反而会让食物减少，进而增加生存压力，所以它们心甘情愿地做"社恐"。

与老虎不同，加拿大棕熊虽然也独居，但是它们需要在每年秋季三文鱼洄游产卵之际大量囤积脂肪，因此会与其他陌生熊聚餐。这时候，一些公棕熊为了使专心带崽的母棕熊尽快进入发情期，会对周围的熊崽痛下杀手，因此母熊为了保护宝宝，不得不成为"社恐"，去往熊少的偏僻之处。

本以为只有独居动物才会害怕社交，没想到群居动物也是一样。以埃塞俄比亚狼为例，狼本是群居动物，但是在这类狼群中存在严格的等级制度，底层的狼活得无尊严且只能勉强维持温饱，因而时常有狼离群索居、自立山头。此外，《当代生物学》发表的一项研究再次证明了群居动物"社恐"的事实，研究结果显示，当猴子进入老年时，会变得不喜欢"打扮"，同时会较少地和其他动物玩耍或接近，社交接触的范围会逐渐缩小，由爱热闹转变为爱独处，这与人类随着年龄的增长会逐渐缩小社交圈的特点非常相似。

所以说，连动物都会"社恐"，我们人类要面对那么多形形色色的人，害怕社交也很正常。

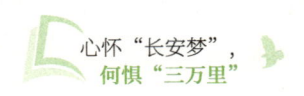

## 近 失

□岑 嵘

在钱锺书的小说《围城》中,有这么一个情节:方鸿渐和唐晓芙闹分手,女用人来告诉唐晓芙:"方先生怪得很,站在马路那一面,雨里淋着。"唐晓芙忙到窗口一望,果然看到方鸿渐站在大雨中。唐晓芙看得心都融化了,想一分钟后他再不走,就一定不顾别人笑话,叫用人请他回来。这一分钟好长,她等不及了,正要吩咐女用人,这个时候鸿渐忽然"狗抖毛似的抖擞身子,像把周围的雨抖出去,开步走了"。

我常常会想,如果这个时候方鸿渐再坚持半分钟,他的人生是否会完全不一样?也许两人就此冰释前嫌,结成一段姻缘,毕竟,方鸿渐非常喜欢唐小姐。

《红楼梦》中有这么一段,尤二姐怀孕后,贾琏赶紧找人去请医生。可惜偏偏医术高明的王太医"此时也病了,又谋干了军前效力,回来好讨荫封的",结果请回来的是庸医胡君荣。这个胡庸医开了"虎狼之剂",把尤二姐一个已成形的男胎打下来了。尤二姐吞金自尽是《红楼梦》里最惨的一段,她的运气好像就差了那么一点点。于是我会想,如果王太医还在,如果请的不是胡君荣,尤二姐就会保住自己的孩子,那么她是不是就不会走上绝路呢?

方鸿渐和尤二姐的命运似乎都差了那么一点点,否则人生会完全不同。不过随着年岁渐长,我的看法也慢慢发生变化,这"差一点点"带给了读者的揪心和联想,归根到底只是一种文学手法,而人物的命运其实并非如我想的那样,即便那个雨天唐晓芙把方鸿渐叫回公寓,最后两人分手的命运也不会改变,他们不可能在一起,这是两人的性格和背景决定的。

同样,即便王太医给尤二姐看了病,尤二姐的命运同样不会改变,她的命运在王熙凤听到贾琏在外面偷偷娶了她的那一刻就确定了。只要尤二姐进了贾府,无论怎么样,都是死路一条。

然而这些"就差一点点",却足以让读者掩卷叹息。

诺贝尔经济学奖得主丹尼尔·卡尼曼等人做过一个实验,他们让被试者想象这样一个场景:你买了一张彩票,大奖是一大笔钱,彩票是你随机抽取的。接下来结果揭晓,赢得大奖的彩票号码是107359。

被试者分成两组,一组被告知手中的号码是207359,另一组被告知是618379。相比较而言,前面一组被试者反馈的不开心指数要高于第二组。这也印证了卡尼曼等人的猜测——中奖彩票的号码与被试者手中的号码差距越小,被试者产生的懊悔情绪就越强烈。

"当人们手中的号码与中奖号码近似时,他们会毫无道理地认为自己差一点就中大奖了。"卡尼曼说,"总体来看,人们从同一事件中感受到的痛苦有极大的差异,这种差异取决于人们是否能轻易地展开与事实相反的想象。"

其实卡尼曼的这个研究结果对赌场老板们来

说根本不是秘密。早在1905年，老虎机的设计者故意扩大了机器的视窗范围，除了中奖线，玩家还可以看到中奖线上下两行的图案，这样做的目的就是让赌徒产生一种叫"近失"（near miss）的体验，即看到中奖图案出现在中奖线附近时，会产生"差一点点就赢了"的感觉。

"近失"说到底就是"近得"，也就是差一点点得到，它把损失感重塑成了潜在的成功，从而使人欲罢不能。在老虎机进入芯片时代后，程序设计师还会采用一种"集聚"的方法，也就是让中奖位置上下图案的中大奖概率远高于正常比例，这样，赌徒会加倍感到大奖触手可及。这种"差一点点"的感觉把赌徒牢牢钩住。

行为心理学用"挫败坚持理论"来解释这种"差一点点"现象，它认为"近失"状态会对人们紧接着的行为产生一种鼓舞和促进作用。与之相关的另一种理论是"认知遗憾"，它认为玩家会通过马上再玩一把来化解刚刚"差一点点就赢了"的遗憾感。

赌徒"差一点点中奖"和尤二姐"差一点点改变命运"其实是一样的，赌徒在老虎机前最后只会两手空空，就像尤二姐无法逃出凤姐的手心。

# 一生一本书

□ 张　炜

法国的拉布吕耶尔一生只写了一本书，即出版于1688年的《品格论》。这本书出版了多次，每次再版，作者都要完善和修订，至他去世前，已由薄薄一册变为折合汉字40多万字的厚书。无论是伏尔泰还是夏多布里昂，都给予了这本书极高的评价。伏尔泰认为它在"任何时代、任何地方"都"不会被遗忘"；夏多布里昂认为他"是路易十四时代最杰出的作家之一，没有一个人的文笔能够比他更加丰富多彩"。

拉布吕耶尔只活了短短51年，是法学学士，当过律师，教过亲王的孙子，出任过波旁公爵的秘书和侍从，担任过财政总管。他在48岁这一年，因《品格论》一书的贡献，当选法兰西语文学院院士，成为一位"不朽者"。

他的文字离我们既近又远，从产生的时间上看是遥远的，从剖析的内容上看又如此熟悉。他的经历使其成为洞悉王公贵族生活的人，因而他对所谓的"大人物"毫不陌生。然而他对街巷俚俗更加了解。他的笔触在涉及各色人物时都从容不迫、入木三分。他写的是人性，所以也就不存在东方与西方、古人与今人的隔阂。

他不断修订这部文稿，等于在不断订正自己关于人性的认识。他在世时，这部书每年都要再版，他也就每年增删修改，显然这成为其一生的著述事业。这种写作生涯是独特的，好像比另一些作家更专注、更投入某方面的思考。由于力量的集中，这仅有的一部书也就变得更丰富厚重。

从写作人生来说，这是一种彻底的"减法"或"加法"。减去其他一切新书的构思，只在原有的文字上再加雕琢和增补；这个过程也是在逐步增加和积累，使这本书变得更大。

这当然需要超人的自信和耐心。比起网络时代的文字堆积，这种精心和沉着的著述彰显出不可超越的气度。

人生有两种大书。一种是拉布吕耶尔式的，另一种是托尔斯泰式的。前者将一生综合在一本书中，后者用无数本书表达自己这一生。

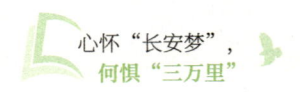

# "士可杀不可辱"原来是真的

□ 大梁如姬

### 谁祖上还没阔过呢

关于"士"的格言很多,最著名的,就是"士可杀不可辱"。从语气可知,"士"是一个品格极高,自尊心比天高的人群。因为,比起死亡的未知、可怕、虚无,他们更怕被侮辱,这种价值观,现代人恐怕难以理解。

那么,士是一个什么样的群体?他们为啥会产生这种价值观?

在中国的西周时期,天子施行"封建亲戚,以蕃屏周"的制度,把亲戚、功臣分到各个需要管理和镇压的地方,称为诸侯;诸侯得到百里的土地,再扩张一二后,自己一双眼睛一双手脚也管理不过来,于是将亲戚或一些依附于自己的功臣细分到各个地方协助统治,这些人就是卿或大夫;卿大夫们的事务也很烦琐,日理万机也处理不过来,他们也需要拉些内亲外戚作为助手,这些人就是家臣,家臣也就是士。所以,周王朝的社会层级关系是这样的:天子＞诸侯＞卿＞大夫＞士。这些人都属于贵族阶级。

这里面,即使是最低级的士,追溯起来,祖宗很可能是一国之君,差一点的也是宰辅之臣。还原当时的降等规则如下:一国之君,死后谥号是某某公,所以他的儿子叫公子,公子在一个国家里,不管优秀与否,都有权利和义务当大官,也就是卿大夫级别;公子的儿子,是公的孙子,所以叫公孙,公孙里的长孙基本继承爹的官职,其他开枝散叶的那么多公孙,各凭本事,混个大夫基本不是问题。儿又生子,子又生孙,一代代下去,公孙后面的贵族,以及各类旁支贵族,就沦为士了。

所以,别看士是最低级的贵族,往上追溯,都有一个阔祖宗。

这就是周朝"尊尊亲亲"的社会体系,所谓"宗亲社会",大家说起来都是亲戚。

### 作为一个贵族,我们太骄傲了

虽然子子孙孙无穷匮也,士多如狗,遍地走,但士好歹隶属贵族阶级,也有自己需要承担的义务。

在西周到春秋时期,士的基本义务就是入仕,跟老百姓的义务是耕种一样。需要入仕为朝廷做事,就必须学习一定的当官技能,就像老农需要知道天时节气、何时插秧、如何浇水、怎样锄草一样,都是立身需要学习的技能。

士的学习内容有六项,也就是著名的"六艺":礼、乐、射、御、书、数。

士的朋友圈,只有贵族阶级,他们的修养、学识、人脉,都是社会上顶级的。所以,孔子成为士以后,可以不用"能行鄙事"(铲牛粪、拔草、耕田等),"十五而有志于学",一心一意开始学习了,这简直是质的飞跃。

士必须参军,这在当时并不是件倒霉事,完全是身份的象征,可以代表国家出战,有机会建功立业,那些"农工商"想去还去不了呢!

这样全能的士,能不骄傲吗?

### 你侮辱我,我就去死

关于士的骄傲,你可别不信,鲁国有个叫臧坚的士人,就实实在在地表现了一把什么叫"士可杀不可辱"。

鲁国和齐国相邻，虽然长期通婚，却像是一个锅里的锅碗瓢盆，经常磕磕碰碰。因此，齐鲁间时不时就要爆发一些边境小争端。

鲁襄公十七年，齐灵公闲着没事决定揍鲁国一顿。其实齐国知道自己一口气吞不下鲁国，也清楚这会儿吃了的将来说不定一场诸侯会盟又要还回去，可他们就是喜欢偶尔打鲁国一顿，展现一下曾经的霸主威风。另外，齐灵公不服当时的中原霸主晋国，而鲁国是晋的忠实追随者，打鲁国，等于戳晋国的小心脏。

齐灵公亲自带兵攻打鲁国北部边境，包围了桃地。齐国上卿高厚毫不示弱，在防地包围了鲁国大夫臧武仲。当时臧武仲在鲁国很受欢迎，太后喜欢、执政卿季孙氏也很爱护，于是鲁国紧急派出臧家军带领300名精兵勇将夜袭齐军，营救臧武仲，终于把他给解救出来，但是，救援并不是那么顺利，臧家有人就掉队了。

齐灵公觉得继续耗下去没什么意思，带着少数俘虏回到了临淄。

打了胜仗的齐灵公很高兴，虽然算不上大获全胜，但也抓住了臧氏的臧坚，小有战绩。

臧氏一族是鲁孝公的后代，在鲁国可以算是资深贵族……想到这里，齐灵公忽然有些慌了，臧坚从贵族沦为阶下囚，会不会想不开呢？"士可杀不可辱"，这句话当时大家都知道啊！

虽然抓了鲁国人，但齐鲁自鲁桓公以后世代通婚，齐灵公娶的就是鲁国的颜懿姬，给他生下太子光的又是颜懿姬的媵妾、鲁国的声姬，而鲁国此时的太后是齐国嫁出去的穆姜，臧氏中的臧宣叔的续弦又是穆姜的侄女……所以，算来算去，都是自家亲戚。齐灵公赶紧派身边亲信宦官夙沙卫代表自己前去慰问臧坚，劝他不要自杀。

夙沙卫领命前去，自然好言好语安抚了一番，可臧坚完全不领情，看着夙沙卫的脸色也越来越差。

夙沙卫越是滔滔不绝地讲活着的好处和人生大道理，臧坚越觉得受了侮辱。最后，臧坚终于绷不住了，对着齐灵公的方向磕了个头说："感谢齐侯，虽然齐侯赐我不死，但故意派个宦官来对我一个士讲大道理，这不是侮辱我是啥？"还没等夙沙卫反应过来，臧坚拿起地上的小木桩猛戳自己的伤口，很快就死了。

夙沙卫一头雾水，这到底是谁侮辱谁？

臧坚的死，现在看来有点神经质，但作为一个贵族阶级，要接受一个宦官的开解，这难道不是最大的侮辱吗？身为学贯六艺的士，难道没有资格和智商自己想通道理？没比这更侮辱人的了。

# 杨绛的"晕船哲学"

□寒庐氏

杨绛先生一生处世遵循自己提炼的"晕船哲学"。晚年，她的"香料比喻"，又恰似"夫子自道"，其人生确如久经捣捶、磨研的香料般馥郁芬芳。

"晕船哲学"来自她的经历。1938年，杨绛、钱锺书和女儿阿圆乘船从欧洲回国。风急浪高，邮轮在洋面上犹如一叶扁舟，上下颠簸十分厉害，晕船的钱锺书非常难受。经过几次颠簸，聪慧的杨绛便掌握了不晕船的窍门，她对钱锺书说，要想坐船不晕船，就要不以自己为中心，而以船为中心，顺着船在波涛汹涌间摆动起伏，让自己与船稳定成90度，永远在水之上，平平正正而不波动。钱锺书照此践行，果真灵验。

后来，杨绛先生将此提炼为人生的"晕船哲学"：不管风吹浪打，我自坐直了身子，岿然不动，身直心正，心无旁顾，风浪能奈我何？

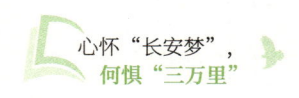

# 劝你别和摩羯座谈恋爱

□ 卷毛维安

上小学的时候我从杂志上知道了自己是摩羯座。

当时我还有点儿抱怨，别的星座形象都很仙气或者很霸气，而摩羯座的形象是只半羊半鱼的生物，显得土土的。

据说这是牧神潘恩的化身，我不管那是什么神，每次看到杂志上的星座分析"摩羯是极其隐忍的星座，他们可能外表平平无奇，却可以忍耐他人的诧异眼光，将自己的才华慢慢展现出来"，我就生气。

在那个向往天才的年纪，这样的解释给了我很大的打击，一是因为我的星座属性并不漂亮，二是因为我的星座看起来也不聪明。

我们没有别的天赋，努力就是我们的天赋。仿佛因为我是摩羯座，我就成不了天才。

长大后我发现自己根本没有成为天才的命，也不能怪出生年月日。

要怪只能怪父母在春天谈恋爱，害得我只能在冬天出生。星座书上说"摩羯座是象征着冬天开始的星座。冬天把绝对意识毫无保留地奉献给了摩羯座的人"。

我们好像注定了要"被冬眠"一段时间，要经过长长的蛰伏才会迎来自己的春天，不论是什么事情。而且常常不善于做人群中最耀眼的那个，如果成为众人的焦点，好像也不是自己的本意，谁让摩羯座是害怕张扬的那款，喜欢热烈的东西，但只愿用不显眼的东西装点自己。

摩羯座的人，是个矛盾体。外表和冬天的雪一样，又冷又素，没啥好看的。纵使他们的内心有岩浆在翻滚，也能做到不动声色。其实摩羯座很闷骚。他们在心里什么都想尽了，但张了张嘴，什么都没说。

听说摩羯座的姑娘，大多不太看得上爱情。我一直以为我是个例外，直到我谈过总时长超过五年的恋爱之后才明白，大概真的是这样的，我渴望爱情，但不会去强求。至少我从来不在感情面前饥不择食。

爱情对她们来说，只要一小勺就够了。但这一勺，只对准西瓜中心最甜的瓤，冰淇淋上撒着糖霜的尖尖，蛋糕上完好无损的奶油花和带着祝福语的巧克力牌。

我们要得少，不代表不要，我们要什么，就只要最好的。摩羯座在爱情里最看重什么呢？钱？颜值？那肯定不是最重要的。大多数摩羯座姑娘在爱情里最想要的是体面（纵使在外人看来那是一种她们自以为体面的矫情），至少要在旁人眼里营造出一个"被喜欢，被追求，不得已才接受"的勉强状态。

不是我想喜欢你，是你非要求着我喜欢你，那好，我就勉为其难地喜欢一下你好了。主动说爱，对摩羯座来说是个不小的灾难。

最重要的东西，当然是她们爱着的事业、工作，是成就感。更直白地说，摩羯座从头到尾爱的就是她们自己。

摩羯座的自私，本质是因为不安，工作是她们自我缓解的好方法。那些东西能够暂且推离不安和忐忑。比如我，就很享受工作和事业带来的那种压力，虽然常常被压得哭出来，但我依然爱着这种变态的痛感。

因为比起重，我更害怕轻。轻就意味着无穷无尽的不安和焦虑，我宁愿不那么轻松。

注重现实的摩羯座最看不惯不求上进的人。如果你劝她们"休息一下吧"，摩羯座会一边答应着一边搪塞过去。

如果你劝她们"躺下来吧"，摩羯座会在内心给你画一个大叉叉。

摩羯座半羊半鱼的外在形象就代表了她们的内心形象。身体中的两部分生存于两个世界，没有绝对的融入，也没有绝对的排斥。

她们可以让人感到非常温暖可靠，也可以一针见血地说出极为狠毒的话。

她们可以在人群中伪装成合格的drama queen（戏精），也可以一个人待好长好长的时间。

她们是极端脆弱的存在，好像任何事情都能把她们的敏感神经挑拨起来，但是，柔软不堪的是她们，坚持到最后的也是她们。

这也是为什么摩羯座总是显得有些自私冷酷又精神分裂，像个自虐狂，因为她们更加注重对自我的探寻，常常自我撕扯，却从来没有找到过分离的平衡点。

她们忍受着自我拉扯的苦痛，但正是这样的纠结成就了她们。她们只相信自己，不相信好运气。

她们也很难相信爱情。

我佩服坚持不懈的人。

我更佩服坚持不懈的摩羯座。

当然我最最佩服的，是面对坚持不表态，坚持不正面回应的摩羯座，依然坚持追求下去的人。

摩羯座大概是不适合谈恋爱的星座，至少我是这样觉得的，摩羯座是那种活该孤独终老的偏执狂。

谁叫她们对自己的要求太高了，而谁要被她们真正爱上，必须比她们更强大，至少打个平手吧。

如果要去追求摩羯座，你至少要有点儿本事让她们看得上，如果很有本事当然更好啦，如果什么都没有，只有耐心，也可以去试试。

她们的内核是甜而暖的，只是外面笼罩着半径几十米的坚冰。你不融化这些保护层，也就无法接触到真正的摩羯座。

摩羯座是一旦爱上谁，就会往一辈子想的那种人，纵使她嘴上说的也是"看吧"，但心里已经开始担忧起悠长的岁月。

她们不是慢热，是非常非常慢热。所以劝你做好准备，以全部热情和时间去攻坚她，这不仅消磨的是时间，也是摩羯座内心对世界抗拒的屏障。

作为摩羯座，真的好辛苦啊，还好有人垫背——那些追求摩羯座的人更加辛苦，因为他们需要忍着，还得等着。

别抱怨，你活该爱上摩羯座。

# 爱 情

□［英］莎士比亚　译/朱生豪

这些都是怨恨造成的后果，可是爱情的力量比它要大许多。啊，吵吵闹闹的相爱，亲亲热热的怨恨！啊，无中生有的一切！啊，沉重的轻浮，严肃的狂妄，整齐的混乱，铅铸的羽毛，光明的烟雾，寒冷的火焰，憔悴的健康，永远觉醒的睡眠，否定的存在！我感觉到的爱情正是这么一种东西，可是我并不喜爱这种爱情。你会笑我吗？

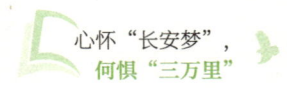

# 散发微弱之光的萤火虫，竟能成为歇后语的"最佳主角"

□ 金陵小岱

东晋有个人叫车胤，他自幼聪明好学，但家里实在是没有钱，晚上连点灯的油都没有。车胤为了在夜间也读上书，夏夜就去捕捉萤火虫，再将萤火虫放到手绢里，用来照明。对学习如此上心，车胤的学识自然不会差。后来，人们感动于车胤刻苦读书的精神，就将他的这个举动概括为"囊萤夜读"。我们小时候念的《三字经》里有一句"如囊萤，如映雪，家虽贫，学不辍"，其中"如囊萤"的故事主角就是车胤。

在这个故事里，除了主角车胤，萤火虫可是最给力的配角，只是古代的萤火虫真的可以照明吗？萤火虫又与别的古人发生过什么故事？

萤火虫堪称昆虫界的"颜值担当"，它可以发出黄色、橙色、红色、黄绿色和绿色等多种颜色的荧光。除个别种类外，萤火虫的卵、幼虫、蛹、成虫都可以发光。萤火虫这么积极地发光究竟是为了什么？难不成就是为了给车胤读书用吗？

当然不是，不同阶段的萤火虫的发光作用各不相同，比如幼虫发光是为了提高警戒，把它们的天敌吓跑；至于成虫，它们是要利用闪光进行种类的辨认、求偶和诱捕。萤火虫的成虫有好几个种类，这导致它们活动的时间也有差异。有的萤火虫在夜间活动，从傍晚六点到凌晨三四点；大多数种类的萤火虫在日落之后就开始活动，到晚上八九点钟就"下班回家"了。

话说回来，萤火虫发出的光真的可以照明，用来读书吗？其实这很困难，即使是一百只萤火虫被裹在一条白绢里，光线也非常微弱，因为萤火虫的光是忽明忽暗的，想必车胤在用萤火虫照亮书本时，眼睛一定很难受。

或许是萤火虫能够发光的这个特点给予了古人无限遐想，于是有关萤火虫的传说一个比一个离奇。单是从古人对萤火虫的称呼就能看出这个"古代萤火虫迷"的阵仗不简单。崔豹《古今注·鱼虫》中记载："萤火，一名晖夜，一名景天，一名熠耀，一名磷，一名丹良，一名丹鸟，一名夜光，一名宵烛。"古人给萤火虫起的别名充满浪漫主义色彩，于是他们在追溯萤火虫来源的时候，赋予了萤火虫一系列传说。

古代最广泛流行的是"腐草化萤"说。古人认为萤火虫主要出没于潮湿腐败的草丛，当他们看到萤火虫在这些草丛里一闪一闪地出入时，就认为萤火虫是由这些草腐烂后变的。这也不是古人愚昧，而是他们认为世间万物皆可转化。还有一个更离奇的传说，古人认为萤火虫是由人死后的"灵魂"变的。古人只看到了萤火虫在夜间飞行，而受当时条件所限，他们找不到萤火虫的虫体，就以为自己看到的是磷火，以为人死后的"灵魂"会化为萤火虫。这种传说就更不可信了。

萤火虫除了在古代民间承担着上述离奇形象外，它们还是古人口中歇后语的"最佳主角"。萤火虫能发光这个神奇功能，算是被古人充分利用了。当他们想说一个人心知肚明的时候，就会说对方"肚皮里吃了萤火虫——全明了"，或是"口吞萤火虫——心里亮"。想说一件事发展不顺利，会说"萤火虫的屁股——没多大亮"。吐槽一个人自以为是，会说"萤火虫落在秤杆上——自以为是颗亮星"。若是遇到一个虚伪的人，直接说"萤火虫飞上天——假星星（谐音假惺惺）"。

被古人玩坏了的萤火虫都要佩服他们的脑洞之大，同时只能对他们说一句："只要你开心就好。"

# 动人与留人

□游宇明

闲下来的时候，我喜欢阅读，书读多了，总喜欢想一个问题：文学到底能给人提供什么？我想，它更多的应该是一种心灵的指引，让你明白物质不是一个人生活的全部，头顶还有灿烂的星空，身旁还有浩瀚的大海，眼睛不再只盯着物质，得志时知道低调，失意时懂得保持期待。

不过，文学的这种功能不是挂上它的名字就可以提供，必须是我们心目中的好作品。

何谓好作品呢？有人说是动人。翻开一篇文章或者一本书，顺着作者的笔触走，觉得作者写的事情好像是"我"经历的，倾诉的情感也是"我"要倾诉的，于是作者或作品中的人物高兴"我"也高兴，作者或作品中的人物悲痛"我"也悲痛，此之谓动人。"上邪！我欲与君相知，长命无绝衰。山无陵，江水为竭，冬雷震震，夏雨雪，天地合，乃敢与君绝。"这首汉乐府民歌的技巧特别精彩吗？不见得，它就是发了个誓，但正是这种爱得不管不顾的感情打动了我们。

动人的作品固然好，不过最好的文章是能留人的。

留人的文章不能离开奇巧。所谓奇巧，就是要写得跟别人不一样，使人觉得新颖。比如李白的《黄鹤楼送孟浩然之广陵》，仔细品，便会感到手法高明。送人要送到朋友的船看不见了，才转身回家，其中就有对朋友离去的不舍，对朋友即将踏上漫漫长途的牵挂。还有卞之琳那首著名的《断章》，也让我回味：楼上看风景的人本来是看云看山看水的，你来了，他什么都不看了，只专心看你，而且晚上做梦都在想你，可见你是如此美丽、优雅。遇到这般美文好诗，我是忍不住想一品再品的。

人与人相遇，最难得碰到有见识的人，走进文学作品也不例外。古代文人爱游山玩水，描写山水之美不乏其人，不少都云烟俱灭，王安石的《游褒禅山记》却成了其中的一个经典，他写山水，更是写人生。苏轼的《赤壁赋》也是以物观人，"盖将自其变者而观之，则天地曾不能以一瞬；自其不变者而观之，则物与我皆无尽也""物各有主，苟非吾之所有，虽一毫而莫取"……读到这样富有哲思的笔触，你不会想一想自己走过的路吗？

文学之留人，本质上是一种时空穿越，亦是阅读之妙处。

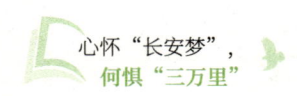

# 人生的台前与幕后

□ 朱光潜

我有两种看待人生的方法。在第一种方法里，我把我自己摆在前台，与世界一切人和物在一块玩把戏；在第二种方法里，我把我自己摆在后台，袖手看旁人在那儿装腔作势。

站在前台时，我把我自己看得和旁人一样。人类中有一部分人比其他的人苦痛，就因为这一部分人把自己比其余的人看得重要。比方穿衣吃饭是多么简单的事，然而在这个世界里居然成为一个极重要的问题，就因为有一部分人要亏人自肥。

再比方生死，这又是多么简单的事，无量数人和无量数物都已生过来死过去了。一只小虫让车轮轧死了，或者一朵鲜花让狂风吹落了，在虫和花自己都决不值得计较或留恋，而在人类则生老病死以后偏要加上一个苦字。

这无非是因为人们希望造物主待他们自己比草木虫鱼特别优厚。因为如此着想，我把自己看作草木虫鱼的侪辈，草木虫鱼在和风甘露中是那样活着，在严暑寒冬中也还是那样活着。

像庄子所说的，它们"诱然皆生，而不知其所以生；同焉皆得，而不知其所以得"。它们时而戾无跃渊，欣欣向荣，时而含葩敛翅，晏然蛰处，都顺着自然所赋予的那一副本性。它们决不计较生活应该是如何，决不追究生活是为着什么，也决不埋怨上天待它们特薄，把它们供人类宰割凌虐，不但和旁人一样，而且和鸟兽虫鱼诸物类也都一样。

人类比其他物类痛苦，就因为人类把自己看得比其他物类重要。在他们说，生活自身就是方法，生活自身也就是目的。

以上是我站在前台对人生的态度。但是我平时很喜欢站在后台看人生。

许多人把人生看作只有善恶分别的，所以他们的态度不是留恋就是厌恶。我站在后台时把人和物也一律看待很有趣味。

这些有趣的人和物之中自然也有一个分别。有些有趣味，是因为它们带有。我看西施、嫫母、秦桧、岳飞，也和我看八哥、鹦鹉、甘草、黄连一样；我看匠人盖屋，也和我看鸟鹊营巢、蚂蚁打洞一样；我看战争，也和我看斗鸡一样；我看恋爱，也和我看雄蜻蜓追雌蜻蜓一样。

我只觉得对着这些纷纭扰攘的人和物，好比看图画，好比看小说，件件都有很浓厚的喜剧成分；有些有趣味，是因为它们带有很深刻的悲剧成分。

我有时看到人生的喜剧。某天遇见一个外官，他的下巴光光如也，和人说话时却常常用大拇指和食指在腮边捻一捻，像有胡须似的。他们说道是官气，我看到这种举动比看诙谐画还更有趣味。

许多年前一位同事常常很气愤地向人说："如果我是一个女子，我至少已接得一尺厚的求婚书了！"

偏偏他不是女子，这已经是喜剧；何况他又麻又丑，纵然他幸而为女子，也决不会有求婚书的麻烦，而他却以此沾沾自喜，这总算得喜剧中之喜剧了。

这件事和英国高尔司密的一段逸事一样有趣。他有一次陪几名女子在荷兰某一座桥上散步，看见桥上行人个个都注意他同行的女子，而没有一个人看他，便板起面孔很气愤地说："哼，在别的地方也有人这样看我咧！"如此等类的事，我天天都见得着。在闲静寂寞的时候，我把这一类的小事件从记忆中召回来，寻思玩味，觉得比抽烟饮茶还更有味。

老实说，假如这个世界中没有曹雪芹所描写的刘姥姥，没有吴敬梓所描写的严贡生，没有莫里哀所描写的达杜夫和夏白贡，生命便不值得留恋了。我感谢刘姥姥、严贡生一流人物，更甚于我感谢钱塘的潮和匡庐的瀑。

有悲剧。悲剧也就是人生一种缺憾。它好比洪涛巨浪，令人在平凡中见出庄严，在黑暗中见出光彩。

假如荆轲真正刺中秦始皇，林黛玉真正嫁了贾宝玉，也不过闹个平凡收场，哪得叫千载以后的人唏嘘赞叹？

人生本来要有悲剧才能算人生，你偏想把它一笔勾销，不说你勾销不去，就是勾销去了，人生反更索然寡趣。所以我无论站在前台或站在后台时，对于失败，对于罪孽，对于殃咎，都是用一副冷眼看待，都是用一个热心惊赞。

# 没读书习惯的人受眼前世界禁锢

□林语堂

读书或书籍的享受素来被视为有修养的生活上的一种雅事，而在一些不大有机会享受这种权利的人们看来，这是一种值得尊重和妒忌的事。

当我们把一个不读书者和一个读书者的生活上的差异比较一下，这一点便很容易明白。

那个没有养成读书习惯的人，以时间和空间而言，是受着他眼前的世界所禁锢的。他的生活是机械化的，刻板的；他只跟几个朋友和相识者接触谈话，他只看见他周遭所发生的事情。他在这个监狱里是逃不出去的。可是当他拿起一本书的时候，他立刻走进一个不同的世界；如果那是一本好书，他便立刻接触到世界上一个最健谈的人。

这个谈话者引导他前进，带他到一个不同的国度或不同的时代，或者对他发泄一些私人的悔恨，或者跟他讨论一些他从来不知道的学问或生活问题。一个古代的作家使读者随一个久远的死者交流；当他读下去的时候，他开始想象那个古代的作家相貌如何，是哪一类的人。孟子和中国最伟大的历史家司马迁都表现过同样的观念。一个人在十二小时之中，能够在一个不同的世界里生活两个小时，完全忘怀眼前的现实环境：这当然是那些禁锢在他们的身体监狱里的人所妒羡的权利。这么一种环境的改变，由心理上的影响说来，是和旅行一样的。

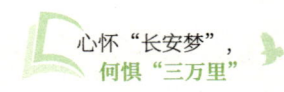

# "她"字的背后竟有这么多故事

□ 朗 博

2000年，美国方言学会别出心裁地举行了一次"世纪之词"的评选活动。最后，"她"竟然以35票对27票战胜了"科学"，成为21世纪最重要的一个词。

中国的"她"产生还不到百年，却在中国文化史上留下了一系列曲折有趣的故事。

在英语中，区分男女性别的语言习惯由来已久，12世纪就有了表示女性的第三人称代词"she"。日本在120年前，也创造出女性第三人称单代数代词的"彼女（かのじょ）"。而中国则一直没有表示女性的专用字。

在中国古代，无论男女，代词一律用"他"。到了19世纪，中国人开始翻译英国的语法书，问题就出现了。

1823年出版的首部中文英语语法书《英国文语凡例传》里，只能将he、she、it分别译为"他男""他女"和"他物"。1878年，郭赞生翻译英文语法著作《文法初阶》，他将she译为"伊"，于是"伊"就成了女性专用代词，这是具有创造性的一步。

1917年，在北大任教的刘半农首先提出建议：用"她"字以对应"she"。他翻译英国戏剧《戏魂》时，试用自己创造的新字"她"。

当时，他的想法还不全面，没有正式地提出提议，也没有发表文章阐述观点。倒是鲁迅的二弟周作人按捺不住，把"她"字透露给了外界。

一石激起千层浪，这件事引起了激烈的争论。

1920年年初，上海《新人》杂志刊登了一篇署名寒冰的《这是刘半农的错》的文章，认为新创"她"字毫无必要。理由一：因为第一、第二人称的"我""你"等字，也没有阴阳之分，凭什么第三人称代词"他"就分男女了？

理由二："她""他"两字，只能在阅读时分别，读音上区分度不大。

此时在英国的刘半农，已处于"风口浪尖之上"，于是发表了一篇名为《"她"字问题》的文章。他在文章中阐述了发明"她"字的必要性：1.外文中有性别指代的第三人称的，在翻译和阅读的时候，如果有了"她"，就能很好地与"他"区分开；2."她"只是一个文字符号，虽然和"他"字长得很像，但很容易辨认出来；3.为了区分"他"，"她"应该有两个音：一为ta，用于口语；一为tuo，用于书面语。

最后他提出了另一个新想法：除了"她"，还应该再造一个"它"字，以代人以外的事物。

刘半农还创作一首诗歌《教我如何不想她》，后被谱成了曲，广为流传。

刘半农的这一行为，也引来众多的反对声音。反对者中的代表人物，就是大名鼎鼎的陈寅恪。他们以"中国习惯"为由，抵制"她"字。"若强以西文文法加诸中文，是犹削足适履也。"

当时，最多的声音认为用"伊"最好，"伊"正好能反映女性"小鸟依人"的娇柔特点。

总之，为了"她"字，当时各大刊物争吵不休。

但无论有多少反对的声音，"她"字是越来越深入人心。当时很多学者和作家，如徐志摩、胡适等慢慢开始喜欢用"她"，觉得方便好用。鲁迅在1924年的小说《祝福》中，开始自觉使用"她"字取代"伊"字。

1932年5月，当时的教育部下令全国通行《国音常用字汇》，为"她"字敲下了定音之槌。"她"字，由知识界的自觉选择，最后获得了官方的首肯，一个伟大的汉字就这样被创造出来，并沿用至今。

如今，我们再来回顾这段历史，重新认识"她"。

无论是支持"她"，还是反对"她"，其实都代表着那个时代，人们对"个人"意识的觉醒。中国文字是象形文字，也代表着中国文化的载体。而中国文化的最大生命力就是兼容并包，善于从外来文化中吸取养分，这样才能让中国文明薪火不断。而"她"正反映出中华民族文化强大的生命力。

# 不 等

□郭华悦

有些人的生活，是由一个个"等"字，串联而成的。

等一个人。这个人，可能是亲人，或许是挚友，也或许是另一半。那个人，为什么还不到来？单是这个念头，就足以让自己的脑海里，生出千万种奇奇怪怪的白日梦，可能忧伤，可能暗喜，也可能是惊悚。

对这样一个人的等待，往往伴随着对现状的否定。为什么非要等这个人呢？没有这个人的现状，无疑是欠缺的，令人无法从心底生出满足来。唯有等到这个人进入自己的生命，日子才算圆满。于是，开始了漫长且充满悬念的等待。

等一件事。会让人心生期待的事，大多是好事。比如一个人在人生的长河里，忙忙碌碌地奋斗了漫长的时间。可越是接近目标，心中就越容易按捺不住地生出等待来。等一件事，也是等一个结果，来对自己长期以来的努力，加上肯定式的句号。

若这样的结果未能如约而至呢？当事人难免患得患失，郁郁寡欢。这样的等待，其实有着另一层潜台词。没有结果，未获肯定，那之前的种种努力与奋斗，都是徒劳的。唯有等来了结果与肯定，人生才算值得。

一个人的生活里，若是有了太多的等待，往往包袱也就重了。人生，看似是自己的，实则却难自主。快乐，不再是任由自己做主的、招之即来的东西。相反，自己的人生快乐与否，值不值得，取决于各种无法预知结果的等待。

可见，等待有时是源于不自足。觉得生命有欠缺，需要由另一个人来填满。或者，自己无法从努力的过程中，从挥汗如雨的奋斗中，挖掘出独属于自己的快乐，反而将这样的快乐寄托在外界的肯定上。于是，有了饱含不确定性的等待。

有时，比起等待，不等的过程或许更值得我们品味。

## 看好后半截

□ 郭华悦

看人只看后半截，这话出自《菜根谭》。

创业难，守业更难，这样的例子不胜枚举。人在一穷二白时，有冲劲，肯努力，还不算太难。毕竟，可供选择的路并不多。可在有所成就后，面临种种诱惑，保持冲劲之余，还得头脑清醒，不改初心，这比创业时难多了。

行百里者半九十。看一个人的能力，开创多大的局面固然是标准之一，但更重要的是能不能守住眼前的战果继续前行。这后半截，更是衡量一个人的标准。

后半截，也可是一段关系的后半截。

彼此之间，是否真心以对，单看前半截，往往不准确。初见时，对方符合自己所设的标准，或者身上有着自己所没有却向往的特质，这样的关系容易迸出火花，彼此吸引。

可关系确立后，新鲜感不再，彼此真实的一面浮出水面，结局往往两极分化。要么人设崩塌，失望透顶之余一拍两散，要么举案齐眉，融洽更胜从前。决定一段关系走向的，大多是在后半截。

后半截，亦是一件事的后半截。

一件事，善始者多，善终者少。要对眼前的事，投入三分钟的热度，这不算难。可在三分钟热度退去后，还能始终如一，不离不弃，这就难得了。所以决定一件事的成败的，也就在这难能可贵的后半截。

开头的前半截固然重要，收尾的后半截更是重中之重。识人做事，都应首尾呼应，看好后半截，才能善始善终。

## 悬崖上的浆果

□ 张宗子

李普利编选的《禅的故事》收录了一则出自佛典的寓言，大意是，有人野行遇虎，一路奔逃，被追赶到悬崖边。他攀着藤条欲下，发现崖下另有一只虎在等着。他悬空吊在崖间，上下两难，却又有两只老鼠，爬过来啃咬他攀附的藤条。藤条很快就会断开，他认命等死，反而平静下来。忽然发现崖壁上有一枚鲜红的浆果，先前紧张，一直没注意到，这时便摘来送进嘴里。一嚼之下，忍不住大声赞叹："好甜啊。"

人生苦短，要放下负担，抓住此时此刻，去品尝它、体验它、欣赏它。死的结局难免，过程却已不同。

认识世界，
超越自我

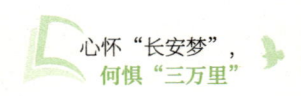

# 番茄酱哲学

□ 欧阳晨煜

如果我说，番茄酱不是一种普通的调味料，也不是小食伴侣，你或许会觉得奇怪，事实上，以如今的地位和流通程度，番茄酱俨然已经成为一种语言。这并不是毫无依据的比喻，一位食品理论家将番茄酱称为"世界语"，惊叹它以小小的能量毫无障碍地摆上世界各国的餐桌，既与西式餐点和谐搭配，又与中式菜肴完美结合。作为语言的番茄酱就这样以神奇的口味包容一切食物，成为最成功的世界级酱料。

如果番茄酱是一种食物形式的语言，那么它同时散发出的五种味道就是基本的字母，和所有的语言一样，它的口味也经历了几个世纪的演化和发展。最终，当酸、甜、苦、鲜、咸完美组合后，番茄酱就自然而然地成为能够同时满足人们五种味觉的世界语言。

撕开一包不起眼的番茄酱，轻轻一挤，红彤彤的酱体好像小小的河流一样徐徐流动，蘸一根薯条尝尝，你有些疑惑，番茄酱究竟是甜？是酸？还是略有咸味？甚至有些许"肉味"？你很难精准描述它的味道。事实上，这并不是你的味蕾出了问题。几百年前，小小的番茄酱就踏上了自己的口味之旅，经过几次改良，最终确定了现在这种无法精准言说的迷人味道。

最初的番茄酱其实是咸味和鲜味并存的，而且主料里没有番茄。番茄酱的前身是我国南方的鱼露，人们用盐腌制小鱼虾，最终将其发酵成一种琥珀色的汁液。直到18世纪早期，英国商人才将这种美味的调味品带到西方，让"中式番茄酱"有了西化的过程，他们在其中加入了凤尾鱼、葱、牡蛎、柠檬和核桃等，进一步改变了番茄酱的口味。

等到番茄酱里有真正的番茄，已经是18世纪中叶的事了。美国弗吉尼亚州出现了名副其实的番茄酱，它加入了糖，由此多了甜味。

19世纪，番茄酱空前热销，众多厂家和品牌加入了生产队伍，但由于无法长期保存，番茄酱的主要味道是苦和咸。因此，众多厂商都选用了无色无味的防腐剂苯甲酸，以延长番茄酱的保质期，但长期食用这种防腐剂有害身体健康，所以人们进行了一次空前的争论，而亨氏的主导人亨利·约翰·亨氏在这次争论中扮演了番茄酱叛逆者的角色，最终创造了我们现在所食用的番茄酱的经典口味。这次争论的双方针锋相对，一方认为可以通过减少苯甲酸的用量降低对人体的伤害，而以亨利·约翰·亨氏为代表的一方则认为应该更改番茄酱的配方，以解决保质期的问题。

其实，19世纪的番茄酱是使用大量新鲜且未成熟的番茄制作的，生番茄中被称为果胶的复杂碳水化合物含量很低。因此，亨利·约翰·亨氏改用了含果胶较多的成熟番茄来增加番茄酱的浓稠度，这也在无意中提高了番茄酱的鲜味。这样大刀阔斧的口味改革，最终将番茄酱变为口味齐全的罕见之物——可以同时满足人类基本的五种味觉，即咸、甜、酸、苦、鲜，我们现在所吃的亨氏番茄酱就是这个味道。

20世纪以来，亨氏番茄酱一直作为主流调味料称霸市场，为什么它可以在饮食习惯差异巨大的世界各地如此流行，并且多年保持同一种味道呢？秘诀就在于平衡。

研究者测试了经典口味的番茄酱和个性口味的番茄酱，最终发现了经典永流传的秘密。测试中，他们发现，个性口味的番茄酱虽然也包含多种味道，但各种味道元素可以分离存在，即当你品尝这种番茄酱时，你会尝到很多种独立的味道。但当你品尝经典口味的番茄酱时，会发现它的五种口味意外地平衡、和谐，五种味道恰到好处地融为一个整体，无法分离，从而在丰富度上打败了个性口味的番茄酱。

简单来说，当一种食物口味丰富时，它所有的构成元素最终能汇聚成一个整体。一个整体可以包括不同的部分，但不能被简单割裂成不同的元素，一旦割裂开来，整体丰富的韵味便不复存在。

由此你知道了，经典口味的番茄酱取胜的秘密就在于它主动地抹去了个性，平衡是其最大的特色，在不突出局部的同时，保持了丰富度。在生活中，如果我们按照番茄酱哲学来处事，就会意识到，人生便是这样的综合，平衡是一种更有力量的美，所谓的小众和个性可能会造成看待事物单调或局限的情况。

现在，当你再撕开一包小小的番茄酱时，会不由得肃然起敬。这些鲜红的酱料是多种味觉的合奏，具有平衡的力量，也不乏淡淡的哲学意味。当你使用这种食物语言时，可以感受到它悠久的口味历史和均匀和谐的美。当你递出一包番茄酱时，事实上，你就完成了一次食物形式的心灵交流。

# 孤犊之鸣

□侯美玲

公明仪是春秋时期的音乐家，能作曲、善弹奏，七弦琴弹得尤其好。天气好的时候，公明仪喜欢背着古琴到户外弹奏。

这天风和日丽、山色如画，公明仪心情大好，一个人坐在地上弹奏美妙的音乐，路边一头黄牛正在慢悠悠地吃草。公明仪心想，我的琴声沁人心扉，使人陶醉，牛听了是否很享受呢？想到这里，公明仪立刻对牛弹奏了一曲《清角之操》。公明仪弹得很投入，并沉浸于优雅的音乐当中。可那头牛无动于衷，甚至没有停下来看他一眼，这就是成语"对牛弹琴"的来历。

"对牛弹琴"出自《理惑论》，后收录于《弘明集》，但这只是故事的上半部分，故事的下半部分其实更精彩。公明仪见牛听不懂高雅的古曲，就以蚊子牛虻的"嗡嗡"声和失群牛犊找母牛的"哞哞"声临时作了一首曲子，现场演奏给黄牛听。

当公明仪的"蚊虻之声"和"孤犊之鸣"奏响时，神奇的一幕出现了，原本正在吃草的牛顿时垂下尾巴、竖起耳朵，踱着小步仔细倾听。

听不懂"清角之操"，但听得懂"孤犊之鸣"，看来，牛并非不懂音乐，只是对自己不感兴趣的音乐漠不关心，对那些熟悉的音乐自然兴趣盎然。有感于牛前后两种截然不同的表现，《弘明集》的作者僧佑感叹道："非牛不闻，不合其耳矣。"

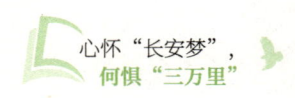

# 影子也有重量吗

□Hi 科普

你有没有想过身体投下的影子其实也有重量？或许你会觉得这只是个有趣的猜想，或者觉得它不可能是真的。实际上，影子的存在会对物体的重量产生微小的影响。在世界上最轻的物体——黑色火箭糖上，研究人员发现了一个惊人的事实：当糖上的灯光照射形成影子的时候，它的重量竟然会比完全不受光照射时重0.00000000000001克！虽然这个数字看似微不足道，但对科学研究具有重大意义。那么，在这种奇妙而神秘的现象背后，究竟蕴含哪些深层次的原理与规律呢？

## 影子重量的物理学原理

影子重量是一个人在光线下的影子所产生的重量感觉。日常生活中，即使我们站在一个明亮房间的中心，我们的影子也是非常清晰的。不过，由于光线的物理特性以及人眼的生理结构，我们的影子在不同的光线条件下会有一些微妙的变化。

光在物理学中被认为具有几个特性，其中之一就是能量。光在移动时会携带一定的能量，当它遇到物体时，这些能量就会被吸收或者反射，从而形成物体的影子。在这个过程中，光的能量会对影子的形成产生影响并影响影子的重量感。

影子的形成受到光的传播方向和光源的大小、位置的影响。当光线垂直地照射在物体上时，影子一般看起来比较清晰；而当光线从侧面照射物体时，影子会比较模糊。此外，当光源越大，物体的影子也就越大；反之，当光源越小，物体的影子也就越小。这些因素都会对影子重量产生影响。

人眼的生理结构也会对影子重量的感知产生影响。人的眼睛中有两种类型的细胞：锥状细胞和杆状细胞。锥状细胞负责辨认色彩和细节，杆状细胞则负责感知光线的强弱。当光线强度增强时，锥状细胞和杆状细胞都会被刺激，从而让人感知到更加明亮和沉重的影子。

影子重量的感觉也会受到环境的温度、湿度等因素的影响。当环境温度升高时，空气中所含的水分会变多，从而导致光的散射变得更强。这也就意味着我们的影子会变得更加柔和和轻盈。

## 影子重量对实际应用的影响

影子重量对分布式计算系统的可靠性产生影响。在分布式计算中，节点之间需要相互通信进行数据交换，因此如果一个节点的影子重量太大，经常会导致该节点的超时或失败，从而可能影响整个分布式系统的稳定性。因此，在设计分布式计算系统时，应该考虑到各个节点的影子重量，并尽量平衡负载，使各节点的影子重量相对均衡，从而提高整个系统的可靠性和稳定性。

影子重量对分布式计算系统的性能产生影响。一个节点的影子重量越大，需要处理的任务越多，从而需要相应增加计算资源，如CPU、内存等来保证节点的运行效率。如果不及时优化或升级计算资源，节点的运行速度会变慢，从而导致系统的整体性能下降。因此，在分布式计算系统中，需要监控节点的影子重量，并根据需要调整计算资源，以提高系统性能和效率。

影子重量对分布式计算系统的启动时间产生影响。随着任务的不断增加，节点的影子重量也会随之变大。如果一项任务的影子重量过大且未被均衡地分配到各节点，可能会导致该任务无法在规定的时间内完成，从而影响整个系统的启动时间。因此，在设计分布式计算系统时，应该考虑节点之间的平衡性，避免任务影子重量过大，从而提高系统的启动速度和效率。

在人类的生命历程中，尽管我们必然会经历无数的波折和挫折，但影子的存在给了我们无尽的动力和信念。正因为影子的存在，我们才拥有了勇气去迎接未知的挑战，去发现未知的领域。这也是我们作为人类的共同宿命，以及我们所拥有的最为宝贵的财富。

# 迷你的道理

□ 简嘉明

近年流行小包，各时尚品牌一窝蜂生产迷你小包。不论销售对象属于哪个年龄层的店铺，售卖的包都如零钱包或名片夹般大小。迷你包设计可爱精致，款式、质料与颜色又层出不穷，因此让时尚爱好者纷纷入手，就算平日不赶潮流的，也受到这股风尚感染，外出时人们身上挂着如掌心般大的包，电话却拿在手中，成了街道上有趣的风景。一向爱研究打扮的我当然不会置身潮流之外，早已购买了不少心头好，更从使用迷你包中领悟出一点人生哲理。

迷你包这东西，选购心仪款式不难，配衬也不难，最难的是包中所放物品的取舍。我自小喜欢装备齐全才外出，钱包、证件、化妆品、药物、文具、笔记本、保温杯、披肩等，分门别类，收拾整齐，通通放进大包中以备不时之需，前上司与我出勤时就曾惊讶地说我的包像一个货仓。好了，现在改用小包，像要由大宅搬进"纳米楼"，什么也不可以带，必须狠狠地取舍。在整理过程中，我发现自己原来一直极度缺乏安全感，例如常怕自己胃痛，包里竟放了三种止痛药；已经不是学生的我，随身文具不但有圆珠笔，还有荧光笔、铅芯笔和改错带；最莫名其妙的是不知从何时开始，我的包中会有牙线和牙签，但其实在外使用率极低。当一切都挤不进面前的迷你包时，唯有硬着头皮舍弃，最后连钱包也不带，将证件、银行卡、纸巾、钥匙和一支唇膏放进包中就走了。当然，那趟外出还是好好的，但行装潇洒轻盈得多。

一个时尚潮流，让我放胆作出改变。其实人生也是如此，人、事、物越是抱着不放，越是累赘，也不见得会活得更好。在适当时机自我检视，剔除不必要的东西，放下重担，减轻包袱，往往比想象中容易，也不必过分担忧。正如我现在拿着心爱的迷你包外出，仍可安全舒适地过日子，步履也比从前轻快了。

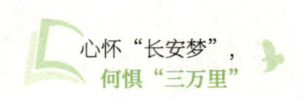

# 宝钗的逆商

□陈艳涛

当我们遇到艰难困苦、遭逢厄运、与亲人生离死别时，都可以学学宝钗的逆商，淡然处之，从容应对。

我的一个朋友今年总感慨一句话：明天和意外不知道哪一个先来。酷爱健身的她，在健身中心因为教练的操作不当而摔成了胸部骨折。她在医院里躺了两个多月，一边治疗，一边努力地维权。我去医院看她时，她的隔壁，躺着一个在逛街时被一个疯狂的驾车者撞成重伤的姑娘。

她们都经历过一段极难熬的日子，不断地回忆，大声地控诉。在愤怒、沮丧、懊悔、悲伤、绝望等各种情绪里起伏，不能平静。

但今天，她们已经可以躺在那里讨论着自己的伤残情况达到几级。她们甚至商量着去领个残疾人证，方便以后找停车位。

时间是最好的治疗师，但在变化万千的命运面前，如何提前感知、稍作准备，也许是世间最难的课题。

但有一些人就有这样的能力。他们和我们一样，不能改变命运，但在生活的点滴里，一点点地做好了应对的准备。

比如《红楼梦》里的薛宝钗。她出身于"珍珠如土金如铁"的薛家，见识过富贵荣华，但因为父亲早逝、哥哥莽撞无能，她眼看着家族一点点衰败，无可奈何。所以她在心理上、日常生活里，一直有着对危机的准备意识。

在人际关系上，她广结善缘，时常在贾府里给众人分送各种礼物，连人人厌憎的赵姨娘母子都不曾遗漏。正如脂评所说，"待人接物不亲不疏、不远不近，可厌之人未见冷淡之态，形诸声色；可喜之人亦未见醴密之情，形诸声色"。为了争取"民心"，她团结了大部分人，就连底层的小丫头们，也多爱和她亲近。

在日常生活里，宝钗衣着半新不旧，不爱"花儿粉儿"，连住处都布置得如"雪洞"一般，装饰、玩器全无。

在知识技能储备方面，宝钗几乎是个万事通，不只是文学才能可以媲美林黛玉、史湘云，更是"杂学旁收"，对绘画、戏曲、中医养生、佛学，乃至生活中的各类常识都有广泛的涉猎和了解。她善理财，也懂管理，了解内情，也深谙人性，在探春大刀阔斧地搞改革时，宝钗的"小惠全大体"做了极好的查漏补缺和细节完善。

她经历过家道中落，以及由此而来的世态炎凉、人生甘苦，所以她能居安思危，总在做各种准备，虽经家族变故、生离死别，"亦能自安"，淡然处之、从容应对，但觉"天下一切，无不可冷"。

其实，即便是在今天，我们仍然可以

借鉴宝钗的"逆商",学会从容应对职场和生活中的各种挫折和意外。在智商和情商之外,拥有逆商同样重要。人生一世,避免不了各种风浪,有人会把挫折当作挑战,身经百战,却越挫越勇。有人泰然处之,兵来将挡,水来土掩。有人却在风浪里迷失自己,惊慌失措,难以翻身。

即便是那些天资聪慧、起点很高的人,如果不具备逆商,在生活的各种磨难和绝境中,也往往会失去自信心和判断力,怨天尤人,充满挫败感,甚至一蹶不振。

学者周锡山建议,当我们生气动怒、遇到艰难困苦、遭逢厄运,甚至在与亲人生离死别的时候,都细细读读《红楼梦》里关于宝钗的描写。她的言行和待人处事的态度中所包含的情商和智慧,在除去时代赋予她的局限之后,都是我们学习的榜样。

# 我在博物馆的"秘密情人"

□ 程 玮

我热衷于参观博物馆。在巴黎、罗马、伦敦、柏林、佛罗伦萨、米兰、巴塞罗那、威尼斯的博物馆里,都有我心爱的作品。如果我去到那些城市,必定会再买票进去转一圈,看望一下我的心之所爱,就像约会秘密情人。有时会扑个空,因为它们被借出去展览了。那个位置上放着一张照片做替代。碰到这种情况我不悲反喜,因为这说明我还是具备一定眼力的。有时又会发现几个新宠,于是增加了下次光临的理由。

2019年秋天去威尼斯时,我当然又去参观了学院画廊。

跟威尼斯铺天盖地的旅游者相比,威尼斯学院画廊永远显得空荡荡、静悄悄的。那天有个小姐姐跟我同时买票进去。她穿着一条深红色的连衣裙,柔软的裙裾,美丽的身体,很引人注目。我们互相笑了笑,一起走进博物馆。我很快发现,她的画风跟我的比较一致。她走得很快,只在某些画作前止步观赏,而那些作品基本上都值得一看。我们一直保持着不远不近的距离。最后,她在意大利画家洛伦佐·洛托的《一位年轻人的画像》前停了下来。这是一个正在读书的年轻男人,他拿着书卷在沉思,神情冷静而睿智,形象文弱而充满力量。这也是我定期约会的秘密情人之一。

我凑上去低声跟她说:"我也喜欢这幅画,他好聪明好安静。我认为这世界上还有一个聪明安静的女孩可以跟他媲美,她在那不勒斯国家博物馆,是庞贝壁画。"她欣喜地说:"我知道,她拿着笔记本,用笔尖顶着嘴唇。我有一个鼠标垫,上面就是那幅画。"

我失声惊叫起来。因为我也有这个鼠标垫,直到现在还在使用。我说:"应该也用这幅画做一个鼠标垫。我觉得他们俩是很合适的一对呢!"她说:"他们生出来的孩子一定是天才!"

两个超越时空的"红娘"在寂静的博物馆大声笑起来。

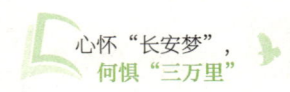

# 人鱼会乘轮滑抵达

□ 既 禾

韩嘉树有一双红色的轮滑鞋，鞋子的一侧印有一个小小的人鱼，坐在海边的礁石上，看着映在水面上的月亮。买鞋的时候，韩嘉树第一眼就喜欢上了这双，闺蜜方方也买了同款人鱼图案的鞋子。

没多久，形形色色的社团开始纳新，她们一起加入了学校的轮滑社。"嘉树，你什么时候才能和我们一起玩轮滑啊？"方方很多次问起。

韩嘉树轻笑着摇摇头，指了指自己的脚踝，然后看方方失落地撇撇嘴，戴上护具独自滑出宿舍。

大一的时候，韩嘉树不小心扭伤了脚踝，如今大半年过去了，脚上的伤早就痊愈，但这依旧是她拒绝方方与她一起去玩的借口。方方怎么会知道，让韩嘉树疼痛的，本就不是那无辜的脚踝，而是和方方牵手飞驰在校园里的陈一。

韩嘉树喜欢陈一，那个在后来成为方方男朋友的陈一。那个晚上，方方去部门开会，技术生疏的韩嘉树和轮滑社小伙伴一起在路上练习，边滑边整理头发的间隙，和图书馆走出来的陈一撞了个满怀。男生直接坐倒在地上，怀里的书戏剧性地扬了一地；韩嘉树来不及调整平衡，也张牙舞爪地摔了下去。

不同于同龄人的桀骜，陈一甚至连惊讶的声音都没有发出，更无抱怨和咒骂，反而条件反射地跳起来去扶摔在一旁的女生。那一刻，她觉得眼前的男生的善意，格外真实而温暖。所以在帮忙捡书的时候，她借着昏暗的路灯，瞥了一眼他掉在一旁的校园卡——陈一。

大学的校园那么大，两个人再次相遇的概率那么小。韩嘉树不知道从哪里着手去寻找那个叫陈一的男生。就在她快要放弃的时候，这个名字竟然意外地被方方提起。她在玩过轮滑回到寝室时随口说着："嘉树，你知道吗？轮滑社新来了一个叫陈一的男生。他真的好帅啊！你要是没受伤，就可以和帅哥一起玩了……"

方方又说了什么，韩嘉树已记不清了。她只恍惚地觉得，那晚昏暗的路灯下温和有礼的少年再次从心头掠过，然后留下一阵挥之不去的悸动。

但那时，她的脚踝在练习刹车的时候扭伤了，一度告别轮滑在宿舍里休息。

没多久，韩嘉树开始频繁地听到陈一的名字。久而久之，韩嘉树在方方的转述中，知晓了他所在的学院，他的性格，甚至他的喜恶和悲欢。

那是韩嘉树第二次见到陈一，但显然，陌生而客气的陈一只以为是与她的初次相见。

三个人一起去学校外面的小吃街吃饭，韩嘉树更加确信，这不只是简单的引见，因为在四个人的长桌上，方方顺理成章地坐在了陈一那边。

韩嘉树缓缓抬头看向陈一，扯出一个生硬的笑："这姑娘傻乎乎的，你好好疼她。"

方方和陈一的感情很快升温，两个人一起相约去玩轮滑，飞驰在校园里的每个角落。

"你知道陈一为什么突然加入轮滑社吗？"有一天，方方突然神神秘秘地爬到韩嘉树的床上，和她分享着少女甜蜜的心事。

陈一对方方说，他喜欢上方方，是从一次偶然撞在一起开始的，那时他觉得，这个摔倒了一点儿也不娇气的女生格外帅气，于是莫名其妙地动心了。但当时光线太暗了，他没有看清女生的模样，只记得她脚下红色的轮滑鞋。于是他辗转加入轮滑社，盯着鞋子找到了自认为"命中注定"的她。

"虽然我早就不记得什么时候撞到过他了,不过觉得自己真的很幸运。"方方说。

韩嘉树一言不发地愣在那里,那原本是属于她的幸运啊。

韩嘉树没想到陈一和方方的恋情会短暂如昙花。

和陈一分手后,方方几乎闭口不谈其中的缘故,所以那一日,在图书馆遇见陈一时,韩嘉树怕对方尴尬,最终选择视而不见。没想到陈一主动提出到一楼的咖啡厅坐坐。

陈一断断续续地说着有关自己和方方短暂的交往,他说,方方喜欢热情,而他沉默的时间居多;他最爱的哲学和心理学,是方方觉得最无趣的事物。他说,最初的心动没有持续下去的动力了,两个人都累了。韩嘉树极力控制着自己的眼泪,她更加坚信,自己才是喜欢他,并且拥有他喜欢的样子,却唯独少了那张本该属于她的入场券。事到如今,错过只能错过,不然一个人的难过,只会变成三个人的尴尬。

"我看过你发表在杂志上的文章,也记得你引用过的那段话。"陈一突然换了话题,走神的韩嘉树有些措手不及。他继续自顾自地说着,"你说得对,把萍水相逢当命中注定,最傻了。"

韩嘉树知道,他说的那段话出自《飘》:"我缝制了一套美丽的衣服,并且爱上了它,后来艾希礼骑着马跑来,他显得那么漂亮,那么与众不同,我便把那套衣服给他穿上,也不管他穿了是否合适,我不想看清楚究竟怎样。我一直爱着那套美丽的衣服,根本不是爱上他这个人。"

而他和她,恰恰都是爱上美丽衣服的那个人。

"我觉得,大概你才是陈一喜欢的类型。"大二,韩嘉树在宿舍里练习书法的时候,方方突然若有所思地嘟囔着,"他喜欢的样子你都有。"

那年生日,她收到了两张卡片,一张塞在一套崭新的轮滑护具中,方方用娟秀的字体写着"铠甲勇士向前冲";另一张夹在厚厚的《飘》中,上面是陈一的字句:"你不仅仅是艾希礼,更是最适合我美丽衣服的那个人。"

韩嘉树有些缓不过神,看着看着,就哭了。那天,她终于拿出了那双被自己尘封到盒子里的鞋子,小小的人鱼依旧静默在海边的礁石上,不过她想,或许穿上轮滑鞋,人鱼公主总能抵达她想要的幸福。

# 绝对路径

□ 鞠志杰

高手与普通人最显著的区别,就在于其有高效而简洁的操作手段,比如电脑操作高手,对各种快捷键熟稔于心,手指在键盘上大跨度点击就像在跳舞,看得人眼花缭乱。更绝的是,进入电脑里的某个区域,不是从"我的电脑"点进去一层层地打开,而是在地址栏里输入一串字符,再敲一下回车键就OK了。

后来我了解到,这个通道叫绝对路径,就像森林里通往秘密城堡的小路,知道的人轻而易举地就能抵达终点,不知道的人就会在外面绕圈子。任你逻辑思维再发达,再富有创造力,如果没有掌握进入绝对路径的方式,也只能干瞪眼。越是高端的领域,"绝对路径"越绝密,谁掌握了,谁就拥有话语权。

不可能每个人都成为高端人才,但总得有点过硬的本事,有让人刮目相看的地方。条条大路通罗马,但有的路长,有的路短,有的便捷,有的崎岖。在事业发展上,如果拥有自己的"绝对路径",不受外界干扰,不任人左右,那无疑是有优势的。

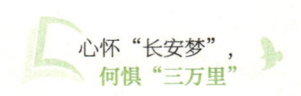

# 省钱过日子

□ 陶 琦

豆瓣有一个"节俭抠门省钱"小组，供网民交流平时如何省钱过日子，除了能看到各种节约妙招，也不乏奇葩故事。如有人"揭发"她妈妈抱怨亲家母看不起自己，家人都觉得她想多了。有一天两家人相聚吃饭，亲家母把一串已经坏掉一半的葡萄扔到垃圾桶里，她妈妈觉得可惜，当着众人的面捡出来洗洗吃掉，一家人才发现问题出在了哪里。

法国诗人夏尔·佩吉一百多年前感叹人类社会的繁荣："世界自耶稣基督时代以来的变化，还不及过去30年的大。"实际上，诗人并没有赶上物质文明发展最快速的时期，真正应该发出惊叹的是现代人。生活中，很多人从昔日的物质匮乏一下快速递进到百物丰富时代，经历了冰火两重天，还没有做好心理准备，行为常呈现出两极化的倾向，要么变着法子炫富，要么仍停留在旧有的节俭模式里。

曾有学者揶揄，他所在的高校建了一个自助洗车台，供员工免费洗车。洗车台前常有人半跪在自己的车旁，用牙刷逐一细刷不易冲洗到的部位，不仅长时间占用公共设施，车主估计也很难感受到生活质量获得提升的快乐。对过度惜物的人，车是奢侈品，而不是普通的交通工具，稍有磕碰的痕迹，就会产生巨大的懊恼与心痛。

而且，过分节俭的人常与财富、地位构成一种绝妙的三重世界关系。美国最著名的"华尔街女巫"海蒂·格林，19世纪中期就从华尔街通过股票和大宗商品交易，赚到了超过10亿美元财产（相当于现在的270亿美元），但各种关于她"省钱"的故事，也与其财产数字相映成趣。例如，她看到有店铺承诺可任意退货，回家把已经使用了多年、磨损得不成样子的扫帚拿去退掉，只为了赚回10美分。

只不过，常在河边走，哪能不湿鞋？海蒂·格林也有失手的时候。她的儿子幼年时滑雪摔断了腿，为了省钱，她先是自己为儿子正骨，眼见无效，又与儿子化装成乞丐，想混入穷人诊所得到免费治疗，后被医生识破赶了出来。直到儿子的腿感染溃烂，海蒂·格林才被迫为儿子支付医疗费用，儿子只能截肢保命。

曾霸榜美国首富20年的保罗·盖蒂，朋友到他家做客，想用电话也必须投币，他在外面吃饭，更是永远只付自己那份饭钱，即使与情人约会，也绝不会为对方付餐费。1973年，保罗·盖蒂的孙子在意大利罗马被人绑架，他拒绝支付赎金，导致孙子被绑匪割掉了耳朵……事情经过被好莱坞拍成了电影《金钱世界》。很多过度节俭的人都是根据自己的价值需求，建构一种属于自己的生活模式，身边人也很难幸福。

心理学认为，人在某个环境中接受的训练越多，意识思维受其影响也越大。这也解释了不少经历过物质贫困的人，为何有时会因过度节俭，偏执到与他人无法互相理解的程度。生活中有些人节俭，是为了生活迫不得已，有些人则是被内化成了一种本能，一切皆以旧有的模板为标准。多年前，我有一个熟人早早奔了小康，但他家里的电视机、洗衣机，包括摩托车的油箱和排气管，都用金丝绒布做了罩子，精心保护起来——很多人过于节俭的行为，是以牺牲正常生活为代价，谋求既有的自我认同，有时沦为了他人眼中的笑话尚不自知。

柏拉图在《理想国》里谈论金钱对人的心理影响，认为过分富裕会让人变得贪婪，过分贫困又会让人陷入生存的苦苦挣扎之中。所以，人的最佳状态是"仓廪实而知礼节，衣食足而知荣辱"，既有稳定的物质基础，又有足够的精神动力完善自我。

人类文明的进步并不总是以延续前势为亮点，虽然节俭、惜物、不浪费，是任何时代都须秉持的美德，但懂得在力所能及的情况下体面地生活，不在一些基本消费上锱铢必较，无疑也会让自己的人生变得更为轻松。

# 奖励的隐形成本

□[美] 丹尼尔·平克 译/龚怡屏

一部美国文坛上经久不衰的作品，给我们上了有关人类积极性的重要一课。

马克·吐温在其著作《汤姆·索亚历险记》里写道：汤姆接到一项无聊的任务，把波莉姨妈75平方米的栅栏刷成白色。这项工作一点不能让他兴奋，"生活对他来说太乏味了，活着仅是一种负担"。就在汤姆灰心绝望的时候，一条"聪明绝伦、妙不可言"的妙计涌上心头。当他的朋友本漫步到他面前准备嘲笑他的时候，汤姆做出了很疑惑的表情。他说，把颜料涂到栅栏上不是苦差事。它是一种特权，是一种内在激励方式。这活儿看起来很诱人。当本问他能不能让自己刷几下的时候，汤姆拒绝了。直到后来本以自己的苹果作为交换，汤姆才给了他刷栅栏的机会。

很快，其他男孩也来了，他们都掉进了汤姆的圈套，好几个男孩都刷了栅栏，而且最后这都算作汤姆的功劳。

从这个有趣的情节里，马克·吐温提炼出一条有关积极性的重要原则："所谓'工作'就是一个人被迫要干的事情，至于'玩'就是一个人没有义务要干的事情。"马克·吐温还写道："在夏季，英国有钱的绅士每天会驾着四轮马车沿着同样的路线走上30至50千米，他们为这种特权花了很多钱。可是如果因此付钱给他们，那就把这桩事情变成了工作，他们就撒手不干了。"

换言之，奖励有时候很奇怪，它就像对人的行为施了魔法：把有意思的工作变成苦工，把游戏变成工作。它通过减少内在激励因素，让成绩、创造性甚至善行像多米诺骨牌一样接连倾倒，我们称这一现象为"汤姆·索亚效应"。

需要说明的是，不一定是奖励本身破坏了人们的兴趣。当人们不期待奖励的时候，奖励对他们的内在积极性没什么影响。只有有条件的奖励——如果你做这个，那我就给你那个，会产生负面效果。为什么呢？因为这种"如果—那么"型的奖励要求人们放弃他们的一部分自主权。如果绅士驾着马车不是为了开心，而是为了钱，他们就不再能完全掌控自己的生活了。这就像装着他们积极性的篮子裂了一条缝，他们每项活动的乐趣都被抽干了。

如果为了鼓励孩子学习数学，每写完一页作业就给他一些钱作为奖励，那么短期内他会更勤奋，但是长期来看，他会失去对数学的兴趣。

## 纵横家苏秦：战国弱雄背后的男人

□王蒙蒙

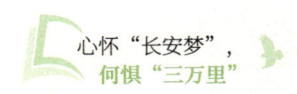

回到两千多年前的春秋战国时期，大大小小一共有一百多个诸侯国在打仗，我们所熟知的战斗力比较强的也有十几个，个个都想当霸主。连年战争下，天下大乱。最后站在巅峰的是七个国家，秦、齐、楚、赵、燕、魏、韩，又被称为战国七雄。

秦国是超级大国，也是霸主的有力竞争者，力压其他六国。战国七雄之间为了相互制衡，很快就生出一套"合纵连横"策略。合纵，是齐、楚、赵、燕、魏、韩六国为了打败秦国而结盟；连横，则是秦国实施计谋，试图瓦解六个国家的联盟，各个击破。

而合纵连横的代表人物，被称为纵横家。

合纵要劝架，需要先瓦解六个国家之间的内部矛盾，才能统一把枪头指向秦国。连横要劝架，需要挨个消除六个国家与秦国之间的矛盾，使他们和秦国做朋友。所以，春秋战国时期，纵横家又名劝架师。

纵横家活跃的时候，已经到了战国末年，此时已经是秦国独大，六国岌岌可危。当时的纵横家苏秦也达到了自己政治生涯的巅峰，成功劝说六国国君联合抗秦，身配六国相印，翻手为云，覆手为雨，和他的师弟张仪，一纵一横，相与显能。

如此传奇的苏秦也并非一开始就取得了成功。虽然他少年勤奋，学业有成，但当他拿着自己的"毕业证书"去找工作时，却屡屡碰壁。走上"六国代理"之路，也并不在他原本的职业规划之中。

苏秦年轻时跟着鬼谷子学习纵横之道，但纵横之道这门课程，听着就是形式大于内容，所以他学习的时候"兄弟嫂妹妻妾窃皆笑之"。学了几年之后，他也觉得没底，于是打算出去找工作，实践一下学到的理论。

他最早不是去合纵六国，而是慕名去了最强的秦国，到了秦惠文王面前，连上十份奏章，说自己有治国良策。但秦国国力强盛，哪里看得上一个初出茅庐、毫无名气的毛头小子？那些奏章与其说秦惠文王看不上，不如说秦惠文王看都没看。

后来，碰壁的苏秦开始发奋苦读，传说他用功到"头悬梁，锥刺股"的地步。一年后他尝试着去游说周显王，却被周显王的亲信算计，最终失败。

这时候的苏秦屡屡败北，钱也花光了，只能另辟蹊径，跑去弱国游说，选来选去，选了最弱的"小虾米"燕国。

苏秦游说燕国的方式很独特——制造焦虑感。不过当时的燕国正处于危急关头，已经很焦虑了。

当时，燕国和齐国是邻居，燕国实力弱，齐国实力强且时不时想吞并燕国，两国关系很紧张。公元前314年，燕国因国君哙让位给丞相之子引发内乱，齐宣王趁乱进攻燕国。燕国举全国之力奋力抵抗，几乎落得全国覆灭的结局，哙也死于这场战乱中。自此，燕国和齐国结下了无法调和的深仇大恨。就在仇恨酝酿到最高点的时候，苏秦来了，带着自己的"谋齐大计"来了。

燕国是弱国，所有国家都对燕国虎视眈眈，包括最强的秦国。现在秦国主要在攻打赵国，而赵国有齐国做盟友，还能再撑一段时间。秦国暂时打不过来，燕国要考虑的主要还是齐国这颗定时炸弹，必须主动出击，开始"谋齐"行动。

所谓谋齐，主要分为两步，第一步是瓦解齐、赵之间的关系；第二步是劝齐国去攻打宋国和楚国，攻打楚国会逐步削弱齐国国力，而攻打宋国就会得罪其他想要攻打宋国的大国。如此一来，齐国就会四面树敌，必将落败。

对齐国怀着国仇家恨的燕昭王早就想报仇了，听完苏秦的计谋，深感相见恨晚，只是离间齐国就需要有人亲入虎穴，于是选择让苏秦前往齐国。苏秦第一次被人重用，甘愿"士为知己者死"，他冒险赴齐，自此开启了自己长达16年的间谍生涯。

结果第一次去齐国没经验，什么都没准备好，队友燕昭王急性子，直接打过来了。最后燕国大败，苏秦也被迫回到了燕国，等待第二次时机。

这一等就是8年。8年后，齐王改变了对外政策，不等苏秦去挑拨，齐王自己和赵国断交了，并且和韩魏关系恶化。苏秦找准时机，再次赶往齐国，开始了第二次间谍活动。苏秦作为燕国使者，又借着练了多年的口才哄齐王，撒谎说其实韩、赵、魏三国都来找燕国结盟，说联合起来一起对付齐国，但我们的国君怎么可能做这么不聪明的事情呢？三国盟约被我们拒绝了，我代表国君特地来拜见齐王。表完忠诚的苏秦一看齐王脸色不错，立即献上50辆战车，收到礼物的齐王看了看苏秦，大悦。

当时秦王向齐王发来"合伙人"的邀请，大意是：我们俩都很强，不如一起称帝，你叫"东帝"，我叫"西帝"。这其实是秦国的一个策略，就是先不去跟大国齐国开战，悄悄把周边小国吞并再说。齐王收到之后，其实有点心动，恰好苏秦在，就随口问了问苏秦。苏秦一听，绝对不能让齐国老老实实待着，自己来的任务是让齐国和韩、赵、魏的关系恶化，要是能得罪秦国就更好了。

于是苏秦劝说齐王不要听信秦王的说辞，并把秦国的真实想法分析了一遍，齐王本来就很信任苏秦，听他说完更觉得这是个人才，想要纳为己用。就这样，苏秦获得了齐王的信任，成功留在了齐国。

此后，苏秦又劝说齐王攻打宋国。宋国虽小，但地势特别，它夹在各个大国之间，齐国动宋国，就等于动了其他国家的利益，包括秦国。秦国还专门派人来阻止，但齐王眼里只有苏秦给他画的饼，根本听不进去，和秦国交恶。

后来苏秦还说服齐王和韩、赵、魏、燕四国联盟，形成表面"攻宋"实际上是攻打秦国的一股兵力，其他诸侯国听说后都很震动，忍不住打探。齐王这时候已经十分信任苏秦了。

苏秦出使各国游说，最终初步形成了五国联军，燕昭王也偷偷打着小算盘，准备趁齐国攻打宋国的时候，燕国可以联合韩赵魏偷袭齐国。但这个计划泄露了，齐王迅速收回攻宋的兵马。但都到这时候了，齐王依旧信任着苏秦，把自己得知的情况，第一时间通知了苏秦。可见苏秦扮演间谍身份是何等成功。那苏秦的间谍身份是怎么被发现的呢？

后来齐国成功灭宋，这使得齐国上了各大诸侯国的黑名单，各国纷纷将齐国视为敌人。在这种氛围下，韩、赵、魏、燕和秦国组成了五国联军直击齐国，这时候的齐王依旧信任着苏秦，严格按照苏秦的布防来部署，最后的结果必然是联军所到之处，齐军毫无抵抗力。这时候，齐王再傻也意识到苏秦的间谍身份了。这些年的信任终归是错付了。

而苏秦，这个在史书上"翻手为云，覆手为雨"的谋略家，最终死于车裂，以一己之力欺骗天下诸侯，只为了对得起燕王的那份信任。

# 渴望的力量

□［法］大仲马　译／周克希

如果你渴望得到某样东西，你得让它自由，如果它回到你身边，它就是属于你的，如果它不会回来，你就从未拥有过它。当你拼命想完成一件事的时候，你就不再是别人的对手，或者说得更确切一些，别人就不再是你的对手了，不管是谁，只要下了这个决心，他就会立刻觉得增添了无穷的力量，而他的视野也随之开阔了。

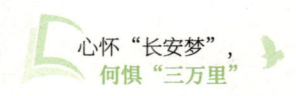

# 认知偏差里的收入

□ 邢海洋

腾讯的员工平均月薪7.06万元，华为的员工年薪70万元，中金公司、中信证券的员工98万元、89万元的平均年薪更让人羡慕。这似乎是一个劳动者大丰收的时代。但如果我们以此来衡量自己的收入，很可能陷入一种选择性认知，高估了周边人的收入。

心理学上有个词叫作"选择性关注"，当我们有了一种观点后，大脑和眼睛都会先入为主，带上了倾向性，自动找寻和这些相关的信息或现象，以证明自己的观点是对的。

为避免选择性偏差，不妨看看统计年报。先看上市公司的年报，那可是中国企业里的佼佼者，至少都是融资能手，已经从股民那里获得了廉价的资金。以2020年为例，剔除去年员工数目变动较大的上市公司，在不含高管的情况下，A股上市公司员工年人均薪酬的平均值为15.46万元，月薪轻松过万了。当年全国城镇非私营企业就业人员年平均工资为9.74万元，平摊到月是8100元。再看私营企业，年平均工资为5.78万元，平摊到月是4800元。

按照统计公报，全国就业人员75064万，其中城镇就业人员46271万，城镇非私营企业就业人员17039万。据此，我们可以大致勾勒出一位职场人士月收入的可能性。如果你是上市公司员工，平均月薪1.29万元。但首先你得足够幸运，A股公司员工有2600万，只占到全部就业人口的3.5%，全部人口的1.9%。如果你足够努力，进入了一家国有或民营企业，你的月收入可能达到8100元，但这也是个相当幸运的比例，在就业人口中只占22%，剩下的私营企业员工占就业人口的78%，平均月薪还不足5000元。

即使在上市公司里，占绝大多数的制造业的员工工资也被金融和高科技行业的高薪拉高了。比如比亚迪，这家位于深圳的加工制造业巨无霸，也是电动汽车的领跑者，高管和管理层之外的人均年薪仅10.33万元，按月是8600元。

薪酬统计中其实中位数远比平均值更有现实意义。一位CEO的收入往往是普通员工的几十倍或几百倍。有一项研究显示，2020年标准普尔500家公司CEO的收入是普通员工的299倍，这意味着如果算平均值，299位员工的收入被一位CEO平均了。在国内，A股中的很多国企，高管和基层员工的收入没有海外悬殊，但中位数仍更能显示大多数基层员工的收入状况，只可惜上市公司欠缺这方面的统计。但收入分配的"二八定律"乃至"一九定律"是无远弗届的，尤其是中国的基尼系数一直在警戒线0.4之上徘徊。收入差距在私营企业里表现得最为明显，这里是劳动密集型企业的聚集区域，大比例的低收入员工拉低了总体收入水平。

由于技术原因，国家统计局至今还未公布职工收入的中位数情况，但居民可支配收入的中位数公布了。2021年，全国居民人均可支配收入中位数为29975元，是平均数的85.3%。当收入被平均，觉得拖了后腿的时候，往往是平均数和中位数的差距在"作祟"。

一些第三方机构试图弥补中位数和平均数的欠缺。36氪发布的中国主要城市薪资数据聚焦的是薪资中位数，得出的结果让人大吃一惊，比如2020年北京职工以1.39万元的平均月薪排在了各大城市之首，可在36氪的统计里，中位数虽也居首，却只有6900元。类似的，深圳平均月薪1.14万元，中位数是5200元，诸如东莞、佛山等制造业集中的城市还不足4000元。

月薪能达到1万元的人，真不是大家想象中或认知中的那么多。虽然在大城市生活，住合租房、挤地铁、还着巨额房贷，万元收入看似是标配，但放眼全国，真的没有想象中多。

## 有些表象会"骗"人

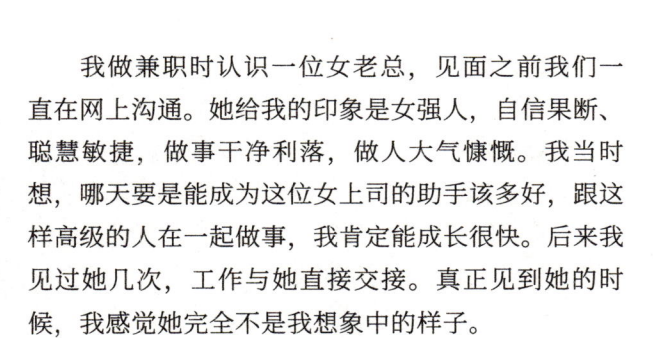

□ 罗 茜

我做兼职时认识一位女老总，见面之前我们一直在网上沟通。她给我的印象是女强人，自信果断、聪慧敏捷，做事干净利落，做人大气慷慨。我当时想，哪天要是能成为这位女上司的助手该多好，跟这样高级的人在一起做事，我肯定能成长很快。后来我见过她几次，工作与她直接交接。真正见到她的时候，我感觉她完全不是我想象中的样子。

她经常讲起自己穿衣打扮的高级品位，然而现实中的她有些不修边幅；她在电话里的声音大气自信，然而刚挂掉电话，她就开始数落对方的不是；她总是说员工跟着她干，将来的收获会多么丰厚，然而始终没有明说目前能拿到多少报酬；她说喜欢我的耿直和踏实，想给予我好的工作机会，却因为我不懂得讨她欢心直接被她淘汰。

我之前公司的一位老总，他给人的印象是意气风发、豪情满满、激情澎湃、想法十足。他给刚入职的员工描述新项目的未来，说我们都有机会成为行业的风向标；他给我的职位极高的定位，说我要往他的总经理职位发展；他下达的工作任务通常只有几句话，剩下的所有细节要求我们自己搞定，说这是给我们锻炼的机会。

然而，实际情况是：新项目进展十分缓慢，拖沓不前；我的工作需要直接跟他汇报，但汇报的时候他迟迟没有答复；他有极强的控制欲，几乎每次都在我做的事情上横加修改，一定要表示他的想法比我的好；即便他亲自插手的工作，出现错误后，也会把责任推给他人。然而，更不幸的是，他喜欢对他逢迎拍马的人，我这样的个性，自然被他冷落。

这样的两个人，他们人到中年，有车有房有事业，属于大众眼中的成功人士。看他们日常的朋友圈内容，一派高大上的生活场景，可谓一呼百应。但现在我想起他们，有种被"骗"的感觉。我认为自己浪费了那段跟着他们的工作时间，遇人不淑，赶紧止损。

所以"人设崩塌"是很常见的现象，没有十全十美的人。再优秀的人也一定有弱点，无论他隐藏得多么好，都可能会暴露。我学到的经验教训是：不要轻易地凭表面就判断一个人的好恶，不要轻易地被一些太完美的说辞打动，不要看一个人备受好评就觉得他完美无瑕。

保留自己的判断力，不要轻易被"骗"。

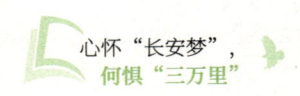

# 生活中的"香蕉原则"

□[美]塔尼亚·露娜乔丹·科恩 译／佚 名

早上9点，在公司纽约办公室，一名叫乔丹的雇员前往第五层的厨房去拿免费水果——公司为雇员提供的健康福利。在抵达厨房后，他又看到了熟悉的一幕：香蕉没了，只有橙子。当其他满怀希望的雇员来到厨房发现香蕉已经被拿光时，他们也不会去拿免费的橙子，而是默默地走开。这些人都怎么了？难道公司弥漫着憎恨橙子的亚文化吗？

事实并非如此，全美数百家公司观察到了类似的现象。我们已将其视为"香蕉原则"：人们总是会先拿香蕉，最后才会选橙子。

这并不是说香蕉在客观上比橙子更可口。它们之所以受到了不同的待遇，理由只有一个：哪个更容易剥。

让我们通过另一种现象来分析这一问题，譬如摩擦。摩擦能够降低前进的速度。大多数火车会在轨道上涂抹油脂来减小摩擦。

一个世纪前，哲学家吉尧姆·费列罗提出，人类社会的运行奉行最省力法则：如果有多条道路可选，人们会选择最好走的那条。最近，哈佛大学心理学家肖恩·安珂认为，人们在行事时会选择在开始后能够节省20秒的方式。我们忍不住将剥香蕉的时间与剥橙子的时间进行了对比，结果两者之间的时间差刚好接近20秒。

美国1stdibs公司有着热情好客的文化，但是与很多高增长型公司一样，其新雇员未能得到老雇员的足够重视。原因何在？人们很难认出哪些是新人，也难以记住这些新人需要一些额外的关照。因此，1stdibs人力团队决定为每位新雇员发放一个气球，上面写着"在1stdibs的第一天"。这些气球飘浮在新人办公桌上方，默默地提醒着老员工向新人介绍自己，并为其提供支持。

我们合作过的一家咨询公司使用香蕉原则来促进跨团队合作。无缝互动之间存在着什么样的摩擦力呢？其实就是门和腿的问题。是的，走到某人的办公室前，然后打开门，听起来并不费劲，但一涉及人事，连这点小事也是一件了不得的事情。

为了克服这种摩擦力，这家咨询公司设置了多个可供雇员随意使用的无门空间。然后，他们更进一步预订了带有轮子的椅子和桌子，以便轻松地调整桌椅的方位，无须用力地拖拽。

即便你无意重新设计办公室，也应该考虑如何通过重新组合办公空间来促成目标行为。希望某些人能够与他人更多地交流？让他们坐在相近的位置，或者为他们提供共用的空间。希望雇员更多地进行思考？在每个房间搭起白色写字板，或在每个房间放置大量的易事贴。希望鼓励雇员提供更多的反馈？打造私人对话空间，或分发当地咖啡馆的礼品券。希望雇员更多地重复利用物品？在办公室的不同角落放置大箱子。

然而，如果你的目标是叫停或减少这种行为，该怎么办？那你就应该从橙子而不是香蕉那边取经。也就是引入更多的摩擦力。例如，如果你不喜欢青少年在你公司周边闲逛，你可以对他们进行训话或设置警示性标语，但是这些策略对处于叛逆期的青少年来说很难奏效。如果用香蕉原则解决这一问题，我们可以让这些游荡青少年难以在此处获得愉悦的体验。

伦敦的两条地下通道便采取了这一举措，这两条通道曾饱受青少年游荡这一危险问题的困扰，人们在通道内安装了粉色灯光，立即吓跑了在这里游荡的青少年。为什么会如此奏效？因为粉色灯光会凸显他们脸上的粉刺。

香蕉原则在小范围内同样奏效。例如，网站建造公司Squarespace希望在雇员培训期间减少一心二用的现象。他们深知，"无手机"政策并不适用于其视科技如命的雇员。因此，人力团队在员工和其手机之间引入了摩擦。他们在每个会议室放置了一箱子小玩具，从风车到螺旋弹簧，以分散员工对其手机的注意力。如今，雇员们在培训期间都在摆弄玩具，而不是翻看手机。

我们看到，很多公司在敞开式工作环境中使用头戴式耳机，这便是"橙子"原则的典型应用，其目的是阻止"敲肩膀"和"快速问答"，因为戴着耳机会为闲聊带来些许不便。然而，与我们合作的一个团队发现，即便是耳塞式耳机也难以完全阻止闲聊的发生，因为同事只需在对方眼前挥挥手。为了增强"橙子"效应，团队经理给每个人分发了一副红色大耳机，结果聊天现象便出现了大幅下降。

大家可以看到，香蕉原则的力量源于其简单明了和潜移默化的特性，而橙子原则，则是增加行事的阻力。因此，下次当你尝试说服某人甚至你自己改变某种行为时，不妨思考一下如何改变摩擦力水平。人们应通过各种方式让积极的行为像"香蕉"那样大受欢迎，而让消极行为获得像橙子那样的下场。

# 品　牌

□［德］埃尔克·海登莱希　译／徐　畅

弗兰齐有一件灰色的羊绒衫。不知怎的，羊绒衫的后背上出现了一个洞，是虫蛀的。弗兰齐找不到灰色的织补线，有点不耐烦，然后她发现了米色的线。弗兰齐对时尚不是很精通，但她不希望毛衣上有个洞，这个洞是肯定得补上的，但是，要专程进城一趟去买灰色的线吗？那太麻烦了，而且洞是在后背上，其实如果用米色的线……也行吧？不行。补完以后她自己就知道了：看上去非常糟糕。但是说到底，那是在后背嘛，反正也不太引人注目。

但其实真的挺引人注目。每个人都说："你那儿落上鸽子屎了……啊不是，不是鸽子屎。""那是个补上的洞。"下一个人说："你后背上有一个……那究竟是什么东西？""我没有合适的线。"弗兰齐解释说，稍微有点烦躁。"你后背上那是什么，是不是……""是个洞，用别的颜色的线补的。"

弗兰齐有点后悔了。她把羊绒衫翻过来穿，让补过的一面朝前。"那是什么？"英格丽德问。"这个啊，"弗兰齐如今学会新招了，"这是个日本人的牌子。很新的。石黑高桥。他做的开司米羊绒衫上总有这么一个地方，作为品牌商标，你知道，就像……呃……那条鳄鱼……"

"太棒了，"英格丽德说，"很醒目，我也想要了。你是从哪儿……"

"很难很难搞到，"弗兰齐说，"要等好几个月，而且得花一大笔钱。"

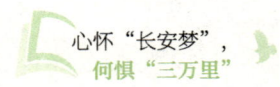

# 西瓜原来是"稀瓜"

□陈 峰

## 西瓜,降暑之"神器"

据明代徐光启《农政全书》中记载:"西瓜,种出西域,故名……"来自西域的瓜,因此叫"西瓜"。民间有一种说法,神农尝百草的时候,发现这种瓜,品尝后发现水多肉稀,因此以"稀瓜"为名,后来传着传着就变成"西瓜"了。还有一种说法,张骞出使西域时,将西瓜带了回来。不过西域在汉代是一个非常广泛的概念,狭义上指甘肃玉门关以西,葱岭(今帕米尔高原)以东,以及巴尔喀什湖、新疆广大地区;广义上指中亚、西亚等能通过狭义西域到达的广阔地区。广西和江苏汉墓出土的西瓜籽,就是西瓜传入我国的佐证。

文献中有详细记载西瓜的是欧阳修撰写的《新五代史·四夷附录》,书中说有一个叫胡峤的县令,被迫留在契丹7年,这期间他在上京(今内蒙古赤峰市)一带的平原见到过"西瓜"。契丹人向回纥人发动战争时得到了西瓜种子,并且改良了种植方法——"以牛粪覆棚而种",种出的瓜味道可口,"大如中国冬瓜而味甘"。

南宋绍兴十三年(1143年),被金朝扣留15年的南宋使节洪皓南归,他将西瓜的种子带回南方,并在皇家苗圃里栽种,专供王公大臣食用。不过,很快种子便在民间传播开。后来南宋诗人范成大在开封城郊外看到了西瓜大规模种植的景象,便写下了"碧蔓凌霜卧软沙,年来处处食西瓜"的诗句。

到了明清时期,北京南部的大兴等地还专门设有为皇室进贡西瓜的瓜园,据说康熙皇帝为了在冬天也能吃到西瓜,还命人挑选优质种子送往台湾种植。

## 康熙帝盛赞的"瓜中之王"

西瓜耐旱不耐湿,适宜在干燥、温暖且光照强的环境里生长。

我国作为世界上最大的西瓜产地,从南到北皆宜种植,各地的西瓜还带有各自的风味。

山东是我国的农业大省,也是西瓜种植面积最大的地区之一,潍坊的昌乐、安丘,济宁的泗水,临沂的沂水,菏泽的东明、单县等,皆为山东西瓜的主产地。山东西瓜,表面条纹清晰,皮薄汁水丰富,肉质脆嫩爽口,甜度极高。

作为瓜果之乡的新疆,冬冷夏热,全年降水量少,日照充足,适宜水果糖分的积累,这里的西瓜不仅个头大,而且味道极甜,瓜瓤又沙又脆。小时候听过这样一句形容新疆西瓜的谚语:"早穿皮袄午穿纱,围着火炉吃西瓜。"此情此景,简直太幸福了!

宁夏西瓜曾被康熙帝称为"瓜中之王",宁夏的种瓜历史距今已有1000多年,那里夏季炎热少雨,日光照射时间长,昼夜温差大,让糖分与维生素在瓜内短时间聚集。宁夏硒砂瓜呈椭圆形,个头大、瓜皮厚、果肉粉红、甜脆沙香,当地积极推广种植。

南方的西瓜"代表"也不少，如湖北宜城流水镇，被称为"湖北西瓜第一镇"；南宁苏圩镇也有"西瓜小镇"的美誉，以嫁接技术为主而进行种植；海南更是一年四季都能"吃瓜"，其中最为出名的便是台湾的"特小凤"，瓜肉呈金黄色。想必文天祥笔下《西瓜吟》中的"千点红樱桃，一团黄水晶"，描写的便是这种瓜吧。

俗话说，"夏日吃西瓜，药物不用抓"。暑夏最适宜吃西瓜，不但可使人们解暑热、发汗多，还可以给人体补充水分，堪称"盛夏之王"。将一个小西瓜对半切开，用勺挖着吃，先吃最甜的瓜心，再一勺一勺往外挖，一直吃到青绿的瓜皮。瓜皮别扔，刨掉表皮，腌渍一下，则是一道爽口凉菜。

# 为什么电影院不像演唱会一样按位置定价

□佚　名

为什么电影院不能像演唱会那样，按位置不同定票价？

在经济学家们看来，这个问题简单得就像"为什么有的苹果5元一斤，有的却能卖到100元一斤"：当你占有稀缺资源的时候，就要想办法制造各种区别待遇，来尽可能多地获取利润；而当你拥有的是与竞争者类似的资源时，要做的则是竭尽全力提升用户体验，做好细节服务，通过差别化的优势来获得更多客户青睐。

所以，拥有演唱会资源和拥有电影资源的商家，分别选择了对自己最有利的方式来获取高额利润。

一位歌手同一时刻只能在一个场地演出，再厚颜无耻的"捞金"巡演，也不会在一座城市里连续办上若干场，间隔至少要有半年。所以，演唱会无疑是一种只能在现场体验，并在记忆里留存的稀缺资源。

相对于演唱会来说，电影就不算稀缺资源了。全国大大小小的电影院同一时间会放映相同的电影，越是热门电影，上映的场次就越多。加上2010年以来，影院数量迅猛增长，商家们就只能拼服务和体验了。

演唱会是卖方市场，看电影则是买方市场。

再热门的电影，在工作日的白天也是上座率寥寥。影院推出各种团购券、会员卡、赠票活动都无法让上座率过半。搞阶梯票价？大把的观众会拿着最低价的票坐到最好的位置上。

另外，中国的电影院越来越多，看电影的人越来越多，电影放映厅却越来越小——百人规模的小放映厅已经成为标配。这样既有利于影院排片的安排，节约成本，也有利于随时调整。在这样迷你的放映厅里，坐在最后一排的观众不用准备望远镜，坐在边上的观众也不用担心扭到脖子，所以实行阶梯票价完全没必要。

实际上，看电影依然和看演唱会一样，有不同的价位选择——是的，不是座位的位置，而是影院的位置。一线、二线、三线城市的票价自然不同，同一座城市黄金地带和郊区影院的票价差别也很明显。既然已经有了这么复杂的价格体系，电影院又何必再费力地把一个影厅的座位分三六九等呢？

# 短

□ 马 德

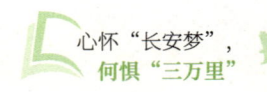

偶尔在岳父家住，晚上睡觉是个问题。岳父家是冀中平原的老房子，屋小，炕短，我一米八的个子，根本伸不开腿。每次眠于此，梦境都差不多，梦到自己钻进了一个十分窄憋的地方，手脚蜷缩着，动弹不得。醒来后，疲惫得不行。

岳父说，炕短了，还真是个问题。

多年前，读《屈原列传》，读到"卒使上官大夫短屈原于顷襄王"，觉得这个"短"字如此扎眼。这句话的大意是说令尹子兰特别憎恨屈原，于是让上官大夫在顷襄王那里说屈原的坏话。这里的"短"，有"诋毁"或"说别人短处"的意思。

后来，再去品咂"五短身材"，便觉怎么也算不上一句好话。五短嘛，除了四肢和躯干，大有言外之意和弦外之响。武松的哥哥武大郎，不就被五短了吗？《水浒传》中还有一个叫矮脚虎王英的，也生得五短身材，上梁山之前，在清风山落草，小说中对他的描述是"生性好色"，于是便演绎了一段清风寨知寨刘高之妻上坟，王英领着一众喽啰，抢她去做压寨夫人的故事。

有短大抵就不怎么好。有道是"拿人家的手短，吃人家的嘴软"，大概要说的是，做人要节制、有分寸、不贪不恋。毕竟，随便拿别人的和吃别人的，都会落下亏欠，将来在一些问题的处理上，就会被动和尴尬，不像不欠的时候那么理直气壮。

《朱子语类》中说包拯在庐州（今合肥）求学的时候，当地有一富豪请他和同学吃饭，同学欣然准备前往，包拯却不愿去。包拯说："彼富人也，吾徒异日或守乡郡，今妄与之交，岂不为他日累乎？"日后，包拯考取功名，果然做了庐州府知州，倘若此前成了富豪家的座上客，就很难再秉公执法了。

也曾见一有名头的人物，受制于宵小之辈，要他往东他不敢向西。大家都不理解，觉得凭此人物的地位和影响力，何至于被这种人玩弄于股掌。旁边一老兄言道：想必，有什么短处捏在人家手里吧。想起若干年前，一村妇对丈夫呼来喝去，颐指气使。有人看不惯其泼妇状，说男女平等夫妇也应该平等，你凭什么这般对待你的男人。哪料，村妇冷笑一声，说，他有把柄在我手里。把柄是什么？应该就是被捏住的短处吧。也或者可以这样理解，人一旦被他人抓住了把柄，难免就会短人一截。

眼界不够，气度不够也不成。《世说新语》中就对王戎颇有微词，说王戎家有好李，他怕别人得到种子，卖李子的时候还要"恒钻其核"。王戎贵为魏晋时期的"竹林七贤"之一，如果此说确切，恐怕也是其做人的一个短处。当然了，人有短，总归是不想让人提的。有道是：打人莫打脸，骂人不揭短。这

"短"是什么呢？就是人性当中不明媚的部分，人生当中不光彩的部分，就是鲁迅先生所谓的"皮袍下藏着的'小'"。是的，有些短，必然会影响气度，必然会伤及格局。还有一个词叫"寻短见"，倘若向这个词相反的意思上推溯，一个人若见识足够长，看得足够远，是不是会避免类似的悲剧发生呢？

目空一切的人，觉得世界皆短；刚愎自用的人，觉得自身无短；唯日可三省吾身的人，能见己之短，可寻人之长。所以，有短要不得，有短而护短更要不得，要学会反躬自省，要尽可能避短扬长。

想当然地认为他人有短，本身就是一种短。譬如，常把"头发长见识短"挂在嘴边，便是根深蒂固的偏见。在这里，我其实想强调一下，偏见差不多该算全人类的一个短处吧。

# 争与让

□ 黄永武

春秋时期养由基最善射箭，能于百步外射穿指定的柳叶，百发百中，当他射到第一百发时，人人鼓掌叫好，却有一位老者在旁对他说："你有如此本事，我可以开始教你了！"养由基有点生气，蔑视老者说："你有多大本事？能教我什么？"老者捋须微笑着说："我不是要教你拨箭钩弦，而是教你不要再射了！再一箭射不中，刚才的一百发，岂不就全完了？"

老者不是教他争胜，而是教他谦让，让才可以戒盈戒满。

中国人为什么提倡"让"？这是为了安全。宋代的高人林和靖就认为：在大江上张满了帆篷，在平地上驰骤着快马，没人赶得上，是天下最得意的快事，但也是最可忧的危险。他主张"处不争之地，乘独后之马"，任由别人去嗤笑，却是最快乐安全的。

袁枚也告诉他儿子说"骑马莫轻平地上，收帆好在顺风时"，大凡猛着先鞭，轻舟似箭，最不能轻忽，懂得早日收敛，才最安全。

基于上述理由，东方文化推崇"让"，像杨椒山的家训里说："宁让人，毋使人让我；宁吃人亏，毋使人吃我亏。"便成为中国人公认的美德。

当然，中国人也不是不主张争的，全看争的是什么。

例如，曾国藩主张趋事赴公则应该用强的方法争先，争名逐利则应该用谦的方法退让；开创家业则应该用刚的方法争先，守成安乐应该用柔的方法退让。

而黄昶则认为："让"虽是最优美的德行，但忠孝廉洁的大事决不可让；"争"虽是极漓薄的风俗，但纲常名教的大节不可以不争。

曾说的争先是为了"提得起"，退让是为了"放得下"。黄说要争的是忠孝名节的人格，其他物欲种种，都可以退让。

此外，中国人主张君要有争臣，士要有争友，用言语来谏诤，能消恶而成善，避祸而迎福，这种争反倒是大吉祥。

中国人更重视自我的"争气"，俗语说"家有一争子，胜有万年粮"，争气的子弟才能使父母家族扬眉吐气，比什么财富勋业都可贵，中国人的争，是要争在自我品格的成就上。

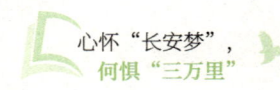

# 古人为什么没有标题党

□ 熊 建

古代作者不在书上题写名字，是"学术为公"的体现，但其实更是当时成书条件制约的结果。

古书成书比今天要复杂。今天往往一书对一人，《傲慢与偏见》是简·奥斯汀写的；提起老舍，大家马上就能想起《骆驼祥子》。

古书可没这么清晰的"一对一"关系，经常是"一对多"。一本书往往不是一个人写的，而是成于众人之手；往往不是一个时期写定的，而是经历几十年上百年才能编定。

如此一来，书名便成了一笔糊涂账。今天的作者写书、写文章，在书名、标题上可谓煞费苦心，唯恐语不惊人；尤其是做传媒的，更是把拟标题作为非常重要的工作，以至于有"标题党"的称谓。反观古书的名字，起得就随意率性得多了。

春秋时期以前没有私人出书这回事，全是官方出品，书名的官方色彩也就很浓厚。比如鼎鼎大名的《春秋》，是鲁国官方历史书，记录每年、每季、每月、每日发生的事，春夏秋冬，无所不包，所以单独拎出春秋两季做代表。

很多古书的名字、篇名就是简单摘取第一句话的头两个字，跟内容关系不大。"蒹葭苍苍，白露为霜。所谓伊人，在水一方。"出自哪里呢？《蒹葭》。蒹葭是两种水草，泛指芦苇，这首诗讲的是爱情，跟蒹葭的联系在哪儿呢？《论语》也是，第一篇叫《学而》，因为第一句是"学而时习之，不亦乐乎？""学而"甚至都不是一个完整的词语。

古人写书，多是写完一篇发一篇。把这些分散的篇目收集、编辑到一起成为一本书，一般都是门下弟子或者再传弟子的功劳。给先师的书编好了，为了表明家法，为了说明自己所在学派的渊源，就拿祖师爷的名字当书名。比如韩非，他在世时写出了《孤愤》《五蠹》《说林》等单篇文章，十多万字，是法家后学把这些文章汇总成为《韩非子》。

所以，古人写书往往是随时随地写下，但自己又不整理，自然也不会起书名了。有一个故事从侧面证明了这一点。

司马相如临终前病得很厉害，汉武帝说："赶紧派人去把他的书全部取回来。如果不这样做，以后就散佚了。"派去的人到他家时，司马相如已经死了，而家中没有一本他写的书，就问卓文君怎么回事。卓文君说："我老公本来就不曾有过自己的书。他时时写书，别人就时时取走，因而家中总是空空的。"

自己给自己的书命名成为一种通例，则是在汉武帝罢黜百家之后。文人写书，没人给往下传了，不得不自己编辑自己的书。从这时起，桓宽的《盐铁论》、刘向的《说苑》、扬雄的《法言》等出来了，作者与书的对应关系才逐渐紧密地建立起来。

# 不惊醒睡觉的蝴蝶

□唐宝民

近读著名作家冯骥才先生的书，读到了这样一段令人感动的文字："一次在西塘的河边散步。路边一个人家，用一根细木棍支着一扇窗户透气，此时天已经凉了，窗台上摆着一个花盆，屋内的一位老太太想把花盆拿进去。她拿起花盆的时候，花儿上正落着一只蝴蝶，可能睡着了。老太太把花盆拿起来时，轻轻地摇了一摇，似乎怕惊吓了这只蝴蝶。蝴蝶飞走了以后，她才把花盆拿进去。"看完这一幕，冯骥才特别感动。

这个温暖的片段，唤醒了我的记忆，因为多年前，我也曾经见到一幅类似的温馨的画面。

那时，我还在齐齐哈尔市的一所林业院校读书，有一年夏天，我因身体不好请假回老家。我的老家在牡丹江市海林县，从齐齐哈尔坐火车，要坐整整一天才能到达。

中午，列车到达哈尔滨站，上来一些乘客，有一个三十多岁的中年男人坐在了我对面的座位上，我们坐的都是三人席，我俩坐的都是靠边的座位；对面靠窗的座位坐着一个中年妇女，她带着一个七八岁的小女孩，应该是她的女儿，小女孩就坐在母亲和刚上来的那位中年男子中间。

下午两点多，那位母亲有些困了，趴在桌子上睡着了。过了一会儿，小女孩显然也困了，便也伏在桌面上睡着了。我对面那个中年男人没有睡觉。过了大约一小时吧，我看见对面的中年男人脸上的神情有些焦急，再仔细一观察，这才发现，原来，睡觉的小女孩的脸正压在这个中年男人的手背上，应该是当时中年男人把手放在了桌子上，那个女孩忽然间趴在他的手背上就睡着了……女孩儿和母亲睡得很香，都能听到两个人的呼噜声。被压着手的中年男人的神情依然有些焦急，但他的手丝毫没有动一下。这样又过了近一小时，那个女孩儿忽然醒来抬起了头，然后迷迷糊糊地去推她母亲。这个时候，我发现中年男人脸上的神情一下子放松了，他立即站起身来，朝卫生间走去。

这时，那位母亲已经被女儿推醒了，两个人在说笑着什么。中年男人从卫生间回来，满脸轻松的模样，什么也没说，静静地又坐回到自己的位置上。又过了半个多小时，列车好像到了横道河子，母女俩便拿起行李包下了车，这期间，中年男人和她们始终没有说过一句话。所以，除了我，周围的所有乘客，包括那对母女，都不知道这个中年男人付出的善意：为了不惊醒熟睡的小女孩儿，他忍了那么长时间没有上厕所！这虽然不是什么惊天动地的壮举，却依然令人感动。

今天，当我读到冯骥才先生讲述的这个细节时，便联想到了当年自己看到的那温馨的一幕，并再次被这种无私的善意感动了。

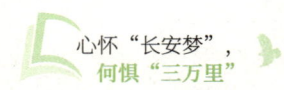

## 细微处

□ 阎晶明

鲁迅对青年的关心常常体现在别人很可能并不在意的细微处，细节中。在北京大学读书的青年尚钺，就曾在《怀念鲁迅先生》中记述过这样的点滴，读后让人颇多感慨。

尚钺回忆说，有一天，他听说鲁迅生病了，当晚即赶到鲁迅家里探望，发现鲁迅并没有休息，而是在帮助文学青年校对《莽原》杂志。询问之下，鲁迅说自己只是感冒，刊物又等着出版，所以要尽快编校好。尚钺主动提出帮着完成后面的校对。拿到校样后，他才发现，原来自己用潦草的字迹写成的文章，给鲁迅校对带来太多的麻烦。但鲁迅从来没有提出过让他把字写得更工整些的要求。于是他抱歉地说："先生早就应该叫我把稿子重抄一遍的。"鲁迅却微笑道："青年们总有一个时期不免草率一点的，如果预先规定一种格式或一种字体来写，恐怕许多好文章都消灭到格式和字体中去了，目前的问题，只是写，能写，能多写，总是好的。"鲁迅还对一位青年作家的稿件做了特殊标记，说不确定是否一定要修改，需听听作者本人的意见。

这些细小的情节，读来既让人怀念，又令人神往。不知道在什么时候、多大程度上可以重现。

## 渐境

□ 郭华悦

美好的事物，都有一个渐进的过程。

比如看小说和影视剧，又或者欣赏表演，最精彩的部分往往只有最后那么一点。那么前面的部分只能算是浮沫吗？也不见得。如果把前面十之八九的篇章当成无用的浮沫，直截了当地抹去，一上来就亮出最精彩的部分，结果往往不如预期，甚至会令观者云里雾里，观感大打折扣。

怎么会这样？要令人感受深刻，就得一层层地铺陈外头的迷障，把精彩包在核心之中。在这一点点的铺垫中，观者渐入情境，情绪被一步步带上去。等到观者的情绪到达巅峰时，再把最精彩的部分抖出来。这么一来，才能产生最好的效果。

有时候就是这样。两场表演，效果迥异，不见得就是表演者实力间的差距。实力相近，但一方一上台就直接亮出撒手锏，观者还没进入情境，脑子恐怕还不清楚，表演就已经结束了。而另一方则懂得循序渐进，一步步引领观众渐入佳境，在情绪到达巅峰的时刻，再亮出自己的绝招。这么一来，明明实力差不多，效果却天差地别。

其中，差别就在于渐进。好的事物，好的成功，或者令人印象深刻的表演，需要的不仅是最后的精彩，还需要一个可供培养情绪的渐进境界。

人生中，有渐境，才美好。

仅有一次的人生，
我不想说抱歉

# 生命在时间里行走

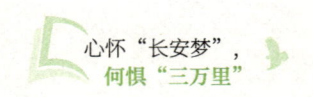

□吕 游

## 1

这一滴雨是什么？是时间。这一朵雪花是什么？是时间。没有时间，这一滴雨、这一朵雪花是如何从高高的天上落到地上的？

从一小点到一米八的大高个，孩子是何时长高的？没有一天天时间，他长得高吗？

雨雪在时间里落下，生命在时间里行走，人生在时间里度过，我们都在与时间同行。

时间是把雕刻刀，它正在一点一点地改变着一切，整个世界、每个人都是它的原创作品，谁也难抄袭、模仿谁。

## 2

朋友聚餐，一桌饭菜香味扑鼻、美味可口。其实，他们吃的不仅是山珍海味，还吃着一桌香甜的时间。

全家人在郊外风景区游玩，度过了快乐的一天。其实，他们不仅游玩着秀山丽水，还游玩了一天美好、绚丽的时间。

## 3

记得女儿很小时，我领她逛过一次书店，买了一本书。当时女儿3岁，我35岁。

没想到退休后第一次读这本书时，女儿已经30岁，我60多岁了。

女儿长大了，书也长大了吗？我老了，书也老了吗？

一本《诗经》，都两千多岁了，老不老？可每首诗至今读起来却还是那么年轻！

原来，生命输给了时间，时间输给了好诗。

## 4

世上最贵的手表用钻石黄金打造，价值近4亿元人民币。用这样的表，真是一寸光阴一寸钻石一寸金了。

戴这样贵重表的人，真的把一寸光阴都当成一寸钻石一寸金了吗？

其实，钻石黄金表与普通表，走的时间是一模一样的。

时间不认识黄金钻石，只认识时间。

## 5

时间有多种计算方法。日出、日落，月缺、月圆，自然式的；挂钟、手表，机械式的；手机、电脑，电子式的；原子钟，原子式的；日历、月历，纸张式的；花开、花落，发芽、结果，植物式的；白发、黑发，颜色式的；细腻、粗糙，皮肤式的；天亮、天黑，亮度式的；失去、得到，人生式的；出生、死亡，生命式的……田径场上的决赛，是在有限的路程内看你跑了多少时间；人生路上的决赛，是在有限的时间内看你跑了多少路程。

## 6

"时"，由"日"与"寸"组成，将自己的所有日子都用尺子一寸一寸地仔细量着过。

"间"，由"门"与"日"组成，把自己的每一个日子都关进门里,不让它们在街上随随便便地乱跑乱逛。

原来,时间更不愿丢失时间,时间更珍惜时间。

### 7

时间摸不着、看不见、闻不到,它制造出来的东西却让我们摸着了、看见了、闻到了。

过去了的时间我们谁也看不见,可它支撑起了厚重历史;未来的时间我们谁也看不到,可它就在前方向我们招手。

无形的时间让我们拥有了有形的一切,有形的一切也会被无形的时间一一夺走。

### 8

人生苦短。一天、一月、一年当然短,十年、二十年也短,半个世纪、七十古来稀还是短,即使活到百岁还觉短……最长的是时间,因为它没有尽头;最短的也是时间,因为它瞬间就过去了。

时间无限,那是面对宇宙;时间有限,那是面对一个人。

时间长得像时间一样长,时间短得像时间一样短,时间慢得像时间一样慢,时间快得像时间一样快。

### 9

人总好计算自己的得与失、赔与赚,却很少有人去计算自己的时间。人们只为拥有财富而欣喜,可又有谁为拥有很多时间而欣喜呢?常有人为丢了钱、丢了爱情而痛哭,有谁为丢了时间而痛哭呢?

有人输了生意、事业,有人输了友谊、官司,有人输了爱情、婚姻,有人输了健康……其实,我们都输给了时间。

### 10

人总好在时间中等待时间,在时间中寻找时间,在时间中思索时间,在时间中感叹时间,在时间中抱怨时间……时间从不会停下等你,当你刚写下"时间"二字时,时间已过去了;当你正为丢失时间懊悔时,你又丢了一段时间;当你想方设法挽回丢掉的时间时,你又失去了一大截时间。

时间如一把镰刀,把岁月割得遍体鳞伤,也把自己割得浑身是伤。时间从不宽恕自己。

新的时间毫不留情地吃掉了旧的时间,新的时间转眼又被更新的时间所吞噬……

### 11

至今,我仍保存着以前的一些邮票,花花绿绿,一张又一张,夹在书本里,像夹着一张张过期的时间。

时间过期了,只能凝固在这些邮票上,永远也活不了了。

我抚摸着这些邮票,仿佛触摸到了50年前的时间。过去的时间与今天的时间相会了。

人会变老,在那些旧邮票上,我仿佛摸到了时间的皱纹,隐约看到了时间的白发。

人有白发还可染成黑发,时间的白发永远染不成黑发。

### 12

有人伸出一只拳头,说是抓住了时间,可是时间太瘦,指缝太宽,所以时间总是被一点一滴悄悄漏掉。

有人张开一双臂膀,说是抱住了时间,可时间无影无踪、巨大无边,你抱得住时间吗?

人,总是一只手抓住了时间,另一只手又放跑了时间。

时间是一张网眼太密的网,一次只能漏下一秒;时间是一张网眼太大的网,一生一世瞬间就漏下去了……

---

# 月 夜

□沈尹默

霜风呼呼地吹着,
月光明明地照着。
我和一株顶高的树并排立着,
却没有靠着。

## 瞬间的意义

□ 韩浩月

一部电影里有这样一个情节：男主角在一辆旧式汽车的驾驶位上打开一张字条，迅速地扫了一眼，然后移开视线。

不必担心，作为观众的经验会告诉我们，字条上的内容，他一定在那个瞬间烙印般刻在脑海里，敌人的严刑拷打，不会使他吐出半个字，但对自己人，他能一个标点符号都不错地复述出来。在这之后，字条上的内容会陪伴他至死，直到带进坟墓。

他必须在最短的时间内毁掉那张字条，那不仅仅是毫不起眼的一张纸，它关系着一场胜利或失败，并与众多人的生死相关。他不能让那张字条"活着"，字条多存在一秒钟，就意味着风险会增加。因此，他看都没看带来字条的同伴，几乎本能地从兜里掏出一只打火机，点燃了字条。看着字条烧起来，能明显发现他紧绷的身体松弛下来。

男主角当然要有男主角的样子与力度，在字条燃烧至末端，将要炙烤到指尖的时候，他做了一个揉搓的动作，把尚有余火的灰烬，卷进手掌心，紧紧地攥了一下，用汗水吸收灰烬最后的热量。

他使用的办法是"阅后即焚"，《鬼谷子·摩篇》中说过，"微摩之，以其所欲，测而探之，内符必应。其所应也，必有为之。故微而去之，是谓塞窌、匿端、隐貌、逃情，而人不知，故能成其事而无患"。简而言之，要善于揣摩别人，要擅长保密、掩盖、藏匿、逃避，如此才能在别人不知道的情况下，做成大事且不留隐患。

后来，饰演男主角的演员说，那场戏，他拍了三次，用了三种处理方法，最后觉得，"阅后即焚"的最好处理方式，是不让任何灰落在地上，这样才更符合人物性格。

这个角色的一生或长或短，都不影响"阅后即焚"成为他一辈子的高光时刻——那个瞬间的使命感，足以让任何一个普通人拥有神性。

另一部电影，讲了这样一个故事：一个从劳改农场逃出来的犯人，紧紧追随着一名电影放映员，因为在电影正片开始前的新闻简报里，他的女儿作为先进典型出现了一秒钟。

被劳改犯"软绑架"于放映室的放映员，找到了那一秒钟的画面。放映员半是讨好半是使坏地用放映技巧，使得那段胶片可以重复放映。当劳改犯入神地观看女儿的画面时，放映员溜了出去，报了案。

一秒钟在一个人的一生中不值一提，但有时候一秒钟就是一个人一生中最重要的时刻。劳改犯的那一秒钟就是他向去世的女儿告别的最后机会。

心怀愧疚的放映员，在劳改犯被抓走之前，偷偷往他手里塞了用旧报纸包着的一格胶片——女儿永远停留在那格胶片中。可惜，一阵风吹来，胶片被深埋于沙漠之下，世界收回了那一秒钟。那一秒钟，从此不复存在。

点燃一张字条需要一秒钟，永生铭记或刹那间遗忘也只需要一秒钟。时间越短，越尖锐，幸福感或者伤害性就越强。如果不能理解瞬间的意义，也就无法体会永恒的滋味。

# 树龄与人龄

□刘琪瑞

少时，我爱钻牛角尖，凡事喜欢刨根问底，大人倒是不怎么怪我，他们能解释的就解释一番，自己也搞不懂的，也不糊弄，任由我胡思乱想。

有一年，我跟着父亲去砍树，一个问题从我脑瓜子里冒出来："爸，我们怎样知道这些大树的年龄？"父亲不假思索，指着近旁两个不规则的树墩说："看年轮呀，每棵树都有年轮，你看，从树芯到边缘，一圈圈向外长，从里到外一圈就是一年，数数有多少圈就知道它的年龄了……"

"这个我知道，老师教过的。"我又开始"钻牛角尖"了，"可是，为什么非要把树砍倒才能知道它的年龄呢？不破坏它不行吗？比如这棵树多大了，能知道吗？"

父亲没有被难倒，他抬头看了看我指的那棵大杨树，说："不砍树也大概能判断出树龄，最简单的是看树杈。这棵杨树，从下往上数，分了八次杈，应该有八年树龄了，树木一般每长一年分一次杈……"

我的问题又来了："那我们人类从小长到大，为什么不'分杈'呢？"

父亲好像被难住了，摸了摸头，慢慢说："树木分杈，是为了多吸收阳光和水分，多发枝叶，更好地进行光合作用。我们人呀，也要不断获取能量，所以小孩吃的饭没有大人的多，越长大饭量越大……"

我对这个解释不满意，嘀咕道：像爷爷、奶奶，年岁大了，怎么饭量反而小了？

父亲没有理会我的嘀咕，接着说："判断树的年龄，还有一种方法，那就是看它受到过多少次伤害，留下多少疤痕。树木的疤痕越多，树龄就越长。有的大树古树，还长有疙疙瘩瘩的树瘤，这说明它们的年龄少则数十年，多的有上百年了。"

我对这种说法颇感兴趣，一遍遍摩挲几棵大树的疤痕，仿佛轻抚着它们饱经风霜的伤口。转而我又想到了人，那我们受的伤越多，就越能长大？人长大都要受到很多次伤吗？

父亲对我的疑问倒是乐意作答，他若有所思道："这一点人和树倒是有相似之处，人每受一次伤，就长大一次，所以老话才说，吃一堑，长一智，不经一事，不长一智。受的伤、吃的苦、经的事多了，也就成熟了。只不过，我们的那些伤痛、那些伤痕，往往看不见，都装在自己心里呢……"

父亲的这番话在当时的我听来，似懂非懂，而今他老人家离开我们八年多了，我也已过知天命之年，才真正明白其中的奥妙。

树木的年轮往往在树芯，它们的累累伤痕以至凝结而成的斑斑树瘤，却在树身上；人啊，恰恰相反，身体的年龄显露在外，大致算得出来，可心理年龄掩藏得很深，那一个个或深或浅的疤痕，都在内心郁结着呢。

# 排队中见学问

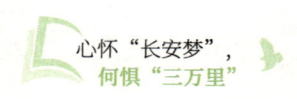

□栗月静

排队可不是那么简单的事，要想让人们有好的排队体验，需要用到数学和心理学知识。排队体验是好是坏，不仅在于时间（队列前进速度），排队时的公平性（没有人喜欢加塞者）等心理体验也会对我们的心情产生很大的影响。虽然等待时间通常很难有效缩短，但通过良好的排队线路设计和管理可以改变人们的体验感。

## 技术性缩短时间

心理学家告诉我们，等待是一种心理状态，所以感知比现实更重要。要理解这一点，我们可以看看电梯的设计。

在高楼层住宿或上班的人都有等电梯的经历，看着数字从16慢腾腾地变成1，很少有人能做到心平气和。一些老楼电梯间墙壁上的黑色脚印，就清晰反映出人们等电梯时的焦虑情绪。为了解决等待时间过长的问题，很多大厦的电梯厅都会安装镜面，或者干脆把电梯门装成镜子，这样可以分散一下人们的注意力，让他们调整领带、整理头发，关注自己仪表的同时，就能消磨一定的等待时间。据说，这种设计源自第二次世界大战结束后，经济开始恢复，高层建筑大规模出现的时候。

电梯厅里的镜子就是排队管理中的一种心理干预技术，其目的在于分散人们对等候时间的关注。而海底捞在排队管理问题上可以说做到了极致。这家火锅店会为排队等号的女性免费做指甲，男性可以下跳棋、象棋，很多小朋友在叠免费发放的千纸鹤的过程中，不知不觉就到号了。这些都属于增加脑力负荷的措施，这样，人们就不会去记录时间，因此，等待的心理时间也会变短。

还有一个类似的例子是机场的行李转运盘。估计很多人都有下飞机后，在机场焦急等待自己行李的经历。托运的行李需要从托运仓转移到行李转运处，通过安检，再放到传送带上传送到乘客等候区，大多数时候，这个过程都有点儿长。某大型机场经常收到旅客对长时间等待行李的投诉。在试图加快行李运送速度但无果后，该机场决定，将行李转运处移到主航站楼外，这样，旅客下飞机后，要走很长一段路才能提取行李。实际上，行李转运的时间并没有缩短，只是旅客把等候的时间花在步行而不是原地等待上了，之后，机场收到的相关投诉也大幅下降。

为了让游客更易忍受排队，商业主题公园的技巧更是花样百出。技巧之一是在角落排队或墙壁处"隐藏"队列，让其看起来更短。另外，在队列处标明需要等待的大概时间，让排队的人心里有数，与此同时，所标明的等待时长要比实际等待的时长略长，如果牌子上写着要等1小时，通常情况下差不多只要等45分钟，这会让排队者在结束排队后的心情愉悦。

## 排队论

排队论，或者说排队的数学研究，是100多年前由丹麦数学家、电话工程师A.K.埃尔朗创立的。他创立了一个公式，以此来计算一家电话公司需要多少线路和多少接线员才能为客户提供顺畅的服务。尽管从那以后，已经有大约1万篇关于排队论的文章发表，但他的公式至今仍然是使用最广泛的。

就像电话占线的回铃音一样，糟糕的排队线路也会对商家的利益造成损害，甚至，一次灾难性的排队体验可能会影响我们很长一段时间。我曾经在一家炒货店有过一次糟糕的排队经历，当时有五六个在我之后到来的人比我先买到了糖炒栗子。两天之后，我仍然很生气，发誓永远不再光顾那家店。

有人称这种情况为"滑倒和跳过"（slip and skip），这违反了先到先得的规则：如果你选择了一支移动非常缓慢的队伍，而后来者因为选择了移动快的队伍而比你更早结束排队，这时，你就是"滑倒者"，而后来者则是"跳过者"。"跳过者"可能没有意识到自己选对了队伍，因而觉得理所应当，"滑倒者"的愤怒和沮丧却难以言表。

绝大多数超市都设置了多个收款台，实际上这存在一个问题：人们会因为自己选择了移动慢的队伍，转而羡慕或气愤移动更快的那支队伍，甚至有一些人会感到"绝望"，从而放弃购买。这就是很多条件允许的服务机构越来越多地选择单一蛇形排队模式的原因，从某种意义上说，蛇形排队也许是迄今为止解决排队最好的方案。

但是，最好的排队体验也没有不排队来得好。每年上海迪士尼乐园的游客达数百万，每个想要乘坐"小飞侠天空奇遇"的人或许都很讨厌90分钟的排队时间。于是，上海迪士尼乐园开通了"闪电通道"，每位游客在一定时间内都可以购买一定数量的"快速通行票"，不用排队就能快速体验游乐项目。

虽然花费更高，但"快速通行票"同样违背了人们对排队公平性的期望。所以在"闪电通道"开通一段时间后，上海迪士尼乐园就取消了"快速通行票"服务，转而在多个热门项目上试运行"云排队"系统，采取网上预约等候的方式，这也能避免出现大量游客拥挤、排队的情况。

如今已有排队习惯的我们，反而期待科技能够免除我们的排队之苦。从不排队到排队，我们花费了不少时间；但是从排队到不用排队，人类又需要等多久呢？

# 为所有人保守一个秘密

□马　德

一把鲜花，可以放置一周。一束干花，可以放上一年。

前者因为新鲜，后者因为有故事。

一首歌，你经久喜欢，要么是经典，要么就是这首歌曲背后有回忆。

其实有回忆，更容易留住这首歌。

一些物件，你跟它们有感情，要么经过了岁月，要么经过了与你有关的人。而这个人，后来成为你生命中最重要的人。这种重要，也许是亲情，也许是友情，也许是爱情，也许相处了一辈子，也许仅仅是三五年，一两个月。但他们，比进入你生命中的任何人都重要。

物件其实一点都不值钱，但睹物思人，就变得异常珍贵。你舍不得扔，想让它跟着你一生一世。有些事，没必要说出真相，也没必要为谁解释。

自己明白就足够了。

有些时候，我们需要为别人保守秘密；有些时候，我们也需要为自己保守秘密。

让一个秘密有始无终，让一个秘密地老天荒，看见幸运，也看见宿命。

守着这个秘密，就像守着一个美丽的童话。

## 与火车有关的记忆

□ 钦 文

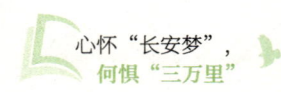

最早与火车有关的记忆，是气味。记得第一次乘火车，是父亲带我回他的老家无锡。为了省钱，坐的是沪宁线上的慢车，一路上大小车站都要停一停。站台上总有售货车在那里守株待兔，车一停稳，便有人下车购买当地土特产。到了苏州，便买上几盒卤汁豆腐干，无锡自然是用小笼包招徕旅客。长大后，行程越来越远，旅途中遇到的美食越来越多。印象最深的莫过于符离集烧鸡和德州扒鸡。一节车厢里，只要有一个人在享用，足够全车厢的人肚子咕噜一阵子的。

其实绿皮客车里的主流气味并不来自食物，而是某种夹杂着汗臭和机油的混合味道。尤其是在冬季，车窗紧闭，常有近乎窒息的瞬间。夏季打开车窗，大家都赞成，只是临窗的人要吃些苦头，迎面而来的热风也颇让人吃不消。有一回，我实在困乏，睡着了，醒来后，半边脸如瘫了一般。

小时候在我眼里，去餐车吃饭的人都是有身份的。餐馆是高档场所，而提供炒菜的餐车就是这样的地方。家里有个叔伯，有一次带我去餐车用餐，点了醋熘鱼片，那滋味印象深刻。多年后，自己偶尔去餐车点一两个菜，但味道至多是小炒的水准，可能是嘴刁了？

在运力紧张的年代，车厢里大多数时候总是满满当当的。还有相当一部分乘客买的是站票，甚至有逃票混上火车的，他们就倚靠着座椅靠背的侧边站立在过道里。如果遇上旺季，连狭小的卫生间里都挤着三四个人。有时候累了，站着站着就瞌睡了，随着车厢的摇晃，不免就靠在了别的旅客的身上。如无大碍，被碰着的人往往不作反应，在意的人至多用肩臂向外轻轻顶一下，打盹的人往往似睡非睡地移动一下身躯，若无其事。换作现在，不致歉一下，会被视作无礼。有些长途旅行的站客立久了，还会提出"非分"的请求，央求座客彼此挤一挤，让出半个屁股的位子好让自己坐下，甚至有遭拒后强行蹭位的……如今的高铁里经常不满员，座位宽大，过道里行走自如，回想过去，简直恍若隔世。

与过去的旅行相比，还有一个感受，就是耳根子清净了许多。最近一次，和父母一同回老家扫墓。旅途中，父亲与一个中青年男子相邻而坐。父亲好几次都开启了话头，但都被一两句敷衍的话把天聊死了。后来那人干脆拿出手提电脑，做出了一副勤奋工作的模样。很显然，他没有与陌生人聊天的打算。

对父亲那代人而言，聊天与打扑克一样，是旅途中的固定项目。彼此不相识的人简直无话不谈，而且透明度很高。可以相互通报各自的工资水平，介绍彼此单位的大事小情，询问对方子女的婚嫁状况……小时候，我不明白父亲何以对一个陌生人如此坦诚相待，后来我渐渐明白了，在那个年代，虽然信息透明，但人际间的网络化程度很低，所以不必担心谈话内容会被广泛传播。在彼此间亲切友好的交谈后，一拍两散，相忘于江湖。打扑克的人发出的欢笑和咒骂声，也是车厢里永恒的旋律。一两局打下来，座位前后左右总有些技痒的看客会围上来，出谋划策者有之，点评者有之，甚至不乏煽风点火的人。

大哥大问世后，在列车上打电话成为一种炫耀和时髦，进而成为公害。前排一个其貌不扬的年轻人在电话里与客户谈着生意，与数额上千万的钢材有关；身边的姑娘脸贴在手机上，跟男友一会儿撒娇一会儿怄气，欲罢不能；后座一位穿西装的男士接到电话后，压低声音说了一句"正在公司开会"，然后就挂断了，继续跟身边那位美女谈笑风生。

现在好多了，大家都在摆弄着自己的智能手机，顶多偶尔听见一两声莫名其妙的傻笑。当然也有旅客对社交和阅读都不感兴趣，拿着手机或平板电脑只是为了打游戏或追剧。然而一个不争的事实是，旅途中视觉的中心就是那块屏幕。这未免太可惜了。窗外的风景，车内的人与物，难道就一点也不能吸引我们了吗？在我看来，旅途的乐趣也因此少了许多。

# 悟　山
□高顺增

观山，悟山，人生别有一番风味。

在山腰呼唤，声音回荡；在山巅呼唤，回声不再。当无回声之时，也许你进入了人生的至高境界。孤独是一种美。人要善于入世，也要善于出世。能让人理解、能理解人是好事；有时不被人理解、不理解人也未必是坏事。

没有比人更高的山。珠穆朗玛峰再高，也被国内外许多登山勇士所征服。能否登顶取决于路径的好坏和有无实力、毅力和智慧。山再高也有顶，攀不上去不是山高，而是人的问题。

这山望着那山高是一种错觉。别人未必比你想象的好，你未必就比他人差。光看人家山上的景色好，忽视自己这座山上的美景，是一种愚昧。让自己成为有"风景"的山，才是把"钢"用在了人生的"刀刃"上。

山顶之人看山根之人，与山根之人看山顶之人，其实效果是一样的。你看人小，人往往也不看你大；你看人大，人往往也不会看你小。千万莫要高估自己，更不要小视他人。承认山外有山，是一种谦逊。

站得高，才看得远。要让自己成为有远见的人，就得让自己成为有"高度"的人。"高度"与视野、心胸的宽阔程度成正比。井底之蛙与翱翔之鹰对蓝天的感受迥然不同。人有了"高度"，心中便有了风景。

但凡爬过山的人，都会经历三个阶段：起步时的兴奋，攀登中的痛苦，还有登顶后的畅快淋漓。吃够该吃的苦，甜自然就来了。

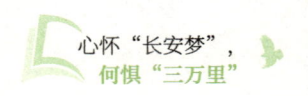

## 被设置出来的峰终定律

□凤鸣山

在体验一个事件的过程中，最重要的指标有两个：一个是峰，一个是终。这是指事件过程中的高峰体验和事件结束时的体验，这两种体验将决定着我们对这个事件的评价，这就是"峰终定律"。

峰终定律由诺贝尔经济学奖获得者、心理学家丹尼尔·卡尼曼提出。它给予我们在潜意识里总结体验的特点：用户体验过一项事物后，所能记住的只有在峰（高峰）与终（结束）时的体验，而过程中好与不好体验的比重、体验时间的长短，对记忆的影响并不大。

一些聪明的商家在研究峰终定律后发现，这种体验是可以设计出来的。美国洛杉矶魔术城堡酒店的游泳池边有一台特殊的电话机，电话机上有一个按键，叫"冰棒热线"，只要客人一按按键，就会有一名侍者穿着非常有仪式感的衣服，戴着白手套，托着一个盛着冰桶的圆盘子，走到客人面前说"请挑选"。冰桶一打开，里边是五颜六色的冰棒，随便拿，随便吃，各种口味都有。

若是将拨通冰棒热线的那一刻放在整段假期的背景下来看，毫无疑问，这是决定性时刻。当使用过这项服务的客人向朋友们谈起在洛杉矶的度假体验时，他们会说："我们去了迪士尼乐园，还到了好莱坞星光大道，我们住在一家叫魔术城堡的酒店里，你肯定想不到，游泳池边居然有一部电话……"冰棒热线是整个旅途中的一个决定性时刻，而这一时刻就是聪明的商家策划好的。

打造峰终体验，最重要的是对平淡无奇说"不"。第一次去海底捞吃火锅的时候，一群服务员面带和善的笑容，为顾客递毛巾擦手、送水果花生，连卫生间都有人递手纸，临走时还送一盒小食包。即便客人很不适应这样的"极致"服务，但内心有种说不出的舒服。以至于吃的什么完全不记得，但对海底捞的服务印象深刻。

其实，峰终定律是一种认知上的偏见，对过去的事物和事件，往往更容易被人记住的是那些特别好或特别不好的时刻，或者是结束的时刻，过程中的平均值往往会被忽略。峰终定律也是营销上比较推崇的一种行为模式和管理概念，就像游乐场里面比较热门的游玩项目都要排好久的队，真正的游玩时间也就几分钟，但人们记住的往往不会是排队等待的漫长过程，而是游玩的那几分钟，甚至几秒钟。

生活中经常遇到的峰终定律的典型事例还有很多，比如大部分餐馆都会有几道特色菜或招牌菜，奶茶店也会有必点火爆款的饮品，退出App时弹个新窗口送大额优惠券，双11购物时零点的低价抢购和最后几小时的返场优惠，电影会有高潮和让人印象深刻的结尾，小孩子上培训班结束时老师会给予表扬并发一颗棒棒糖……

生活中，我们一定要意识到峰终定律的存在，要能识别不好的峰终定律事件，努力营造好的峰终定律事件。

有段时间，我妈总是早起外出，每天都能带回几只草鸡蛋。我问她怎么回事，她说有家店搞活动，每天可以免费领取草鸡蛋，所以她每天早起去排队领蛋。几天后，她带回了一篮子鸡蛋，还顺手在那家店给她自己和我爸各买了两套保暖内衣，花了四五百元。

这家店就是搞促销活动，每天免费送几只草鸡蛋（小高潮），最后送一篮子草鸡蛋（大高潮），当你对它好感十足的时候，最后一天了（结束），卖货。店家把峰终定律应用得非常到位，其实那四套保暖内衣根本不值四五百元。

工作中，我们制作PPT演讲或授课的时候，一定要刻意去设置或预留讲课过程中的高潮（峰）和结尾（终），这样才能给别人留下深刻的印象。如果从一家公司离职，最后一段时间一定要事无巨细地交接好自己的工作，好的结束既能体现我们好的职业素养，也能为下一份工作打下良好的口碑基础。

善于使用峰终定律，会给我们的工作和生活带来很多意想不到的收获和惊喜时刻。峰终定律及其应用研究给我们的启示是，比起较为平均的、全流程式的顾客体验管理方式，将有限的资源重点投放于顾客接触之峰点与终点的体验管理，可以利用更少的或者相同的资源实现更高的服务效能，从而从整体上优化顾客体验。这一规律的发现，为经济研究、政府决策打开一扇窗户，形成极具震撼力与影响力的服务模式。

# 为退路做准备

□ 胡洗铭

一个年轻人要去征服高山。临行前，他去向登山高手请教应该带些什么东西。

那位高手告诉他，如果是攀登路径不熟的高山，除了必备的指南针，还应该有一把小刀、一捆绳索、一盒用塑料包好的火柴、一点儿盐巴、一块透明塑料布和一只哨子。

年轻人觉得没必要，这位高手对他说："这些东西大多数不是为你的前进准备的，而是预备你的退路。'有退路'是必要的条件。

"小刀，在前进时可以切割猎物，削竹成剑；被毒蛇咬伤时，可以用来将伤口切成十字，以吸出毒血。

"绳索，在前进时可以助你攀爬；在朋友遇险时，可以用来营救；在编制担架时，可以捆绑。

"火柴，前行时，可以煮食；遇险时，可以取暖，熬过山上寒冷的夜晚。

"透明的塑料布，前进时，可用来遮雨；困在深山时，可以御寒；甚至缺水时，可以用它来收集地面的水汽。

"盐巴，前进时，可以烹调美食；困顿时，可以消毒和补充体力。

"至于哨子，前进时可以用来招呼队友；喊不出声音时，可以让救援人员找到你。"

在人生的路途上，前进固然可喜，后退也未尝不可。最重要的是，在前进时知道自制，免得只能进而不能退；后退时则要知道自保，使得退去重整之后，能够东山再起。

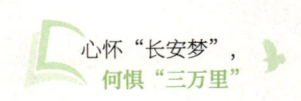

# 还年轻，
# 要大声唱着时间的歌

□潘云贵

**1**

有一次，我在课上给学生布置了一道写作题，让他们当堂创作。

下课铃响，教室里仅剩下前排一名瘦小的女生仍在埋头写着，我没有打断她，只站在讲台上等她交卷。她突然抬头，看向我，说："老师，我写不完了，可以带回家完成吗？"我摇了摇头，见她沮丧，便问："还剩多少内容？""目前写到四千字了，后面大概还要写一千字。"女生的回答让我感到诧异，她在一个半小时内竟然能写这么多。

我随后翻阅了她所写的内容，讲了类似《白夜行》这样的悬疑推理故事，行文成熟，思想也很深刻，探讨一个人作恶背后的苦衷及如何救赎。我在翻看间隙，听她在一旁说："我一直想成为像东野圭吾那样的作家，写出很厉害的作品，受人欢迎，可我爸总说我在做白日梦，我不管他，仍然自己写自己的……"末尾，她又问我："老师，你觉得我可以吗？""当然。你回去继续写吧，写完记得给你爸爸瞧瞧，他会支持你的。"我微笑着点了点头，心想这真是一个有野心的家伙。

在回住所途中，我一个人走着走着突然停下脚步，望着山城的茫茫夜色，似乎自己的影子都已融入其中，在一片虚无的黑暗中无法找寻，回不回去好像不重要，去哪里都可以。那一刻，我成了一个失去方向感的人，其实是丢了自己的野心。做学生时，目标很明确，为了未来想要的人生不断努力。可当自己进入职场，在庸常琐事和理想信仰间摇摆，最终懦弱，安于现状，失去了当初的执着、追求，野心逐渐被平凡日常驯养，野性急速衰退。

同事L一直宽慰我不要想太多。他年长我两岁，初见他时，他已年满二十八岁，脾性温和，常流露出看淡世事般的眼神。部门有任务，他不插手；有活动，他不参加；有评奖，他不在乎，活得异常佛系。与他相处久了，我也不免像他那样，碰到种种事，都会在心底来一段杨绛的话："我和谁都不争，和谁争我都不屑。简朴的生活、高贵的灵魂是人生的至高境界。"带着这样的态度，我度过了两年职场生活。复杂的人际圈子逐渐缩小，变得单纯，工作中没遇到太大的挫折，岁月风平浪静，仿佛五年后、十年后，我也会过着L口中稳定、舒适而安全的生活。

但有一天，我对这样的生活感到深深的惶恐。平常没有看朋友圈习惯的我，不小心按了动态更新，跳出几条关于Z的信息。那一年Z刚刚开始写作，因为喜欢我的作品便来加我好友，她发来自己的习作给我看，尚有些稚嫩。习作末尾，她附了一段个人简介，我才知道她就读于一所工科类独立学院，写作环境并不理想，但Z非常努力，几次都表达了自己想要换个学习环境的愿望。由于日常繁忙，我不常与人联系，Z逐渐和我疏远。从没想过，当我再次在朋友圈看见她时，她已经成了北京电影学院的博士生，发表了众多文学作品和学术论文。

我才意识到工作后的这些年，与自己有过交集的年轻人都在一一往前飞奔，而自己却在原地踏步，所有过往的荣光都渐渐暗淡，曾经有过的优越感也在那一刻烟消云散。那个夜晚，我在阳台上坐了很久，捶打自己一阵后，陷入了长久的沉默，只记得眼里一片湿润。我像个从自己制造的骗局中醒来的人，开始怀念学生时代对世界充满野心的自己，开始怀疑现在自己身上的佛系是不是一种对现实的逃避，或是对自我的蒙蔽。

## 2

我生在乡村，从小身旁便围坐着一群一生都与城市无太多关联的村民，聊着鸡鸭牛羊、河里鱼虾、豆苗长势和二十四节气。他们看过去，就像是这人间最没野心的一群人，我的叔公也是其中一个。从我记事起，常见他肩上挑着简单的行李，独行于荒野古道。

他在山间自己动手搭了一间茅屋，开荒耕种，自给自足，多少年过去，仍坚持着独身主义，不为俗世费尽心力，像个隐士。

后来，我才知道每一个隐士都是跟红尘打过最深交道的人。叔公年轻时也曾走南闯北，经历过大风大浪，用力地活，去追寻自己的理想与爱情，得到过，但最后都失去了。老了之后，他选择了这样一种清静无为的人生。其实，这符合生命成长的状态。

当我们的舌面尚且单薄稚嫩的时候，需要去尝尽人间万千的滋味，而后它才能被时间锻造得尤为厚实，不再如幼童那样害怕烫，害怕冷。年轻时，我们选择佛系，往往由于自身在某些方面能力的缺失，为避免恐慌、焦虑，我们进行这样一种自我保护。时间一久，就很容易耽误后来的人生，最后，只能让眼泪为自己的追悔莫及埋单。

我开始喜欢跟有野心的年轻人交朋友。他们年龄不大，却能意识到在什么样的年纪应该做什么样的事情，懂得在青春时一个人努力的重要性，只有努力越过人山人海，才有诗和远方。在自己什么都没有的时候，谈人生淡泊，非常可笑，也没资格。

## 3

我反感将自己的野心跟梦想到处宣扬的人，一旦说过的话无法实现，时间会在他们脸上打出一记响亮的耳光。很疼吧，自找的。

只有野心，没有行动，是在纸上谈兵，永远只能在现实里梦游，等大梦一醒，才知道自己的世界空空如也。有野心是一件非常美好的事情，我们无须声张，只管在现实的田地里潜心耕耘，等它瓜熟蒂落。

野心是自己对自己的期待，是自己与自己的约定。只要我还未老去，一切便都有可能。因为没有，更要努力去获得，不要为了逃避而把自己过早站成佛系的姿态，还给自己一堆心理安慰。

我还很年轻，要跟这世界好好谈谈野心。

# 激励销售

□穆臣刚

俄罗斯某报在涨价之后发出一份公告："尊敬的读者，本报由于经济原因，自即日起涨价至60卢布。您有很多种选择，可以用每天省下的60卢布购买一块糖果，也可以用一周省下来的卢布购买一个汉堡，还可以用一年省下来的卢布购买2000克牛肉。这样的例子能列很长的一张纸，对本报您却只有两种选择：读与不读。您的买与不买，直接关系到本报的生死存亡。"

按理说，涨价的东西，如果不是紧缺，人们大都不愿意去买。但是公告登出来之后，该报的销量反而比以前更大。从经济学上讲，这就是激励的作用。该报把自己的命运"交"到读者手上，把自己说得十分可怜，博取了广大读者的同情，可以说是对"激励"经济学原理的一次很好的运用。

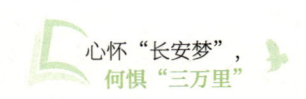

## 让努力不贬值

□ 陶 琦

网络上流行一句话："这些年来贬值最多的不是货币，而是你的努力。"很多人看了都表示内心受到极大冲击，大呼"破防"了。源于过去的生活模式，只要努力，就可从重复性劳动中获取相应的回报，付出与收益大体上成正比。

如今自动化和AI飞速发展，取代了大量重复性劳动岗位，对就业构成了严重冲击。同时技术迭代加快，人与技术之间的关系不再牢固，需要花费大量时间去学习、适应新技术，才能勉强保住现有的职位。于是，现代人受大环境所制，丝毫不敢松懈，停下忙碌奔走的脚步。过去一分努力就能换来一分回报，现在需要付出两分努力才有一分回报，未来或许还需要更多努力才能有一分回报。很多人一想到这样的现实，倦怠感便油然而生，觉得生活失去了奔头。

除了环境因素，还有个人因素。生活中，不少人时刻在与他人对比，自我施加压力，必须尽快做出成就。当目标导向遭遇挫折，无法实现，就会对自己的生活状态感到沮丧，觉得大家都是同样的付出，自己的努力却被打了折扣，获得的回报没有他人那样多。这样的人，有时还会陷入"自证预言"的陷阱中，觉得努不努力都一样，由此削弱了尝试探索的动力，于是又错过了随后出现的类似机会，令努力贬值的预言发生。

破解这一问题的方法，就是跳出来审视它，若是不敢直面，只会越发恐惧，坚信自己无力解决，由此堕入心理学上的"焦虑恶性循环"。米兰·昆德拉曾告诫人们：永远不要认为可以逃避，我们的每一步都决定着结局，我们的脚正在走向我们自己选定的终点。

不少名人也经历过努力贬值的尴尬处境。历史学家黄仁宇的成名作《万历十五年》，展示了其不凡的史学眼界，看过的人都知道这本书的价值。黄仁宇当初向多家出版社投稿，稿件都被退了回来。其中一名编辑还在退稿信里告诉黄仁宇：如果想要别人接受你的观点，就"必须很有名，才能靠本身的威望压垮敌人"。这很直白地道出竞争是不对等的，你再努力，书再好，也不及他人的名气有用。

至于后来的事，已为大众知晓。简言之，想要付出的努力不贬值，就要像哲学家丹尼尔·丹尼特说的："找到比你更重要的东西，将全身心投诸其中。"避免在低水平的"内卷"中做过度竞争，把眼光放长远，沉下心来，在自己擅长的领域进一步打磨，争取用精益求精的优质资源去打破限制。虽然这并不容易，但除此之外别无捷径，相比那些不受控制的外因，这也是唯一可由自己掌控的选项。

## 时间管理者

□张达明

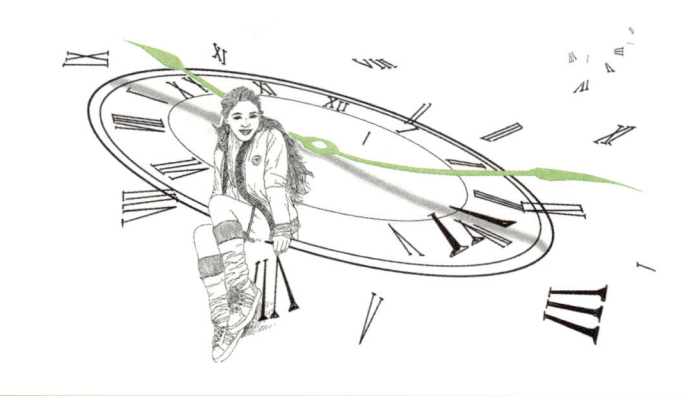

柳比歇夫是苏联的昆虫学家、哲学家、数学家，他以82岁高龄去世后，连他亲近的人在内，谁都没想到他会留下那么多遗产。他生前发表了七十多部学术著作，其中有分散分析、生物分类学、昆虫学方面的经典著作，这些著作在国外广为翻译出版。各种各样的论文和专著他一共写了五百多印张。500印张，等于12500张打字稿。即使以专业作家而论，这也是个令人惊叹的数字。

26岁那年，柳比歇夫独创了"时间统计法"，通过记录每件事情花费的时间，统计和分析后，进行月小结和年终总结，以此来改进工作方法、计划未来事务，从而提高时间的利用效率。

这里仅举柳比歇夫关于时间安排的一例："1964年4月7日。分类昆虫学（画2张无名袋蛾的图）3小时15分；鉴定袋蛾20分钟；附加工作：给斯拉瓦写信2小时45分；社会工作：植物保护小组开会2小时25分；休息：给伊戈尔写信10分钟；阅读《乌里扬诺夫斯克真理报》10分钟；阅读托尔斯泰的《塞瓦斯托波尔纪事》1小时25分；刮胡子5分钟。基本工作合计6小时25分。"他竟然连刮胡子的短短几分钟都要计算进去，由此可见他对时间的珍惜。通过如此详细认真的记录，他获得了精确感知时间的能力，我们也见证了柳比歇夫独处时的自觉自律。

如果只是偶然某一天的时间记录，确实不值得大惊小怪，难能可贵的是，柳比歇夫竟坚持了56年，这也是一个将自己一生的时间纳入安排并有效利用的人。

## PPT的最后一页

□脱不花

分享一位销售高手的绝招。他做的PPT从来没有"谢谢"这一页。

如果你的PPT最后出现"谢谢"这一页，潜台词就是"我说完了，请来评价我"，那么现场的所有人，马上就把思维切换到评价模式了。

说句不好听的，他们挑刺的话已经在路上了。

而当你把"谢谢"换成"我们来看看怎么落实刚才的方案"，大家就会顺着这个思路，向你提出建设性的建议，帮你想办法把这个方案落实下去。

所以PPT的最后一页千万不要再写"谢谢"，而是根据你希望大家接下来做什么，写上那句指令，引导大家的下一步行动。

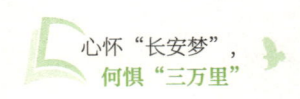

# 长大后，为什么时间会越过越快

□ 王江涛

2010年，还在杜克大学心理学和神经科学系做博士后研究的史蒂夫·詹森对年龄和时间速度的关系进行了探索。当时主要利用两项分别在新西兰和荷兰开展研究，总共有1800多个16至80岁的成年人参与的实验数据。

当时对人们感知时间越来越快的测量主要分为两部分，一是看旧新闻，测量人们对发生在不同时间间隔的新闻的记忆程度，二是不同表述形式的开放式问答，了解人们对过去一周、一个月、一年、十年等时间内过得有多快的感觉。

结果发现，虽然绝大部分人都认为时间过得很快，但不同年龄的成年人的感受差别不大。也就是说成年人确实感觉时间过得更快了，但总体上可能并没有随着年龄的增长变得越来越快。年龄对感知时间速度的影响主要表现在大尺度时间的评估上，比如在评价过去10年的时间速度时，相比年轻人，老年人确实明显认为时间过得更快。这一研究发表在《心理学报》上。

一种数学比例解释理论广为流传，计算公式为1比实际年龄。比如对一个10岁的孩子，一年相当于他生命的1/10，约为10%。对一个20岁的青年人，一年相当于他生命的1/20，约为5%。依次类推，一个40岁的中年人，一年仅为他生命的2.5%。而一个80岁的老人，一年只是他生命的1.25%。所以一年对年龄越大的人显得越来越短、越来越快了。

这一解释被普遍认为是法国哲学家保罗·珍妮特于19世纪提出的。它最大的特点是非常形象，容易被人理解和计算。但根据是什么，并不清楚。

1933年，美国克拉克大学生理实验室的赫德森·霍格兰关注到温度可能会影响时间感这一现象。经过实验，发现短时间内对时间的判断会受到体温的影响。

他相信存在一种有特定功能的化学钟，可能是包含在大脑控制呼吸部分的不可逆的进程中。最慢的，对更长时间间隔的判断可能要受到控制周期性昼夜节律的化学反应影响。

1984年，三位20世纪40年代出生的科学家通过研究果蝇弄清楚了控制昼夜节律的分子机制，即生物钟是如何工作的，并因此一起获得了2017年的诺贝尔生理学或医学奖。

但化学钟具体是怎么回事，并不为人所知。它通常被理解为一种叫化学震荡的化学反应现象。

尽管化学钟在人体中什么位置及其具体机制不清楚，但其后，化学钟被与不同人群的体温联系起来加以解释。比如儿童新陈代谢快，体温偏高，所以感觉时间过得更慢。

与阿德里安·贝扬将主要变量归结为人体衰老相似的解释来自明尼苏达大学的生物学家罗伯特·索森。

他用自己做实验，从20世纪70年代初大约25岁开始，平均每天5次，去估计"一分钟"有多长，一直持续到他60岁，估计了35年。

2008年，他将自己35年的记录写成论文发表在《老龄化临床干预》杂志上。

对比25岁时对一分钟的估计，60岁时，对一分钟的估计明显地变短了。也就是说，随着年龄变大，确实感觉时间过得更快了。但是这种变化受到昼夜节律的影响，具体来说，早上会感觉时间过得越来越快，晚上这种年龄差别不明显。

从人的身体变化，到个体所累积的经历差异，虽然对时间快慢，似乎缺乏一个通用的解释，但特定场景中的一些经验在传播中显示其具有一定解释力。

比如，放假问题。假日旅游，美好的时光总是短暂的，但这短暂的时间让人记的时间更久，待到回忆时，又会感觉那段时光挺长的，可以回忆起从早到晚大致干了什么事情。英国作家哈蒙德称之为假日悖论。

延伸到时间快慢问题，其中的关键点在于新鲜感，新鲜的体验可能会让生活更充实，同时让记忆更深刻。

儿童面对的一切都是新鲜的，而成年之后，更可能过得很常规，单调地重复每天的生活，缺乏新鲜体验的刺激，导致当下更空洞，过去相对记得更多，可能因此感觉时间过得更快了。

1995年，南缅因州大学心理学家斯科特·布朗通过变化的视觉图像实验，也发现在短时间内，变化越多，感知到的时间越长。新鲜感减少，其实就是生活中缺乏变化。

注意力也是一个理解的视角，有研究发现对注意力不集中的儿童来说，时间显得很漫长。成人总体上要比儿童注意力更集中地做事情。还有一些研究指出大脑中负责传递信息的多巴胺在人的不同阶段的分泌情况可能也有一定影响。

在得出确切答案之前，经常性地要面对不确定、混乱，甚至矛盾的状态，似乎是科学无法避免的，这是认识前进的一部分。对时间越来越快的解释看起来正处在这样一个争论的状态。

# 盘羊的大角

□ 雨 润

春天盘羊主要分布在亚洲中部地区，它们善于在悬崖峭壁上跳跃，来去自如。

盘羊头上生长着尖锐的角。特别是雄性盘羊的角更大、更长，向下扭曲呈螺旋状，外侧有环棱。盘羊的角可以抵御敌人的攻击，雄性的角还可以为自己增添魅力，获得异性的青睐。

雄性盘羊以自己威武的角为荣。但是，老龄雄性盘羊由于巨大的角妨碍，往往无法采食，被活活饿死。还有的盘羊的角会戳入自己的脑袋、喉咙，竟然把自己活活戳死。

盘羊的角如果得到修理，完全可以与自己和平相处，但是它们把角作为一种颜值的标志，任由其生长，结果害了自己。人类也是如此，荣誉感可以激发个体的上进心，然而过度的虚荣心往往会反噬自己。

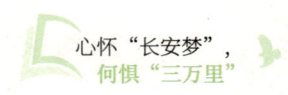

# 你耗费的心血尚不足以填满垃圾桶

□ 王　路

周末去逛国家博物馆，刚进馆时，看见一个约莫70岁的老头儿坐在明清展厅的地上抄东西，旁边还放了一根拐杖。我们从早上逛到下午闭馆，中间还去咖啡座喝了两小时茶，逛完路过明清展厅时，发现他还在抄。我忍不住好奇，凑过去看了一眼，他手里捧着一个又旧又厚的笔记本，一行行抄着每件展品的解说词。

我看时，他正抄到这一段："《西游记》，作者吴承恩，成书于16世纪中叶，主要描写了唐僧、孙悟空、猪八戒、沙悟净师徒四人去西天取经，历经九九八十一难的故事……"抄写得很认真、很工整，但字写得一般。

我问他："大爷，您抄这个干啥呢？"他笑呵呵地说："小伙子，你们年轻人都不稀罕这些文化经典啦，我跟你讲，这些可都是好东西。我把它们整理出来，就是伟大的文化遗产。""那您抄了多久了？""三年多啦，一有空就来抄，再过几个月就抄完了。到时候拿去出版，你说价值该有多大？"我很想对他说可以先用相机拍下来，回头再慢慢整理，不过看到他专注怡然的表情，我还是忍住了，说了声"挺好的"就转身走了。

我刚要出博物馆时突然停下来，回头去展厅前售书的地方，售书员正要收摊，我拦住，问有没有介绍展品的书，她指给我，我打开发现书里每件展品都有详细介绍，还配有精美的图片，铜版纸印刷。我放下书，感到一阵怅然。我不知道是怜悯还是心疼，做过类似事情的人多着呢。

刚上初中三年级时，我一心想考出好成绩，理科不在话下，对文科却毫无把握，于是我决定把政治、历史、地理课本整个背下来，不管是大字还是小字。我以为这样就能"暴力"破解。我下了十倍的功夫背下来了，虽然磕磕巴巴。但期中考试时，我只考了第七名，第一名是我同桌，他从来不好好学习。更令我难堪的是，一道20分的论述题我答得和书上的原话几乎一样，只得了14分；他不会背，随便扯了几句，老师却给了19分。我当时不理解，觉得吃了亏。多年后再想，吃不吃亏先不论，只论把课本上的大字小字都背下来这一点，就已经傻得可以了。

大学同学林远比我倒霉。我们班人少，大家不喜欢听课，就拜托林把笔记做得详尽一些。他每次上课都坐在第一排，笔记抄得工工整整。期末考试前，每个同学把林的笔记复印了一份，那份笔记还流传到了外班，成为几年来那门课最经典的笔记版本。考场上，授课老师亲自监考，他说："你们答题要简明扼要，我不喜欢废话太多，不要啰唆，答出要点就可以。"林以满满的勇气第一个交卷，大概是希望得到老师嘉许。他交卷时我才答了一半，我惊讶地望了望讲台，发现老师黑着脸。林走出教室不久，老师对正在考试的同学说："大家答题不要太干瘪，你们平时不来上课就算了，最起码考试时应该认真点儿，我会尽量让每个同学都过，但如果你自己不想过，那我也没办法。"

结果是这门课一百多名学生中只挂了一个，就是林。

后来和林聊起此事，他说他非常喜欢这位老师，第一个交卷就是为了向老师证明他专业课学得比别人都好，让老师记住他，但实在没想到老师竟以为他的态度有问题。他本来打算报考那位老师的研究生，但经此一事，感觉自己再无颜面报考，只好换了别人。

我准备考研时，一天在自习室，林看见我把考试大纲上的问题和答案解析一页页往纸上抄，笔记堆了一尺高。林摇摇头，对我说抄这些没有意义。我惊讶于他从什么时候开始变得通达了。我何尝不知道抄这些收效甚微，但我那时已是第二次考研，没有工作，已经毕业还在花家里的钱，没有理由挑三拣四，哪怕只有0.1%的可能性提高成绩也得去做。后来我考上了，但我明白，能够考上和我抄了一尺高的笔记没有多大联系。那些笔记如果留着，效果就是唬人，让失败的人有个理由安慰自己——看，人家抄了一尺高的笔记才考上。我想幸好我没有挂第二次，不然人家会说，你看这家伙抄了一尺高的笔记还没考上，真是笨得可以。所以，看到那个老头儿在国家博物馆展厅里奋笔疾书，我就想起了自己，曾经的我跟他何其相似。

我考完研就把一尺高的笔记丢到楼道的垃圾桶里了，没有刻意烧掉或撕碎，因为我并不恨那些笔记，也不后悔自己耗费的时间和精力。人生中必然该有此一遭，过了丢掉就是了。

那些笔记算起来有将近一百万字吧。

站在垃圾桶旁我有点儿郁闷，不是郁闷自己大半年的心血都用来制造垃圾了，而是郁闷这些垃圾还不够把一个小小的垃圾桶填满。

不过，这又有什么值得难过的呢？明白就好了。

# 白起换肉

□樊建婷

公元前293年，秦国名将白起率军在伊阙与韩、魏联军展开了一场殊死战斗。

突袭大战之前，白起上奏秦王，要求配发冷食而不制炊，且要把常食的冷肉由熟羊肉改为熟牛肉。当时，牧羊者多于饲牛者，物以稀为贵，牛肉成为上等食材。这在朝堂上引发不少大臣的非议。

白起不与他们争执，只是请秦王来到御花园内，命人取来一块羊肉，剁成碎末，一部分撒入池塘，剩余的撒在池塘边的草地上。没过多久，只见池水中群鱼团簇，朝刚刚撒过羊肉末的地方游来，草地上爬满蝼蚁和苍蝇，羊肉的膻味儿飘满园子。白起躬身启禀秦王："区区肉末便引来水中鱼群团簇，蝼蚁苍蝇乱飞，何况万千人众一起开饭？纵是冷羊肉，也难免膻味儿随风飘散。而伊阙为韩、魏门户，两山对峙，伊水流经其间，望之若阙，地势险要，韩、魏联军据险扼守，我军数量只有敌军的一半，如此难免不被敌军察觉，从而暴露部队的作战意图。"

围观的大臣点头信服。秦王大悟，即刻命军营膳房把备好的万余斤熟羊肉全部换成熟牛肉。

《孙子兵法》中说，"多算胜，少算不胜"，名将白起连羊膻味儿都算到了，焉有不胜之理？

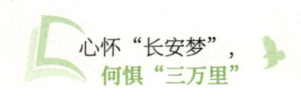

# 作为熊的近亲为啥大熊猫不冬眠

□王德华

国宝大熊猫憨态可掬，受到很多人的喜爱，不管是在熊猫研究基地还是各地的动物园，只要有它们在的地方，都不缺粉丝围观。随着天气越来越冷，很多人发现了一个问题：都说大熊猫跟熊是亲戚，人家熊到了冬天都去冬眠了，为啥大熊猫还在照旧吃吃玩玩负责可爱？

### 冬眠本就是"小动物"的习惯

首先需要说明一个问题：不是所有的熊都要冬眠。为了适应低温天气，大熊猫具有低代谢的能力，但确实没有冬眠的习性。

有些动物如刺猬、旱獭等恒温动物为了应对严酷的自然环境，减少能量消耗，会放松对身体恒温的调控，令体温、代谢速率、心率等都降低到很低的生理水平，进入长达几个月的昏睡状态，这就是冬眠；有些动物为应对夏天的酷热，也进入昏睡状态，称为夏眠。还有一些动物如蝙蝠、蜂鸟等，在各个季节都会由于能量不足而进入昏睡状态，这种现象叫日蛰眠。

一般冬眠的都是相对体形小的动物，大型动物很少采取冬眠的方式度过食物短缺的季节。

### 大型食肉动物的冬眠其实是"冬睡"

大型食肉动物熊类的冬眠是一个有趣的现象。比如黑熊在冬眠时，不进食、不饮水、不排尿、不排便，体温虽降低但幅度不大，会降到32℃～33℃，在受到干扰时可以随时醒来。更有趣的是，熊类还会在冬眠期间抚育后代。有些学者认为熊类这种现象是食肉动物的冬睡现象，不是真正的冬眠。

据考证，大熊猫的出现距今已有800万年，在一万多年前的最后冰期的压力下，曾经与其同期鼎盛的"大熊猫—剑齿象动物群"的大多数成员都已灭绝，所以大熊猫又有"活化石"之称。

大熊猫在系统分类上属于食肉目熊科动物，但其已高度特化为以竹子为食。从解剖学特征看，大熊猫的消化道基本还是食肉动物的形态结构，但为了适应以竹为食的习性，也相应地发生了一些改变，特别是肠道微生物的改变，可以帮助它们消化分解纤维素，但消化道的总体结构与食肉类动物或杂食类动物类似，如肠道相对较短，结构简单，没有盲肠等。

**大量进食与低代谢帮大熊猫安然过冬**

大熊猫的消化生理学也很特殊：虽然它们的主食是竹子，但由于消化道结构功能等，对竹子的利用效率很低。据报道，大熊猫对竹子的消化效率仅为17%。同时食物在消化道内的停留时间相对较短，只有8～9小时，所以大熊猫的食量很大，相关研究表明，一只大熊猫每天会取食竹子10～20千克。

大量进食、食物快速通过消化道、借助肠道微生物的帮助，是大熊猫获得能量和营养的一种策略。与此同时，大熊猫还有维持低代谢水平的能力，这样一来，它们维持自身生存和日常活动所需要的能量也会相应减少。大熊猫在野外的活动水平很低，这一特点在动物园我们也看得出来，大熊猫的行动总是很迟缓，懒洋洋的样子也提升了它们的可爱值。在形态学上，大熊猫的一些能量消耗器官如大脑、肝脏和肾脏等也趋于缩小。

需要不断进食，对能量的需求和损耗偏低，这些大熊猫长期进化的生存策略，决定了它们不需要冬眠也可以安然度过冬季。

# 放不进去第二枝花

□谁最中国

想起插花，我常常会记起，小时候奶奶房间里的那朵重瓣栀子，在家乡，又被叫作"玉荷花"。一张四方的老木桌上，饮水的玻璃杯里，斜斜靠着的一朵白色的花。每每想起，好像还能依稀闻到那时满屋的栀子花香。

那恐怕是我一辈子都很难忘记的画面，不仅仅因为那朵花，更因为那张每时每刻都被擦拭整理干净的桌子，那间被用心归置打扫的房间，那个一生敬物、惜时、善待自己每一瞬光阴的长辈。她的口中讲不出什么深刻的道理，但她的道就是她的生活。

说到底，我们感受这个世界的深刻，很多时候都源自一件件再微小不过的事，而我们成为世界的一部分，无论呈现出来的，是善恶，还是美丑，说到底也都源自一个个再小不过的念头。

"放不进去第二枝花。"再简单不过的句式，没有一个晦涩的词语，可是意韵又非常玄妙。一朵即全部，一朵就足够，的确，我们为漫山花开而雀跃，却往往只会为一朵而流泪。由此敬物，由此惜时，由此而活在此刻，亦由此而"放不进去第二枝花"。

所谓"放不进去第二枝花"，我想，既是美学，亦不单单是，它也是哲学，更是生活之道。

当下的生活，更像是身处"乱花渐欲迷人眼"之中，相较于其他，或许反而更需要这样"放不进去第二枝花"的用心。

多一些凝望，多一些敬畏，多一些"一期一会"的珍重。

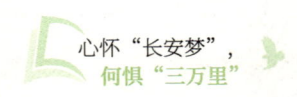

# 诗人的"自我营销"

□ 张子健

营销，并不是现代才有的新鲜事儿。在古代，许多诗人不仅是写诗高手，还是营销能人，他们深知"酒香也怕巷子深"，在自我营销方面可谓各有妙招。

### 王勃：活动营销夺桂冠

王勃是"初唐四杰"之一，因《滕王阁序》而扬名天下。滕王阁诗会本是洪州都督阎伯屿为女婿举办的一场个人专场营销活动，他想借此机会让自己的乘龙快婿在当地文坛崭露头角。与会者皆知其意，满座高朋推辞谦让，静候主角出场。没想到，一个二十多岁的小伙子把笔接了过去，奋笔疾书。

阎都督见此情景愤然离席，直到听仆人传报王勃写出"落霞与孤鹜齐飞，秋水共长天一色"时，才意识到今天的滕王阁迎来了一位文坛奇才，惊呼："此真天才，当垂不朽矣！"那时的阎都督或许已经意识到，自己举办的这场活动必将因为这个年轻人的出现而永载史册。

王勃是幸运的，因为一次偶然的机会写出了巅峰之作。滕王阁也是幸运的，一次平平无奇的地方性文学活动，因为王勃的参与而天下皆知，也使得滕王阁一跃成为江南名楼。

### 陈子昂：事件营销造热点

说到陈子昂，大家想到的肯定是那首妇孺皆知的《登幽州台歌》。可很多人不知道的是，陈子昂不仅是一位看天下、念苍生的理想主义者，还是一个善于通过制造热点事件来营销自己的实用主义者。

二十岁出头，陈子昂来到长安以求功名。在唐朝，要想进士及第，要么有靠山，要么名满天下。年纪轻轻的陈子昂拿着自己的作品到处拜访，希望遇到贵人提携，却四处碰壁。面对绝境，他明白了一个道理：只能自力更生，自寻活路。

一日，陈子昂在街上看见一人正在售卖一把古琴，古琴价值千金。围观之人纷纷赞叹这把古琴，却没有人舍得花钱购买。此时，陈子昂眉头一皱，计上心来。他斥巨资买下这把古琴，并广而告之：某日某地，本人将举办一场个人演奏会，让大家一睹古琴的风采。

到了那天，大街上人头攒动，人山人海。大家都想看看，买古琴的年轻人到底是个挥霍无度的纨绔子弟，还是个真有实才的音乐家。这时，陈子昂当众把这把千金求得的古琴摔在地上，说道："我虽然会弹琴，但这只是个技术活，没有什么可炫耀的。大家有所不知，我有着屈原、贾谊一般的才华，真正值得大家传看的是我的诗文。"

一时间，这件事成为长安街头巷尾热议的话题，陈子昂和他的诗文随之声名远扬。再次应试的陈子昂也顺利进士及第，走入仕途。

### 谢灵运：名人营销蹭热度

谢灵运天资聪慧，从小便酷爱读书，博览经

史。后来，仕途不如意的谢灵运便纵情山水，吟诗作赋，开创了中国山水诗的新境界，对后世沈约、谢朓等诗人产生了极大影响。就连一生桀骜不驯的李白，都对谢灵运推崇备至，曾大叹自愧弗如："吾人咏歌，独惭康乐（谢灵运的爵位为康乐公）。"

就是这样一位有才、有钱、有地位的名士，也是非常善于自我营销的。不过，谢灵运的自我营销并不是为了一举成名天下知，而是为了跻身中华历史文人榜的第一方阵。

谢灵运极为讲究宣传方式，没有自吹自擂。他搬出了当时公认的大才子曹植（字子建），言道："天下才共一石，曹子建独得八斗，我得一斗，自古及今共用一斗。"这句话看似是在吹捧曹植，其实是在蹭曹植的热度，变相地抬高自己。当然，此话虽然狂傲，但是出自谢灵运之口也是颇有底气的。

于是，"才高八斗"成为一个历史典故。人们在记住曹子建拥有"八斗之才"的同时，也记住了谢灵运这个狂妄不羁的大诗人。

## 为什么悲伤的音乐更有感觉

□ 阿 信

为什么你喜欢悲伤的音乐？

为什么你总在阴沉的雨天得到安慰或灵感？

为什么你对音乐、艺术、自然和美有强烈的反应？

这些都让你的人生底色多了一抹"忧郁"。

2000多年前，亚里士多德就思考过这样一个问题：为什么诗人、哲学家、艺术家和政治家的性格通常比较忧郁？

这种"忧郁"使得他们对时间流逝和周遭事物异常敏感，内心充满渴望又饱含辛酸和悲伤，这种看似有些矛盾的状态，被苏珊·凯恩在TED演讲《悲伤歌曲和雨天的隐藏力量》中概括为"苦乐参半"。

苦乐参半，是一种心态。

如神话作家约瑟夫·坎贝尔所说，我们应该努力"快乐地生活在充满悲伤的世界"。

这句话不是让我们强颜欢笑，也不是让我们消极麻木地面对痛苦，而是旨在告诉我们，生活不会一直甜，也不会一直苦，我们要用"苦乐参半"的心态来面对悲剧和人生的无常，去包容这个有着痛苦、不公、委屈的世界。

苦乐参半，是一种存在方式。

中国的古诗词中早就写道"人有悲欢离合，月有阴晴圆缺，此事古难全"，人类就是以这种"苦乐参半"的方式延续发展至今，有着光明与黑暗、出生与死亡、悲与喜，而这些"永远是相生相伴、并行而存的"。

苦乐参半，是一种力量。

苏珊·凯恩在其新书《苦乐参半》中写道，"苦乐参半"是"秘密力量的源泉"，它有着"对交融的渴望，对归属的期待"。

正是因为这样，贝多芬才创作出了传世名作《月光奏鸣曲》，莎士比亚才创作出了经典爱情故事《罗密欧与朱丽叶》，达尔文才写了进化论奠基著作之一的《人类的由来》。

苦乐参半给我们带来将痛苦转化为创造力、自我超越和爱的力量。

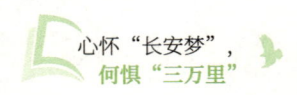

# 黄心猕猴桃的夏天

□鹿 彬

高三那年夏天，窗外蛰伏的蝉，热烈地拉响了青春的心事。而我，只是将衣袖拢了拢，把十七年的心事埋藏于夏日的沉寂之中。

"你不热吗，这么热的天还穿长袖？"他刚从操场打完篮球回来，满脸通红，就像川端康成笔下的夕阳——"通红的夕阳，恍如从森林的树梢掠过。森林在晚霞的映衬下，浮现出一片黢黑"。

我心头那片黢黑的田野上好像也掠过了一片夕阳。"不热，我的体温比正常人的低一些。"我的语气里带了一丝倔强，其实背上的汗液早就像没有方向的河流，倾灌得到处都是。

一年级时，学校统一组织打疫苗。"同学们，请你们把外套脱下来，然后把左胳膊露出来！"瞬时，其他同学像是刚剥了壳的水煮蛋般白净的胳膊裸露在我眼前，灼伤了我的眼睛。我低下了头，因为我的皮肤、样貌都有来自泥土的参照。

班主任顺着队伍清点这群"水煮蛋"，并满意地点点头。到我面前的时候，他的眼神变得犀利起来，盯着我说："你怎么不脱外套？是没有听到我刚才的话吗？"

"不是的，老师，我，我有点儿感冒。妈妈让我不要吹风，轮到我的时候我再脱外套，可以吗？"自卑裹挟着谎言喷涌而出。或许是搬出了母亲的缘故，又或许是因为撒谎而涨红的脸为我做证，班主任这才将笑盈盈的表情重新焊回脸上。

我脱下外套，露出了左胳膊——汗毛像丛生的杂草，葳葳蕤蕤。我这只蜡黄的胳膊就像乌鸦混进了天鹅群，与四周格格不入。终于打完了，我刚起身，就听见身后的男生和其他同学窃窃私语："那个女孩的胳膊上有好多毛啊！就像黄心猕猴桃一样。"我没来得及拿棉签止血，赶忙穿上外套就跑。被针孔渗出的血液浸染的不只是衣服，还有那个夏天满身汗毛的我。

后来，我开始讨厌夏天，再也没有穿过短袖。

"真的比正常人的体温低？"他侧身歪着头，手背不知何时已经放到了我的额头上，"好像是……哎，这不是挺热的吗？"不知何时，我的脸又悄悄涨红了。

我后知后觉地刚想拿起桌上的书打他，化学老师走进了教室。那节课我什么都没有听进去，只是静静趴在桌上，看着第二排穿着篮球背心的他，一股莫名的委屈翻涌而来。

他裸露出来的胳膊和多年前他们的一样，是那样的白。我曾经多么讨厌这个白色，但我竟然不讨厌他的白。他的白似月色皎洁，似碧玉温润，我青春的悸动氤氲在这样的白中。

我真希望自己是他身旁的那个女孩，扎着高马尾，肤若凝脂，穿着一件白色短袖，每一寸肌肤都像发圈上的栀子花一样，盛开在夏天里，干净、白嫩、香甜。

我趴在桌上，多么希望化学练习册上的碳、氢、氧……能够给我变出一瓶特效美白脱毛膏来。

伴随着盛夏的登场，窗外的榕树枝叶更加茂密，唱心事的蝉也从窗外飞到了操场上。

我们跟着"1234，2234"的拍子，踏着有节奏的步伐，背着繁重的学习压力，在操场上做课间操。突然身后传来一阵哄笑，循着笑声望去，我看见一个女孩的裤子上有一团红色若隐若现，而她似乎还不知道。我赶紧脱下校服，围在她的腰上，说："笑什么笑，很好笑吗？"哄笑声被我突如其来的怒吼盖住了，只余几声鼓点般的议论在风中飘荡着。

处理好那个女孩的事情后，刚坐到教室里，我就开始后悔了。最近持续阴雨，我的长袖都洗了且没有干，我穿的是哥哥的一件白色短袖。"糟了，他肯定看见了！"操场上那鼓点般的议论声击打着我的心，好像有一两声是关于我的。

我悄悄把书包抱在怀里，迅速挡住胳膊上的汗毛。

"穿上！"他脱下校服塞进我怀里，"我觉得热，没地儿放衣服，刚好你的体温比正常人的低，帮我降降温！衣服口袋里的东西是给你的。"

那是一封信，我读完第一句的时候，心里有一种说不出的感觉，信的内容是："你胳膊上的痣很好看，你不知道，刚才你拉走她的样子太帅了。每个人都不完美，但在我眼里，那个咋咋呼呼拿书打我，洋洋洒洒地写出优秀作文的你就是最完美的。毕业那天，我希望你可以穿着短袖扬起头走出考场。"

后来，我还是没有勇气穿上短袖，但我很喜欢那个夏天。走出考场那天，各色各样的短袖随着人群涌动，就像五颜六色的彩灯，长在青春的风中。那一只只白色的"水煮蛋"再也没有灼伤我的眼睛。我与夏天都不言不语，我也终于释怀了蝉鸣里的心事……"黄心猕猴桃"的自卑，在那一刻被治愈。

进入大学以后我才发现，真的有脱毛膏这种东西，还有脱毛仪，美白产品更是种类丰富。原来，曾经让我那么自卑的心事，可以这样毫不费力地解决。

多年后的一个夏天，我整理旧物时偶然发现，那封信的背面还有一行字："念念萦心是君名。"读完，淡淡的遗憾就像墙上的爬山虎，蜿蜒到了内心深处。为什么当时我没有看见呢？但随着时间的流逝，我也能对这行字报之一笑了。

后来，夏天的风吹过，我也喜欢将胳膊上的痣裸露在风中，我的短袖也随风一翕一张。"黄心猕猴桃"再也不怕夏天了。

# 才 命

□ 王鼎钧

人在青少年时期经常对自己的前途有很多幻想或疑惑：我将来到底能成为一个什么样的人？如果确切知道将来会幸福，现在我甘愿吃苦；如果将来确实能富有，我现在愿意节省。

谁也不知道自己将来的成就到底有多大。上天没有给一个人未卜先知的能力，但可能给我们机运，不知什么时候、什么地方，他会偶然想起我们，特意照顾。这时候，你是一个什么样的人？当鱼来的时候，你手里是不是有网呢？

许多人自以为怀才不遇，但是有一天忽然有重要的责任轮到他时，才发现自己专长不符，或者健康不佳。为什么不早一点锻炼身体、追求知识？早就有人劝过他，他当时叹口气说：那有什么用啊？

是的，也许有用，也许无用，我们事先很难预测，得活下去才知道。我们只有一面活着，一面准备，准备有一天重担当前有力气一肩挑起。

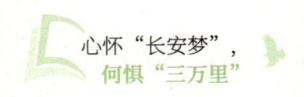

# 看来岂是寻常色

□ 梁 蒙

《红楼梦》中有许多配角着墨不多,但出场便声色夺人。作者对邢岫烟的刻画却是反其道而行之。她是邢夫人的侄女,随父母投奔贾府,遇到同路的薛宝钗堂兄妹、李纨的寡婶母女三人,一同登场。身处热闹群戏之中,她却默默无闻。论家世,她是寒门小户;论容貌,她清秀却不够惊艳;论亲戚关系,邢夫人在贾府人缘不好,连带岫烟也不受重视。贾母邀请薛宝琴、李纨寡婶的两个女儿都住下,才对邢夫人说,让岫烟"在园里住几天,逛逛再去"。

岫烟进了大观园,和一众个性张扬的人物相比,她依然低调。联句作诗她奉令而行,宴饮欢笑她也罕言寡语,显得平平无奇。关于她的描写,多半是突出寒素。第四十九回,下雪时众人都有御寒的华服,书中特意点出她"并无避雪之衣"。她后来虽然和薛家定了亲,但处境没有多大改善,因为用度不够提前典当棉衣,还是宝钗资助了她方罢。

仅仅看这些情节,岫烟就是一个令人心疼的清贫女孩。再看凤姐、薛姨妈等人对她的印象,也以为她只是具备温和端庄这些传统的女子美德。直到第六十三回,贾宝玉不知如何回复妙玉给他的拜帖出门询问,在园中偶然邂逅去找妙玉说话的岫烟。宝玉听岫烟说她和妙玉是多年知交,不由得大为叹赏:怪不得姐姐举止言谈超然如野鹤闲云,原来有本而来!

宝玉的惊叹,让人恍然体会到此前岫烟的沉默,并非源自自愧不如的拘谨,而来自她恬淡自适的风度。她不想当众展才,却也从不怯场,第五十回"芦雪广争联即景诗"的情节就蕴含着她奇光闪烁的内秀。

一是才情敏慧。芦雪广联句,后来变成黛玉、宝琴、宝钗三人"对战"湘云。忽而在探春联句之后,湘云口渴急着吃茶,这时岫烟接口联句。这不仅是救场的体贴,更说明她才力相继,敏捷专注之能虽不及钗黛云等人,却也未必在探春之下。

二是学养丰富。联句过后,众人让邢岫烟、李纹、薛宝琴各以红、梅、花三字为韵,作一首七律。书中写道,众人称"年纪最小、才又敏捷"的薛宝琴所作更好。诗无达诂,各有其美,但岫烟的诗作是用典最多的一首。颈联"霞隔罗浮梦未通"是用隋朝人梦游罗浮山遇到梅花仙子的故事,颔联"绿萼添妆融宝炬,缟仙扶醉跨残虹"又化用仙女萼绿华和残虹赤色的典论,说明她知识储备出众。

三是品格高致。岫烟她们赋诗的红梅,是李纨罚联句落败的宝玉去妙玉的栊翠庵折来的。李纨还说,"可厌妙玉为人,我不理他"。宝玉归来时又说,你们赏梅,可知我费了多少精神。可见大观园诸人多半认为妙玉不好接近,也不愿主动接近。在此过程中,岫烟始终沉默。当我们知道岫烟和妙玉是故交之后,这沉默就显示出难得的涵养。她没有因为李纨对妙玉的鄙薄而愤怒,没有因为宝玉的为难而显示自己与妙玉有交情来炫耀,之后也不因大观园众人对妙玉的态度而不与妙玉来往。

这样的性情气度,颇有不以物喜、不以己悲的君子之风,真如她所作七律的尾联所言,"看来岂是寻常色,浓淡由他冰雪中"。

内心强大的人，
允许一切发生

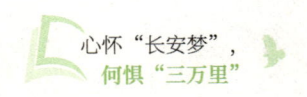

## 如何成为一个自由自在的人

□ 查 非

英国人加文·普雷特-平尼有一个秘密——他特别喜欢偷懒，一天里有一多半的时间，他都不想干活。他热爱那些跟懒有关的事情，喜欢赖床，喜欢午睡，喜欢在工作日的下午发呆，出去喝咖啡晒太阳，喜欢躺在草坪上，无所事事地看着天上的云。但在很长一段时间里，他无法将这些愿望说出来。

出生于伦敦的他过着标准的英国绅士生活，体面、严谨、勤奋。他的家境殷实，人生的前26年，加文活得很像他的父辈，向着成功生活一路高歌猛进。毕业后就直接出任艺术总监，负责一家英国报纸的整体设计。

一切看上去风平浪静，直到加文遇到了自己的中学同学汤姆·霍奇金森。他们是威斯敏斯特公学的同期生，毕业后，加文去了牛津大学，汤姆去了剑桥大学。两个人很聊得来，因为他们在很多方面都很相似，从小成绩优异，家教严格，汤姆的父母是英国知名作家，他在25岁之前的人生也是一路坦途。

多年后重逢，两位老同学坐下来聊天时才发现，他们有一样的秘密——讨厌上班，喜欢偷懒。

汤姆说，工作的这几年，他过得很挣扎，感觉"自己被一张网困住了"。改变他的是塞缪尔·约翰逊的一篇文章。约翰逊博士以勤奋著称，他有着惊人的毅力，靠自己的力量，花费九年编纂出闻名天下的《英语词典》，可让汤姆意外的是，约翰逊居然写过一篇关于懒惰的文章，原来这位大人物竟然也和自己一样，热爱偷懒，讨厌早起。

"他是如此犀利，富有创造力，与此同时，他又是这样极端懒惰。原来这两件事可以共存"，"我曾经对犯懒感到深深的愧疚，但是约翰逊博士的论文改变了我。是他让我明白，懒散状态会激发创造力，变懒也可以是一件好事"。汤姆·霍奇金森在接受英国媒体采访时说。汤姆把这一发现分享给了加文。两个老同学在热烈的讨论中意识到，过去他们不好意思偷懒，是因为他们的潜意识里总觉得"一事无成""坐以待毙""随波逐流"是贬义词，活着就要努力奋斗，闲散懒惰是对人生有害的，但现在他们觉得，也许这些只是人们的一种偏见，偷懒或许不是一件坏事。

他们决定为懒惰正名。两个人先后辞职，开始践行一种懒人生活方式——一懒到底，绝不放弃，以"无所事事"作为人生目标，他们想用自己的人生证明，懒也可以是一件好事。

懒人生活方式的第一个项目是办杂志，让更多人知道懒的好处。1993年，一本叫作《闲人》（*The Idler*）的杂志诞生了。汤姆负责文字，加文负责设计。他们在杂志封面特意标注"游手好闲专业读物"。杂志名也有典故，它来自给了他们懒惰动力的塞缪尔·约翰逊博士，取自他发表于1758年的文章："每个人都是，或者期望成为，一个闲人。"（Every man is, or hopes to be, an idler.）这本杂志一直发行到今天。

没多久，英国《卫报》看中了他们的价值，这家老牌媒体发现这些赞美偷懒的文章非常招年轻人喜欢，邀请他们成为《卫报》产品开发部的雇员，帮忙策划广告。电台邀请他们上节目，讲述杂志倡导的"懒惰"理念，越来越多的媒体约他们做采访。杂志社也收到了不少读者反馈，汤姆印象最深的一封信里写道："看到这本杂志真太好了！我还以为只有我老想偷懒，原来我不是一个人！"他们因为杂志结识了许多朋友，了解到一些千奇百怪的故事，正是在朋友聚会的酒后闲聊中，他们发现苦艾酒的存在，最早做起了进口苦艾酒的生意。

《闲人》杂志办到第十年，一切开始渐渐步入正轨。他们对杂志的管理有条不紊，各自的生活也过得不错，他们有固定住所、稳定收入，家庭关系也很融洽。就在这个时候，两个创始人宣布，他们要跳脱眼前的生活，休息一下。

2003年，加文突然宣布自己要放假，几天之内他就订了一张去意大利的票，把伦敦的房子租出去，一个人拎着行李搬去了罗马。到罗马后的头几天，他还在打电话找人帮忙打理他在伦敦的苦艾酒生意。这不是计划好的旅行，他每天睡到自然醒，有时候去田间散步，有时候去美术馆看画，在路边咖啡馆一坐就是一下午，什么事情都不做，只是看着天上的云发呆。

加文在罗马待了七个月，正是在这段时间，他产生了一个新的念头——罗马总是万里无云的湛蓝晴天，这让他想念伦敦的云，想念小时候抬头望着天看云的时光。他总是听到人们"说云的坏话"，嫌弃云遮住了太阳，抱怨云带来了雨，所以他想要为云做点什么。

于是，懒人生活方式有了新的方向。加文创办了一个新的组织，叫作赏云协会。

与此同时，汤姆则把《闲人》杂志十年间的主要观点集结成书，出了很多本关于懒人生活的书籍。同样令他们有点意外的是，这些书也很快受到了全世界的热烈欢迎。

"成为懒人"真的成为一项事业。他们不再是只在英国有点名气的古怪伙伴，现在他们的故事在不同国家被写成不同语种的报道，被更多人看到。在接受媒体采访时，汤姆和加文最喜欢讲的一个观点是：改变世界是一种成功，不改变世界同样是一种成功。

# 夕阳是一粒种子

□ 明　月

老人和孩子坐在一起看夕阳。老人问孩子："夕阳像什么呢？"

"像一粒种子。"孩子说。

老人想，孩子一定是见夕阳圆圆的，而大多数种子也是圆圆的，所以说夕阳像一粒种子。于是，老人有意追问了一声："怎么会像一粒种子呢？"

"当夕阳落入地平线，落入大地，像不像一粒种子播入泥土呢？"孩子说。

"但种子会发芽，夕阳会发芽吗？"老人问。

"怎么不会呢？"孩子说，"第二天黎明，那冉冉升起的朝阳，不就是夕阳发出的芽苞吗？"

这是老人没有想到的：夕阳落下，那是种子在播种；朝阳升起，那是种子在发芽。而朝阳，正是夕阳发出的一颗鲜嫩明亮的芽苞。

"夕阳是一粒种子。"老人自语了一声，看着孩子，像是看着一轮正在冉冉升起的朝阳，开心地笑起来，笑得像夕阳一样灿烂。

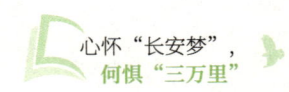

# 沉默型人格：我们为什么越来越不喜欢社交了

□ 卫 蓝

有一位读者朋友给我发来了私信：

和朋友或是同事相处时，我总是会积极主动地去"带动气氛"，因此，在大家眼里，我是一个非常健谈的人，跟"社恐"一词不沾边。

但每次社交后，我都会感觉特别疲惫，内心总会祈祷着这样的社交少一点。但是每当有社交活动时，我还是会参加，还是会很自觉地和大家"打"成一片。

对此，我很矛盾：为什么我一边不喜欢社交，一边又似乎很享受去当个"气氛带动者"呢？

健谈但是不喜欢社交，这是一个常见的趋避冲突。

那么，什么是趋避冲突呢？

心理学家尼尔·米勒将我们生活中常见的选择冲突总结为三种：

①双驱冲突。我们只能在两个都想要的选择中选择一个。比如，我们在多个追求者中只能选择一个，这就是常见的"鱼与熊掌不可兼得"的问题。

②双避冲突。我们必须在两个都不想要的选择中选一个。比如，你生病了，可你又害怕打针，两种选择你都不想要，但是你必须选一个。这种问题是最痛苦的，但是解决难度并不是很大。

③趋避冲突。我们必须决定是否选择一个既有好处，也有坏处的目标。这也就是哈姆雷特式"to be or not to be"的难题。比如，文章开头提到的读者朋友，健谈但是不喜欢任何形式的社交，就属于趋避冲突的类型，让人想又让人不想。

也就是说，社交的好处让人倾向于社交，而社交的坏处又让人想逃避社交。

那么，社交的趋因（好处）和避因（坏处）都有哪些呢？

从心理学家邓巴的角度看，语言的关键作用在于维系群体的关系。社交作为语言表达的延伸，其功能是基于维系关系。

社交的好处也在于此，它能够帮助我们获得更多的信息和帮助，进而增加种群的生存概率。

但是，社交也有很大坏处，那就是我们需要接受更多的社会约束。这种约束建立在维系社会关系之上。

当我们融入一个群体时，需要付出资源并且接受对方对我们的"是敌是友"评价。这种评价会带给我们更多的行为约束和心理压力。

从本能上看，人对社交的需求是必要的。

在有文字之前，人们交流信息的途径便是社交。

从别人嘴中获得关于世界的"二手信息"，可以降低我们试错的成本。

别人告诉我们"狮子是危险的，看到就要逃跑"，如果我们不听，就会为此付出代价。

但是，我们生活的时代变化得越来越快，以至于很多本能跟不上时代的变化。

其中包括对社交的需求问题。

从关系的维系方面，社交功能依然存在，但是对我们生死存亡的重要性降低很多。

一方面，我们获得信息不再单纯依靠社交。

我们可以通过书籍文字、网络媒体获得足够的信息了解世界，这两个渠道大大降低了我们对社交的生理和心理需求。

另一方面，社会的发达程度已经可以让我们不需要太多的外部支持也能够生存。

在以往生产力低下且信息渠道有限的社会，人们不得不依靠社交获得信息和帮助，维系生存。对他们来说，社交是必需品。

现在，我们不再需要刻意融入一个群体也能够获得足够的生存资源，社交对我们的生存价值也打了折扣。

所以，善于社交但是不喜欢社交，本质是社会发达带来的现象。

社交对生存的影响不再是重要趋因，而社会评价及为群体付出的避因开始主导我们的选择。

如果因为担心被评价、害怕气氛变得尴尬，选择不说话，那么就会出现越来越多的沉默型人格。

# 慢，是一种修炼

□缪克构

捷克作家米兰·昆德拉有部小说叫《慢》，里面写道："慢的乐趣怎么失传了呢？啊，古时候闲逛的人到哪儿去啦？民歌小调中游手好闲的英雄，这些漫游各地磨坊、在露天过夜的流浪汉，都到哪儿去啦？他们随着乡间小道、草原、林间空地和大自然一起消失了吗？"

从布拉格到维也纳的旅途中，我在广袤的乡间悠游，想起这句话，不禁感慨。因为，我真切地体会到了一种慢。陈旧的城墙，古老的街道，窗口摆放着色彩鲜艳的花；很少的牛群，更少的人，阳光一万丈长，缓慢地移动着草团的阴影；是秋天，风也很慢，你可以感觉到它在你脸上逗留的时光。如果，这还不能叫慢，那像我们这样在快节奏的城市中生活的人，大概神经早就麻木了。以前我一直以为，现在的人，是难以找得到慢生活的。整个世界在飞速旋转，慢的人和慢的生活已经被甩出椭圆形的轨道了。

实际上，我说的慢，或者说我要的慢，不是速度，而是一种修炼。慢是一种逆向——在汹涌的人群向前奔走的时候，一个迎面走来的人，他的名字就叫慢。慢是一种停顿——在地铁呼啸而来的时候，一个还在椅子上安静地翻阅报纸，静待下一辆列车来临的人，他的名字就叫慢。慢是一种超脱——在进退荣辱面前，没有大喜大悲，没有狂热和过激的行为，表情自若，人情练达，名字就叫慢。慢是一种休憩——在阳台上晒一刻钟太阳，在枝丫间数五秒钟时光，名字就叫慢。慢还是一种清醒——在过多的赞同、奉承，在麻木的惯性、依附中，缓缓说出你的担忧和反对，名字也叫慢。慢还是一种反思——在习以为常的循规蹈矩、因循守旧中，创新和改进，名字也叫慢。当然，慢还是一种拐弯、一种终止、一种死亡。

人生苦短。短就是快，一切都来不及。是感叹人生太短，而不是说苦难太短。换一种理解方式，人生的苦难如果很长，那就是一种慢。相聚的时光会过得很快，所以常说，幸福短暂。分别的日子很漫长，一日不见，如隔三秋。抓住了快就是抓住了慢，如果，等一等灵魂，慢就是一种快。

诗人柏桦有这样的诗句："呵，前途、阅读、转身，一切都是慢的。"这是一种时光凝固的自觉的慢，参透了人生的变化和真谛。

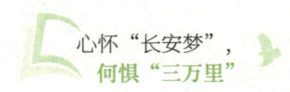

# 情绪垃圾桶

□范潇宇

物理学上有个很有趣的现象，当电荷遇到与自己不相熟的异种电荷时，会难得地收敛起自己的坏脾气，忍耐着对方的百般靠近。然而，对自己最亲近的同类，电荷往往会不遗余力地将对方推开，骨子里的狠厉不加掩饰，仿佛早已预料到对方不会还手一样。

换作人类也是如此。留心观察，你会发现，当面对自己最亲近的人时，譬如父母和伴侣，人们往往会处于松弛状态。在他们面前，我们几乎不会有偶像包袱，因为我们最坏的一面，早已有意或无意地在对方面前展现过了。由于爱的维系，即便知道我们并不像表面那么光鲜亮丽，他们仍然不会弃我们而去。于是，出于心理上的惯性和依赖，人们会越发恃宠而骄、肆无忌惮，甚至把最亲近的人当作自己情绪的垃圾桶。

我做过的最后悔的事，就是将满身的刺扎向自己的母亲。一遇到父母，我的情绪就像是饱胀的皮球，哪怕是吃饭这种小事，都能引发爆炸。

记得那次考试失利，我将自己反锁在房间里，即便是到了饭点儿也不肯挪窝。母亲跑来敲门，温和的呼唤声却换来了我不耐烦的吼叫，仿佛只有八抬大轿，十里红妆，才配迎我出门吃饭。即便被我吼了，母亲也没有生气，仍然耐着性子唤我。她孜孜不倦的呼唤声竟让我涌起一种诡异的满足感，仿佛只有这样，才能证明我没有那么差劲，我是被爱着的。得益于这点儿满足感，我大发慈悲地顺了她的意，开门出去吃饭了。

母亲端着刚出锅的辣椒炒肉从厨房出来，饭菜的香气在鼻尖蔓延，然而母亲脸上挂着的笑深深刺痛了我。那瞬间，我心里扭曲极了：没看出来我很难过吗？我都这么难过了，你怎么还笑得出来？心中的郁气横冲直撞，似要将我吞噬。无处发泄的我便没事找事，冲着饭桌上的辣椒炒肉挑刺。有种自己淋了雨，也要将他人的伞撕烂的报复心理。

我挑起一块儿肉，却并不急着放进嘴里，反而挑着它左看右看，仿佛在观察昂贵的拍卖品有没有瑕疵。一番观察过后，总算让我抓住了小辫子——一粒罪恶的辣椒籽牢牢地粘在了肉上面。我啪地放下筷子，抱怨声脱口而出："咦，你怎么没把辣椒籽去干净啊？你不知道我牙口不好，吃辣椒籽容易卡牙吗？"说着便仰躺到沙发上，与那盘菜拉开距离，大有僵持到底的意思。

母亲见状，立马把那粒辣椒籽挑掉，冲我赔笑着："好了，妈妈把它挑走了，不碍事的，快吃饭吧。"但是这场由我单方面发起的战局已经拉开，我是不可能随随便便就偃旗息鼓的，好像不闹出点名堂，就显得很没面子一样。我不依不饶道："哪有，我都看到了，一碗的辣椒籽，挑都挑不过来，我不吃了。"说罢，作势要回房间里去。至于辣椒籽有没有多到这种程度，其实我自己也不知道。我能这么脸不红心不跳地扯谎，是因为我清楚地知道，我是母亲的软肋，并且卑鄙地利用了这一点怼得母亲哑口无言。

母亲无措地拉住我，苦口婆心道："不吃饭怎么能行？乖，吃一点儿吧，不吃饭身体受不住的。"她句句忠言，却只得到了我毫不留情的拒绝。母亲不自觉地拽着衣服，关切地看着我欲言又止，仿佛无缘无故被批评的小孩子。事实上，她的确没有做错什么，这一切对她来说是"飞来横祸"。大概是情绪已经得到发泄，又或许是我良心未泯，看着她可怜的样子，我的负罪感姗姗来迟。我决定原谅她没去辣椒籽的疏忽，只需她再好声好气地劝我几句，我便会顺着她给的梯子往下爬。

可事情没有像我预料的那样发展。母亲眼睛亮了下，像是突然想到了什么好主意："不喜欢吃我做的，那我出去给你买好不好？就去你最爱吃的那家店。"说罢，她不等我回应便拿起钥匙出了门，好像生怕再收到我的拒绝。

这下，空旷的屋子里只剩下我一个人，负罪感后知后觉地将我包围。桌子上的那盘辣椒炒肉已经慢慢凉掉，可被我泼了冷水的，又何止这盘菜！我又想起母亲临走前那副可怜兮兮的模样，感觉心里酸酸涩涩的不是滋味儿。客厅的钟嗒嗒地走动着，一下一下凌迟着我的心脏。我在心里唾骂了自己一句，觉得无颜面对自己的母亲。

一分一秒都仿佛被无限拉长，焦急的等待过后，母亲终于回来了。大冬天这么平白无故跑一遭，她的脸颊和耳朵冻得通红。看到我，她像是拿着战利品讨夸赞的士兵一般，把饭盒放到我眼前。我再也抑制不住，眼泪汹涌而出，我将头埋在她怀里，哽咽着连连道歉。母亲慈爱地拍了拍我的背，开口道："好孩子，别哭了，妈知道你压力大。"她像是宽阔的海，总能包容我的任性，我暗暗发誓：再也不会把负面情绪发泄到亲近的人身上。

读到这里，不妨花几分钟回忆一下，你有过把亲近的人当情绪垃圾桶的经历吗？其实排解情绪的方法有很多，大多时候，直白地说出来会让自己好受很多。只要你愿意，我们最亲近的人会是很好的倾听者。千万不要像我这样，当个闷葫芦什么也不肯说，然后随意地把情绪发泄到他人身上。这样只会让彼此的心凉掉，害人害己。

亮给我们亲近之人的，应该是软乎乎的肚皮，而不是浑身的尖刺。

# 心态的力量

□逍遥子

《道德经》中有言："万物并作，吾以观复。"活得洒脱自在的人，面对万物变化，心态稳定平和，故而少烦扰多福气。人生如棋，处处是考验，只有稳住心态，才能柳暗花明，绝处逢生，福气降临。

东晋时期，前秦皇帝苻坚率兵百万，攻打东晋，可东晋只有八万兵力，双方兵力悬殊。眼看即将开战，手下心急如焚，想要询问东晋将领谢安有何计策。谢安却稳如泰山，与人下棋、饮酒、弹琴、作诗，对战事闭口不谈。甚至要求众人与他一同下棋，手下心绪不宁，焦躁不安，根本没有心情下棋，直到日落天黑，也没有一盘胜局。深夜，手下各自回营后才恍然大悟，谢安必定胸有成竹，才能如此气定神闲。于是，便不再焦虑，而是各司其职，等候指令。最终，晋军在谢安有条不紊的指挥下，将前秦的百万之师土崩瓦解，大获全胜。

王阳明曾说："越是艰难处，越是修心时。"无论境遇多么艰难，都别让悲观焦躁萦绕心头。若自己乱了阵脚，事情只会更糟，结果必定溃不成军。唯有稳住心态，才能用理智而清醒的头脑，坦然面对所有的纷争与侵扰。一切困难自会迎刃而解，自己的福气也会越来越深。真正有智慧的人，从来都是安如磐石，静而谋定，从而拥有深厚的福泽。

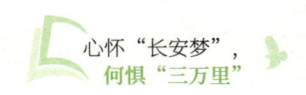

## 愚笨感

□ 邓安庆

跟朋友吃饭，聊起读书时的情形。朋友说他高中没好好读，所以考的大学也不怎么好。

其实当时我是想讲话的，但我忍住了：他考的那所大学，比我读的大学还是好一些的——一所我刻苦努力才考上的大学。

此时浮现在我脑海中的第一个词是愚笨感。这种感受如此强烈，让我想起很多场景，比如我会第一个到教室去上早自习，会做题做到很晚，可是我的成绩并不理想。我就是那种学习很努力可是成绩不好的学生。

而我们班级里经常考第一的同学，上课睡觉，考试照样拿第一，简直要气死！对我来说每一道数学题，每一个需要分析的英语长句，做起来都如攀登高峰一样吃力，对这些聪明的同学来说，扫一眼就会了。

这种感觉上班后依然挥之不去。领导交代一件事情，别的同事一下子就明白了，而我琢磨半天，还是理不清关系，非得找同事一样样问清楚。过一会儿，感觉自己还是没有理解透，又去问同事，究竟是不是这样，为什么是这样……我想同事们也会不耐烦：一件这么简单的事情，为什么到了你这里就这么复杂？

聪明是什么感觉呢？一点就透，能迅速找到事情的规律，还能举一反三。事情到了他们那里变得通透轻盈，拿起来不费力气。

到了我这等愚笨的人面前，事情混浊庞大，越想努力解开越是被围在其中，陷入沮丧的泥淖之中。它带来的副作用就是我的笨手笨脚和惶恐不安。

最早的一个场景是哥哥让我去买方便面，拿着钱走在去小卖部的路上，我一直在纠结：

我没有问清楚要买的是什么方便面，是哪个牌子的呢？要桶装的，还是袋装的呢？……那一刻我恨不得跑回去再问清楚，又怕哥哥嫌弃我笨。

去了小卖部后，每一样都买了一包回来，哥哥看到后，大吃一惊："你买这么多干什么？！"

这种怕受责骂的担心，从小时候蔓延到现在，就是在一堆可能性之中无法抉择，担心害怕，觉得自己太笨了。

但事情的另外一面是，你腻烦了这种凄惶的心态，变得独断起来，"我为什么要怕来怕去！相信自己的直觉好了！想怎么做就怎么做！"

于是变得雷厉风行，做事神速，当下判断，当下行动。

这种"快"的感觉，真是太好了！好比飙车，终于享受到风迅速掠过耳边肾上腺素飙升的激情。但事情的结尾往往是一塌糊涂，因为那是莽撞的代价。

不论是"龟速"还是"神速"，都因对事情无法一下子理解清楚，那个需要反反复复揣摩又无法知道自己是对是错的状态，那个因之而生出"我怎么这么笨啊"的感慨，都是我一直想要躲避的。

但生活一再提醒你，比如在写这篇文章时，我拧开一瓶水，"噗"的一声水洒在我的裤子上，我去拿纸擦拭时，又被椅子绊倒……

嗯，那个坐在课桌前拧着眉头做题又做不出来的我抬起头，穿越二十年的时光看到现在的我，还是这个鬼样子，会不会丢下笔，"辛苦做这些还有什么意义呢？！"

## 心 事

□ 白音格力

一开始，心事装在眼睛里，全世界的雨都是眼泪；后来，心事压在心底，你走过的路知道，看过的花知道，写过的字知道，只有那个人不知道。

我愿心事不是眼泪，尽管她也是洁净的；我只想心事是一团花影，婆娑于眼，宁静于心。

我更喜欢的是，把心事开成花，让清风来照顾；把心事磨成墨，让笔来倾诉；把心事泡成茶，让光阴来慢品。

心事，就应该这样，是淡的痕，素的影，清的凉，有些哀婉，却值得爱怜，是寂寂孤月心，亭亭圆泉影。是的，终归，心事是一泉水，倒着他的影。

所以，美好的心事，一定有着洁净的质地，是花的明，玉的净。

即便老，心事也是唱的老歌，走的老路，爱的老口味。

像一座青山老去，但总有淡墨烘托；像一封信旧了，但越旧越能读出味道。心事是一个人的清欢，何惧岁月老去，记忆泛白。

哪怕剩下寒枝，哪怕岁月寒凉。

我相信，有些心事，心心念念，这念是线，穿过光阴的针眼，终能缝一件温暖牌风衣，御岁月的寒。

能说出口的，也许不是心事，只是一块心病。压在心底的，也许不是心事，只是一块心石。

心事，是即便花开了又落，草长了又枯，空林有雪相待，清深而洁，面若桃花。在长长的岁月里，也许我的心事，就是爱上一个黎明一个黄昏，一棵花树一条路，一片月色一朵云，然后才更深更深地爱着你。

## 唤起我们的德行

□ [英] 阿兰·德波顿　译 / 南治国

如果把人放置于大自然中，与一挂瀑布或一座高山、一棵橡树或一棵白菜共处，会对他的身份认同产生什么影响呢？毕竟，草木无情，它们何以能鼓励我们，让我们从善如流？然而，自然景物具有提示我们某些价值的能力，例如橡树象征尊严，松树象征坚毅，湖泊象征静谧。因此，自然界中的景物能够含蓄地唤起我们的德行。

两个人站在岩石边，俯瞰着河流及树木茂密的大山谷。这样的景色可能不仅改变了他们与自然的关系，也使得这两个人之间的关系不一样了。

在悬崖相伴之下，我们曾关注的一些东西都显得不重要了。反之，一些崇高的念头油然而生。它的雄伟鼓励我们要稳重和宽宏大量，它的巨大体积教导我们用谦卑和善意尊重超越我们的东西。

人的一生，如果在大自然中度过，性格会被改变不少，不再争强好胜、羡慕别人，也不再焦虑。

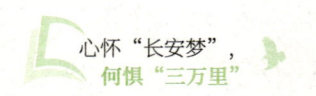

# 人看多了，就想看看海

□潘云贵

## 1

这段时间，总喜欢一个人走在深夜空荡荡的大街上。远处有犬吠声传来，仿佛被扩音器放大一样，在空气中回响。风有点大，吹得商店篷布噗噗作响，像这座城市的旧衣裳被逐层掀开，有什么故事要裸露出来。自己不知不觉就走到离住所很远的地方，像个刚来的旅人，在原本熟悉的城市里迷路。

腿脚走得有些酸痛，想打辆出租车回去时，听到路的尽头有阵阵涛声，像是海潮，一瞬间错觉，让我向着夜的那头走去。看见是一片江，在晚风中汹涌澎湃，岸边渔火簇簇，我停在路的尽头，对自己笑了笑。

在云南旅行时，也有过这样的错觉。那年九月有一周时间，心里挤着太多烦恼，我想遣散它们，就逃离学校，来到大理。在苍山洱海边的一家民宿，挑了间窗户面朝洱海的卧室，住着。傍晚时分水雾凝重，我倚靠着露台栏杆目视前方，天水相交近似一色，有无限的辽阔铺开，洱海像一片真正的海。楼下，民宿老板在收衣服，柴犬在他身旁撒欢，我不禁嘴角上扬，觉得生活仿佛也是片平静的海。

故乡长乐靠着东海，年少时常和祖父穿过沙丘来到海边。祖父是个受过太多苦难创伤的人，一生郁郁不得志，所以常常独自来看海。当我自顾自踏着浪花越走越远时，他立马厉声喝住我，说许多时候大海看似表面平静，底下实则暗涌遍布，分外危险。他吃力地拉长满布锈迹的声音，叫我快回来，快回来。

那时自己毕竟年少，不知其中深意，长大后才明白，人世与海如此相似。只有潜入过深海的人才知海底漆黑，动荡不安。当我们无法获知隐藏在其中的危险时，会感到深深的恐惧。海给了每个人敬畏它的缘由。

因为故乡近海含沙量大，且以黄沙为主，所以海水常年较为浑浊，不是我理想中的海。我心中真正的海是在兰屿见到的。从台东富冈渔港出发，坐两小时客轮，来到这座被时间掷于太平洋上的岛屿。四周全被深蓝色的海水围住，起风时，岛屿仿佛成了一艘船，在这波涛汹涌的太平洋上乘风破浪，当自己与浪花交手几回后，由畏惧到亲昵，一冲动真想从高崖跃入海中，投进它蓝色的臂弯。

来岛上的第二天，我就请达悟族房东大叔带我去浮潜。在双狮岩附近，遇盛夏豪雨，海面顿时成为鼓面，我的后背遭到一阵捶打，不觉疼痛，倒像一种解脱，仿佛周身的孤绝爱恨被敲打而出，淌向远处深海。我低头，水下的世界平静如昨，鱼群按着原有的节奏行进，海带随着水流摆动自己柔软的身体，一条海蛇闪电般穿过我的目光，向更深的海底刺去。我感觉此刻上帝把他的眼睛给了我。

## 2

兰屿人家不多，道路空旷，除了驶过的摩托，甚少见到人影。我在路上走，经常碰到一群山羊，它们并不怕人，悠然徒行，啃着青草，向我走来，偶尔见到飞得疲倦的白鹭停驻在它们背上，动物们对行人并无一丝恐惧，生命没有高低贵贱，如此平等。

岛上的居民也不曾被物质、名利捆绑，每天日出而作，日落而息，天气好，就出海捕鱼，回来挑些鱼现炒现煮，剩下的经腌制后晒成鱼干，供日后食用，等鱼快吃完时，再去捕。也在屋后种些菜，逢着海上风大或休渔期，就从地里取得食物。

"一日三餐自给自足，不用跟谁比较，在这里，每家每户情况都一样。"浮潜回来途中，房东开着吉普车，对我说道。

或许这也是许多人选择逃离城市生活而旅居在岛上的原因，这里不仅有我们久违的自然风光：蓝天、碧海、松涛、旷野、星空、明月、清泉……更重要的是重建了生活的秩序、行走的节奏，以及治愈自我的内心。当我站在开元港，迎着阵阵海风，遥望客轮开来的方向，发现彼岸固化的世界早已失去轮廓，它此刻离我如此遥远，隔着一条银河似的，我不再奔波于汹涌的人海，不再接住谁扔下来的材料、任务，不必忍气吞声，也不必取悦谁，只觉得自己是自己了。在这片刻，东临碣石，以观沧海，的的确确感受到自身的存在，就如梁实秋所说的："人在有闲的时候才最像是一个人。"

在海边，清晨起床，看阳光逐渐从桌角移到床边，床头柜上的水杯光影浮动，窗外早已缤纷灿烂，能闻到大海特有的咸湿气味，像跟前升起了一片透明的海，鱼虾游动，散发这些味道。

想起英国作家丹尼尔·笛福在《鲁滨孙漂流记》中写下的一句话："我们老是感到缺少什么东西而不满足，是因为我们对已经得到的东西缺少感激之情。"我看看眼前的世界，感恩于每一个事物在我生命的途中所贡献的力量，让我知道了美，感受到了情，期待着爱，让我成为一个人。

当然，我时常也会问自己：愿意一直留在岛上吗？真实的答案是自己无法长久待在这里。狭小而孤独的海岛是用来寻找自我、放慢节奏的。出来久了，城里的人会逐渐忘记城外的人。我终究是要回到自己熟悉的世界去，那里有我的家人、我的生活、我的工作、我作为人价值所要体现的地方。

### 3

海是内心的一处庇护所，但不是居留地。每个人可以把苦楚暂且搁置在风月海潮里，由着自我的性情走一小趟活泼泼的人间，可随后仍要回头处理自我与现实的矛盾，试着去调整，去适应，去解决。不要指望海替你保管所有，它没职责，也无义务。它只是每天按照自己的节奏潮涨潮退，发出自然的声息，与这天空对望。

从岛上回来一年后，我硕士毕业，开始工作。时间随即变成一根绷得紧紧的橡皮筋，拉着动物一样的自己前行，一步步远离过去慢得仿佛静止的光阴。多少次午夜辗转难眠，都希望自己还在海边，在炎夏吹着大风，在干净的白沙上奔跑，看蔚蓝的海，自己甚至只想当个海上的渔夫。

但我明白明天早上醒来后还是得面对镜子里的那个人，我要给自己一张足以承受世间万千磨难的笑脸，让自己成为海，去包容这世界所有的喜悦与悲伤、温热与苍凉，我不能哭泣，也不能放弃，毕竟不能辜负每一片我所看到的海，不能辜负自己旅行的意义。

# 生 活

□梭 罗

无论你的生活多么低劣平庸，都要面对它好好地过；不要躲避它、咒骂它。它不像你那么糟。你最富有的时候生活显得最贫穷。爱挑剔的人即使在天堂里也能找出毛病来。尽管贫穷，也要热爱你的生活。即使在济贫院里，也许你也会有一些愉快的、激动的、光辉的时刻。夕阳反射在救济院的窗子上，和反射在富人的宅窗上同样明亮；门前的雪在春天同时融化。我看到只有安谧悠闲的人，能够在那里生活得和在宫殿里一样满足，拥有同样使人高兴的思想。

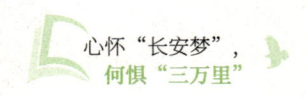

# 对"出口成伤",你可以选择不原谅

□陈艳涛

《红楼梦》里,薛宝钗是比林黛玉更接近世俗意义上完美定义的女子,"品格端方,容貌丰美,行为豁达,随时从分",有涵养,稳重而周到,在整部书中,我们基本上看不到宝钗生气大怒的情节,只有第三十回例外。

第三十回里,宝玉和黛玉之间闹了别扭,刚刚和好。两人一起去了贾母房中,这时候宝钗也在,宝玉开启了尬聊模式。他问宝钗为什么不去看戏,宝钗说因为她怕热,宝玉搭讪笑道:"怪不得他们拿姐姐比杨妃,原也体丰怯热。"

不料此言一出,宝钗大怒。她用了三连发的动作狠狠回敬了宝玉。先是冷笑着回怼他:"我倒像杨妃,只是没一个好哥哥好兄弟可以作得杨国忠的!"第二次发力,是一个小丫鬟撞上枪口,开玩笑问宝钗要她丢失了的扇子,宝钗厉声指着她说:"和你素日嬉皮笑脸的那些姑娘们跟前,你该问他们去。"吓得小丫鬟跑了。这番指桑骂槐,让宝玉"自知又把话说造次了"。

黛玉看宝玉奚落宝钗,心中着实得意,也想趁机取笑一番,却被宝钗的疾言厉色吓住,改口问宝钗听了什么戏。宝钗看黛玉面有得意之色,又借《负荆请罪》的戏名讽刺宝黛二人之前闹出大动静的争吵又和好,让宝黛二人"越发不好过了"。

宝钗之所以极为罕见地大怒,且再三敲打宝黛二人,一则宝玉语出伤人,他评价宝钗"体丰怯热",在以瘦为美的明清,无异于当众揭短。二则杨玉环是当时市井中流行的野史艳书主角之一,声名几乎算得上不堪。宝钗又刚经历选秀失败,听到宝玉的话会大怒,也在情理之中。

我们身边常有一些容易出口伤人的人。有一种对出口伤人的辩解,是"刀子嘴,豆腐心"。但人海茫茫里,很多人都没有时间和机会见识到"刀子嘴"之下的"豆腐心"。被语言霸凌也是霸凌,被"刀子嘴"伤害也是伤害,那些轻易出口伤人的人不会知道,他们曾怎样深深伤害过另一些人。对这样的"伤",你是否要选择原谅?

心理学博士陈海贤曾经分享过一段经历。在参加一个团体时,他遇到一位"刀子嘴"的女士,经常犀利地攻击别人。在被连续攻击了几次以后,陈海贤忍不住回了一句:"你说话真的很伤人。"这个回应让那位女士愣了一下。第二天,这位女士当众对他说:"趁我还有勇气,我要向陈海贤道歉。"接着,她说了一段很真诚的话,并渴望获得更好的关系。当时,所有人都看着陈海贤,期待他温暖地回应这番话。

但在短暂的沉默过后,陈海贤坚定地说:"对不起,我不接受。"他解释说:"我想用拒绝告诉你,不是所有的伤害,都可以用道歉来弥补。没想到从那以后,那位女士变了。在遭受到被拒绝的震惊和尴尬之后,她学会了自省和改变——拒绝原谅,有时比无限包容更能带给一个人成长。

成年人需要为自己的每一句话、每一种行为负责。我们拒绝轻易原谅,并不是心胸狭窄,而是要让每个人知道人与人交往时的界限和法则。

不轻易原谅,正是为了相互的提醒和成长。

# 每个人都有一个独特的情绪按钮

□ 星 一

我在学校实习的时候，有一天清晨在路边排队买早餐。我前面排着一位穿着校服的小女孩，小女孩原本安静地排着队，忽然侧过身，朝着马路对面喊某人的名字。我顺着她喊话的方向望去，马路对面是另一位穿着校服的学生，我猜想应该是她的同学吧。

但是那位同学似乎没有听到她的呼喊，自顾自地往前走，进了校门。

"距离太远了，她没听见。"我朝面前的小女孩脱口说出这句话，她没有回应我，买好早餐就走了。我有一丝尴尬，但不十分强烈，取而代之的是有些好奇：我为什么会对小女孩说这样的话？

经我分析，是我认为这个小女孩会因为那位同学没有理会她而感到沮丧。我对她说"距离太远了，她没听见"是想安慰她，当时我甚至想帮她喊对面的同学。但我想安慰的真的是眼前的这位小女孩吗？不，是我自己，那个曾经害怕被冷落的小孩。

内向如我，从小到大朋友都不多，对来自同学和朋友的关注，我总是小心翼翼，生怕会被冷落。以至于我一直害怕：我与别人打招呼时，别人不理我，或者别人与我打招呼时，我没听见，对方会以为我不理他。如果我像那位小女孩一样向同学打招呼，无论对方听没听见，如果他没有理会我，我都会觉得很受伤，认为对方是故意不理我。

反之，别人和我打招呼时我没有回应，事后对方问我，我也怕对方误会而赶忙解释。

"别人不理会我"和"别人误会我不理他"算是我的情绪按钮。我也渐渐地发觉，在人际交往中，如果我们常被别人不经意地激怒，很大程度是别人恰好按到了我们的情绪按钮。

我有一位高中同桌，刚开始同桌时我们很要好，后来变成坐在一起也不说话。因为有一次上语文课，老师说："多数人会给他们的理想和抱负加一个前提'等我有钱了'，其实……"

"等我有钱了，我买两个棒棒糖，一个你看着我吃，一个我吃给你看。"他对我说。我们那会儿关系还很好，以为可以随便开玩笑。

"等你有钱了，还是先去把腿扯长点吧。全班第一矮的小短腿。"他听到后转过头，板着脸不说话了。

事后我也没有道歉，为什么一句玩笑就当真了？我甚至觉得我说的就是事实啊。那时我不懂在他读书的过程中，一定因为身高问题遇到过一些挫折，而我随意地"取笑"了他的身高。个子矮就是他的情绪按钮，如果不经意按到，他就难以控制自己的脾气。只是那时的我还不懂"己所不欲，勿施于人"。

每个人的情绪按钮都很独特。有的人怕被冷落，有的人怕被质疑，有的人怕被拒绝，有的人怕无法做到完美。时间让我们自以为已经变成百毒不侵、不再矫情和脆弱的大人，只是某些时刻却不得不承认，我们心里还住着一个小孩。我们有无数需要默默消化的脆弱与难堪，有些笑笑就能过去，有些种在心里，从未痊愈。但是很多时候，我们一旦摁住自己的情绪按钮，治愈模式就开启了。

直面情绪按钮，你会发现其实它并没有想象中那么可怕。我们就是靠这样不断的自我修炼，变得成熟自在。

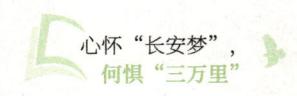

# "但是人"与"是但人"

□黄超鹏

著名作家、美食家蔡澜先生说过一段话,意思是说,做人不要太多"但是",太多"但是"了以后,你就会变成一个"但是人"。"但是人"很悲哀,什么事情都是"但是、但是",什么事情都要唱反调。

"但是人"其实就是我们生活中的抬杠人和逃避人。生活中,我们经常会遇到这些人。

比如朋友聚会,在畅想一件美好的事情时,有些人会打断你,抛出"但是"的理论,对计划全无益处,而且给你泼一盆冷水,令人大感扫兴;有人明知你的看法是对的,他就喜欢与人针锋相对,抛出不一样的看法,来体现自己的与众不同;有人面对挑战,还没有行动,就做出各种假设,去逃避困难,临阵退缩。

蔡澜先生还说过另外一句话:"我不去假设那些痛苦,我去假设那些快乐。"我们很欢迎那些好心提醒我们危险、教导我们如何规避风险的"但是"。正能量、积极的"但是"能让我们防患于未然,考虑到方方面面,减少错漏。

生活中,我们还会遇到一种人,当你询问他今晚吃什么,以及他择偶的条件、对事情的选择,他都会回答你:"随便!""随便"在粤语里为"是但",有种无所谓,都可以的随意。我称之为"是但人"。

这些看上去没有条件、没有要求的人,其实是最难以满足和最难以安抚的一群人。他们没有给出答案,抛出问题的人就得代替他们去做决定,当你替他们做了决定,他们又诸多挑剔,不满多多,完全没有之前回答"是但"时的淡然。"是但"的范围可以很大,大到没有标准,老板们模棱两可的"是但",甲方看似轻描淡写的"是但",都蕴含巨大的不确定性。故意用虚假的大度来隐藏真实的想法,无限即是有限,只要他们不满意,你就已经触碰他们随意的底线。"是但人"也是逃避人,事情没做好,工作完不成,一副"摆烂"的随便,得过且过,永远不会有进步。

其实,"是但"二字的另一种解读,可以很洒脱、很无畏、很乐观、很无拘无束。遇到挫折,没觉得有什么大不了;不多作计较,不浪费时间去纠结一些琐事。

态度有两面,这就取决于你想成为什么样的人。

# 肉包和香蕉

□ 睿 雪

肉包和香蕉的味道，曾经充斥在我童年的某段时光。

12岁那年，我生了一场大病，父母带着我四处求医。在省城的一家大医院，病情终于得到确诊，医生建议给我做手术。慌忙为我办理了住院手续后，母亲就离开了。这几个月的奔波已把家里仅有的一点积蓄花去大半，母亲必须回去为我筹集动手术的钱。

病房里尽是惨白，我的心情愈加沉重。大部分时间里，我喜欢静静地坐在病床上，望着窗外发呆。或许是怕惹我心烦，守在我身边的父亲也总是小心翼翼地陪我一起沉默。

只有每天清晨，才是父亲最活跃的时候。他总是早早起床，冲出门去，买回4个肉包，当一天的饭菜。肉包是小贩们提来叫卖的，数量有限，很多人抢买。我好奇父亲为什么总要去买肉包，父亲抱怨说医院的饭菜味道太怪，他吃不习惯。我的看法倒与他的不同。医院的饭菜里有我从没吃过的豆芽菜，还有一些叫不上名的肉制品，美味可口。所以，每到饭点，我吃饭配菜，父亲吃肉包，配一碗清汤。肉包的味道很浓，经常惹来病房里其他人的小声抱怨，但父亲还是雷打不动地买，雷打不动地吃。

过了几天，母亲筹集的钱寄来了。当我被推进手术室的时候，父亲只是紧紧地握住我的手，什么话也没说。但我感受得到，父亲是想鼓励我坚强、别害怕。年幼的我对手术难免恐惧，但我努力对父亲挤出微笑，直到他的身影渐渐离我而去。

当我醒来的时候，已经回到病房。父亲趴在我的病床旁睡着了。我刚试着动了下身子，父亲就一个激灵坐起来，怜爱地摸摸我的头，问我想吃点什么。

我很想对他说，我想吃李子、桃子或苹果。李子和桃子是常见的水果，我怀念那种味道。而苹果是我很少能吃到的，一直对我充满诱惑。但话到嘴边成了"我想吃香蕉"。我轻轻地对父亲说。我观察过，医院门口的水果摊上，李子、桃子和苹果的标价都在每斤3元以上，唯一便宜的就是香蕉，每斤1.5元。

父亲很乐和地跑了出去，不一会儿就提了一串香蕉进来。虽然我并不爱吃香蕉，但为了帮父亲省点儿钱，此后的20天里，只要父亲问我想吃什么，我都会回答"香蕉"。

出院回家后，有一天，母亲要出门买东西，问我们想吃点什么。没想到，我和父亲同时指着对方喊道："只要不给她（他）买香蕉（肉包）就行！"

母亲一头雾水，而我和父亲只是相视一笑。是的，只是笑，不必说什么。原来，我和父亲都早已猜透了对方的秘密——我岂会不知道，父亲啃肉包是为了让我能吃医院里的好饭菜；父亲也早就明白，我要香蕉是故意为他省钱。

肉包和香蕉，承载着我们这对清贫父女心有灵犀的默契。很多时候，最深沉的爱，往往无须言明，埋于彼此的心底，默默享受，便已足够。

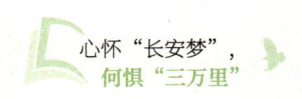

# 猿：谁说我叫就是因为伤心

□金陵小岱

在诗人笔下，猿的叫声总是有些凄惨，如宋代《巴东三峡歌》："巴东三峡巫峡长，猿鸣三声泪沾裳。"又如梁元帝萧绎《折杨柳》："寒夜猿声彻，游子泪沾裳。"如果猿看到这些诗，并且会说人话，它肯定要怒吼一声："谁说我叫就是因为伤心？"

不同种类的猿，叫声差别很大，有的尖锐如电钻打墙，有的是沉闷的低音炮，也有的似高亢的男女高音，当然也有慢性子般的喃喃低语……不过，猿也不是乱叫，它们吼叫往往是为了聊天，通过调整叫声的频率给同伴传达信息。有趣的是，猿有时还与"家人们"组合起来叫，通常由几只成年的猿相互配合，发出结构复杂、频率多变的叫声，听起来像是一个大合唱。正因如此，猿的啼叫声与其他动物相比要特别一些，于是古人对猿的叫声就分外留意。

### 或许，李白是猿真正的知音

猿的叫声最早引起了屈原的注意，屈原在《楚辞·九歌·山鬼》中写道："雷填填兮雨冥冥，猿啾啾兮狖夜鸣。"三峡这个地方，客来客往，而古代交通又不发达，只要是与家人、朋友分别，人们就难免感伤。当文人雅士路过此处，想着分离的伤感，再听到猿的叫声，更是增添了凄凉之感。而在这里谋生的渔民，也有许多人背井离乡，或是生活中发生了变故，他们在渔歌互答的时候，也难免会抒发愁绪。在这些情景下，猿的叫声高亢而又委婉，像是给这种场景增加了音乐特效一样，于是猿的叫声基调就被古代文人定了下来。

或许李白是猿真正的知音，"两岸猿声啼不住，轻舟已过万重山"，你看他获得了朝廷大赦，心情无比畅快，感觉此时的猿声听起来就无比快乐。如果猿能说话，它一定会告诉人类："不好意思，我真的没有那么多伤心事，你们别再编排我啦！"

### 古人曾将猿当宠物养

在古代，猿不只是生活在深山老林中，古人曾经掀起过持续很长一段时间的"养猿风"。是的，你没看错，古人的宠物里居然还有猿！《淮南子》卷十六《说山训》里曾经提到"楚王亡其猿而林木为之残"：楚王的猿逃走后，楚王为了找到这只猿，竟然直接把山林毁了。楚王如此暴躁，大概是因为当时的猿在北方还属于进贡的珍稀物种，这么一个"吉祥物"居然跑了，楚王估计气疯了。

当然，猿不可能只被养在深宫，后来文人雅士间也兴起了养猿的风气。这些文人雅士养的猿，个个堪称"猿精"，智商与情商，时时在线。

先从唐代宰相李勉说起。据王谠（dǎng）《唐语林》卷六中记载，李勉不仅擅长弹琴，还会制作琴，其中他收藏的两把琴"响泉"与"韵磬"堪称绝品。他还有一个很有名的儿子叫李约，为兵部外郎，为人谦逊，一点都没有官家公子哥的恶习。李约养了一只猿，取名"山公"。山公常与他相随。或许是因为李勉擅长弹琴，这只猿经过艺术的熏陶后，也懂得了音律。李约在月夜独自泛江，登山击铁鼓琴时，山公必定会在一旁用它的啼叫声来伴奏。

李约家的山公与主人可谓"志趣相投"，当然也有"心灵相通"的，也是发生在唐代的事。据《开元天宝遗事·山猿报时》中记载，当时商山（在今陕西商洛）中的一位隐士叫高太素，由于仕途不顺，高太素决定不干了，就跑到山中建了道院。他起居在清心亭下，周围的环境非常幽静，不乏奇花异卉。这时候，神奇的事情发生了，每过一个时辰，就会有一只猿跑到他的庭前，向他鞠一个躬，然后啼叫几声。高太素发现这个规律后，还给它们起了一个名字，叫"报时猿"。

　　唐末文学家王仁裕也养了一只猿，起名"野宾"。这只猿很聪明，也很顽皮，不太好驯养。王仁裕在养了一段时间后，就将它放回山中，还给它写了一首《放猿》说再见："放尔丁宁复故林，旧来行处好追寻。月明巫峡堪怜静，路隔巴山莫厌深。栖宿免劳青嶂梦，跻攀应惬白云心。三秋果熟松梢健，任抱高枝彻晓吟。"原以为放野宾归山后，从此人猿两分离，但王仁裕万万没想到，若干年后，他与野宾居然重逢了。野宾虽然不听他的话，但是从来没有忘记过这个主人，它来到王仁裕面前，一直啼叫，那声音仿若要断肠。王仁裕却对野宾有种想要亲近又难以靠近的感觉，于是怀着复杂的心情又作了一首《遇放猿再作》："蟠冢祠前汉水滨，饮猿连臂下嶙峋。渐来子细窥行客，认得依稀是野宾。月宿纵劳羁绁梦，松餐非复稻粱身。数声肠断和云叫，识是前时旧主人。"字里行间流露出人与猿之间深厚的感情。

　　难怪古代文人总会在志怪小说里将猿塑造成通人性的形象，或许他们的灵感也来源于生活吧。

# 小懒宜人

□草　予

　　一个人的懒散好闲，总会比他的天资愚笨更值得讨伐。勤可以补拙，笨鸟需要先飞，这自然是没错的。但人生需要奔跑，同样需要停歇，偶尔发发小懒，也会惬意宜人。

　　忙里偷个闲，小别那"弯满未发的弓弦"，且做"懒人"不问事。有劳也有逸，带点儿懒，煮一壶咖啡，在园里赏一丛春红，或在旧货市场闲散地淘盏选皿，或者只是借着夜灯慢读几页宋词。生活的逸趣，就是像这样"懒"出来的。懒下来的驻足之处，成了驿站，也成了记事结绳上的绳疙瘩。生活的从容，也是"懒"出来的。

　　与人说话，最好也带点儿小懒，意不表尽，话不说满。冷言暖语，越河过界，就成了横冲直撞的卒，或被曲解，或被直译，都不受控制了。懒一点儿，且留几分白。此时，懒是谨言，是慎行，是多给自己一些静默。

　　春困、夏乏、秋眠、冬眠，单是"睡"这件事，也竟然是四季分明的。夏暖人倦，就是这样一种懒洋洋的夏乏，笼罩大地，让人昏昏欲睡，也让万物怒放。夏天好像并没有使劲，阳光却那么恰到好处。

　　魏晋风骨的代表人物——竹林七贤，想来该是历史上一群名副其实的懒人了：白日里放歌纵酒，抚琴赋诗，仰天酣醉。如此不务正业，怎么不是懒人呢？但这只是表象，懒的是身，心却从未懈怠。既然庙堂不是如意的乾坤，那么，这片牵绊黎民苍生与山河天下的竹林，何尝不是遂心的天地呢？

　　太懒，不可取；小懒，却刚好宜人。

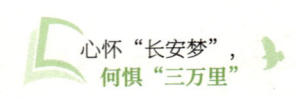

# 零食社交学

□ 蒋苡芯

一包零食可以发挥什么样的效用？是小朋友间促进友谊的"神器"，怀念童年无忌的情怀寄托？或者是看剧、看球赛的最佳伴侣，闲来无事解馋的小玩意儿？

探究爱吃零食这种行为背后的动机，就会发现一包零食对人们的意义远不止于此。它的"味道"，或许已抵达我们的身体及心理层面，成为越来越戒不掉的一种"瘾"。

## 零食社交是成年人打破孤独与僵局的路径

近年来，随着零食产业的发展、零食种类的增多，分享零食也在成年人的交往场景中流行，吃零食逐渐演变为一种成熟的社交方式。办公室小卖部、零食自动售货机的盛行，就是零食社交释放潜力的信号。

据公开数据，由于白领阶层消费膨胀，仅2017年上半年，无人自助销售领域的各类项目累计融资金额逼近30亿元。

众多零食商家嗅到了零食社交的商机，以改良包装或食品样态的方式来迎合市场。很多零食品牌也打着零食社交的旗号入场。

跨国糖果、食品饮料综合企业亿滋国际的全球创新总监吉尔·霍斯基曾在接受媒体采访时道破零食社交的商机："随着吃零食日渐成为消费者生活中必不可少的组成部分，分享零食就成为创建和增强社交体验的另一种重要方式。即便是一个人吃零食，消费者也在寻找避免'一人饮酒醉'的孤立感觉。"

事实上，在传统社交模式中，正餐总是被赋予很多意义，比如仪式感和餐食准备等。而这需要人们投入更多的心力、金钱与时间，社交障碍或社交负担因此逐渐形成。

相比之下，分享零食没有预见性和目的性，让人感到轻松。一个下午茶的小蛋糕可以缓和紧张的会议气氛，一块饼干、一把瓜子、一颗糖果，亦可以在结识新朋友时发挥微妙作用。久而久之，零食也就成为成年人打破孤独与僵局的重要方式之一。

## 零食上瘾背后是满载的压力

对每一种零食的渴望背后，透露着不同的情绪与心境。感到沮丧时，你是否总想吃一口冰淇淋或奶油蛋糕？有压力的时候，巧克力、薯片、碳酸饮料是否总能成为你的"解压神器"？

有数据显示，美国人每年在巧克力上花费50亿美元，与花在减肥上的钱不相上下。朵琳·芙秋做过一项调查，发现巧克力在人们渴望的零食中始终排在首位，尤其对女性来说，很难戒掉对巧克力的"瘾"。"如果我能戒掉对巧克力的渴望，就能减肥成功。"朵琳·芙秋不止一次听到这样的话。

为何人们如此渴望巧克力？为何女性需要与自己对巧克力的欲望作斗争？朵琳·芙秋在《食物与情绪：食欲背后的心理学》一书中给出了理由。

巧克力蕴含的化学物质与我们感受到浪漫爱情时大脑分泌的化学物质相同，均为苯乙胺，所以，对尤其需要爱与依赖的女性来说，巧克力营造了被爱、被珍惜和被理解的感觉。与男性相比，因为抑郁而寻求帮助的女性较多，巧克力也是一种可以短暂抗抑郁的"药物"。

零食的口感也可以对个体的焦虑情绪产生缓解作用。许多零食依赖者乃至暴食者，大多会产生"我并不是想吃零食或肚子饿，我只是嘴寂寞"的自我调侃，实则是对咀嚼有着渴望。

朵琳·芙秋解释道，当我们把所感受到的紧张和愤怒发泄在松脆的食物上，比如食用薯片、爆米花、饼干等零食时，牙齿咬碎食物发出的嘎嘣声总能让人们感受到安心、有力量。

很多人在正餐中节食失败，原因之一是食谱里没有提供足够的松脆食物来创造满足感。包括人类在内的所有动物都有每天啃咬一些松脆食物的生理需求，于是，香脆可口的零食乘虚而入。"啃咬食物就像打沙袋，你终于可以把压力发泄在嘴里的'猎物'上。"朵琳·芙秋说。

加利福尼亚州的一位巡警曾带着他的零食困境走进朵琳·芙秋的办公室。这位巡警平时上夜班，负责在治安混乱的街道追捕醉鬼和罪犯。

除了松脆的零食带来的咀嚼快感，甜食所带来的味蕾体验往往也可以缓解人们的苦闷与压力。

20世纪二三十年代，一项关于婴儿的研究表明，人类对糖果的喜好程度令人难以置信地高。在研究过程中，这些婴儿可以得到他们选中的任何食物，绝大多数婴儿指向了其中最甜的食物——水果。此外，也有研究显示，即使是刚出生一天的婴儿，也更喜欢喝加糖的液体。

"我们现在渴望糖果的原因之一，是在大多数超市已经买不到真正香甜的水果。"朵琳·芙秋提到，目前市场上可供选择的水果，大部分是人工催熟的，既没有加入食品添加剂的糖果可口，也没有足够的甜味满足生理的需求。

事实上，可靠、健康的水果完全可以替代糖果。将水果放在触手可及的地方，或将其用榨汁、烹饪等方式进行加工，感受水果给身体、皮肤、心态带来的变化，渐渐地，食用水果的习惯就会代替对糖果的欲望。

此类方法也适用于减弱对加工类零食的食用冲动。朵琳·芙秋说："我们的身体渴望食物甚至过度进食，是为了恢复内心的平静与和谐，而减少这种渴望最直接的方式就是聆听、信任和跟随内心的感受，并让这些声音指导你拥抱充满爱意的生活，拥有自由的精神和健康的身体。

"每个人都有权利感受爱和快乐，创造美好的事物，以及拥抱健康和成功。当你宣布和行使这些权利时，会充满感激之情，你的身体内部会感到和谐。这时，你就不再需要与自己的食欲进行斗争了。"

# 人心

□ [法]雨果 译/李丹

以人心为题作诗，哪怕只描述一个人，哪怕只描述一个最微贱的人，那也会将所有史诗汇入一部最终更高的史诗。人心是妄念、贪婪和图谋的混杂，是梦想的熔炉，是可耻意念的渊薮，也是诡诈的魔窟、欲望的战场。在某种时刻，透过一个思索的人苍白的脸，观察后面，观察内心，观察隐晦。外表沉默的下面，却有荷马史诗中那种巨人的搏斗，有弥尔顿诗中那种神龙怪蛇的混杂、成群成群的鬼魂，有但丁诗中那种螺旋形的幻视。每人负载的这种无垠，虽然幽深莫测，但总是用来衡量自己头脑的意愿和生活的行为，而且总是大失所望。

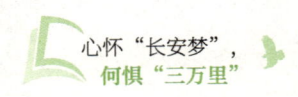

# 毛毛虫效应

叶 舟

法布尔做过一个实验：把许多毛毛虫放在花盆的边缘，使它们首尾相接，围成一圈，并在不远处撒了它们最喜欢吃的松叶。结果，没有一条毛毛虫去吃松叶，它们一条跟着一条，绕着花盆一圈圈地爬，最终因精疲力竭而死。

法布尔在总结那次实验的时候，曾经写下这样一句话："在那么多的毛毛虫里，倘若有一条不盲从，它们就能够改变命运，告别死亡。"毛毛虫的失误在于失去了自己的判断，只知道盲目地跟从其他毛毛虫，从而陷入了一个循环的怪圈。这种因为跟随而失败的现象被心理学家称为"毛毛虫效应"。

其实，人在有些时候何尝不是如此呢？可能有很多人会忍不住嘲笑那些毛毛虫的愚蠢，但是，在人类社会中，每天都在上演着像毛毛虫那样盲目跟从别人或者被习惯左右的事情。

看到过一个这样的故事：一个人想做一套新西服，于是将旧西服拿给裁缝照着做。几天之后，新西服就做好了。这个裁缝的手艺很好，仿制得几乎完全一样。可翻到后面，那人却发现一个地方有被挖掉以后重新补上的痕迹。他感到很疑惑，就问裁缝这么做的原因，裁缝答道："我这全是照着你给我的样式去做的啊！"这时，他才恍然大悟，原来旧西服后面有一块补丁。

爱默生有这样一句名言："模仿等于自杀。"此种毛毛虫似的完全模仿，不但会令人养成惰性，而且会抹杀人的创造能力，进而影响潜能的发挥。

一位大艺术家曾说："学我者生，似我者死。"这实在是智者之语。学习，免不了要模仿，模仿或许是必不可少的学艺阶段，但若止于模仿，就变成了盲从。

成绩卓著的人，擅长从模仿中汲取精华，绝不生硬地模仿，因为他们清楚地知道：模仿只能用来拓展自己的思路，增强鉴别力。

当你置身汹涌澎湃的盲从激流之中时，便丧失了自我，一味地模仿，只会让你迷失真我，沦为被盲从激流所控制的提线木偶。因此，你必须选择自己做主，不盲从或过度模仿他人，这样你才会更快地走向成功！

众所周知，清朝著名书画家郑板桥以雅俗共赏的"六分半体"而享有盛誉，为"扬州八怪"之一。其实他刚开始名气很小，虽然能临摹古代著名书法家的各类书体，甚至可以达到以假乱真的地步，但依然不为人所知。他百思不得其解，但妻子偶然的一句话让他醍醐灌顶，豁然开朗。

一个夏天的晚上，郑板桥与妻子在院中乘凉。他习惯性地用手指在自己的大腿上写起字来，不知不觉，就写到了妻子身上。妻子有些生气地说道:"你有你的身体,我有我的身体,你为何不写自己的体,要写他人的体?"

郑板桥猛然醒悟,心想:"是啊!每个人都有自己的身体,写字也一样,各有各的字体。就算写的与他人的相同,也是他人的字体,根本没有自己独有的风格。"此后,他就开始吸取各家之长,融会贯通,最后形成了自己的风格,终成一代书画大家。

在实际工作中,倘若我们总跟在他人后面走,而看不清自己的方向,最终只会碌碌无为、白费功夫;倘若我们只重视自己做了多少工作,而不重视工作绩效,那"一分耕耘"就不一定会有"一分收获",甚至会徒劳无获。

# 澄明之境

□ 俞 果

澄明之境,就是一种对事物能够看穿、识透的境界。专家,对其专业领域独具解构之术;高人,对其视野之内秉持超俗之见。唐朝诗人刘禹锡的诗句,为"澄明之境"提供了一个很妙的注释:"山顶自澄明,人间已雾霭。"至高或至深,皆是澄明之境。

所谓澄明,不仅是它的澄明之态,还是面对混沌具有澄明的识见。术业有专攻,一笔下去,墨呈六彩:浓、淡、枯、湿、燥、润,而且能相互转化,"带燥方润、将浓遂枯"。我刚出校门进入工厂时,曾听一位八级钳工师傅说,我们拿锉刀加工一个零部件,可以穿着白衬衫干活,干完活洗洗手就下班。现在想想,这不就是一种澄明之境吗?

古人纪昌向飞卫学习射术,飞卫说:"尔先学不瞬,而后可言射矣。"为了学会"不瞬"(不眨眼),纪昌躺在织布机下盯着来回飞的梭子,练习不眨眼。随后他又用牛尾悬虱子于窗户,练习眼力。十日后,芝麻大的虱子在他眼里大如蚕豆。三年后,大如车轮。以睹余物,皆丘山也。成语"视虱如轮",即指纪昌。功夫至此,哪还有射箭不准之理。皆丘山了,何止是一片澄明!

庖丁解牛也很澄明。刚开始,庖丁看见的是整头牛,三年后他看见的是牛的肌理筋骨。轻松下刀,宰牛的节奏与《桑林》《经首》两首乐曲合拍,既不费力,又不伤刀。这哪里是在屠宰,分明是在演奏音乐。游刃有余,"刃"之技术化为"游"之艺术。或目无全牛,或胸有成竹,甚至胸有丘壑,握刀执笔皆成游戏之作。

职业猎手,是看不见山的;职业渔夫,是看不见水的;职业刺客,是看不见人山人海的。看见的全是猎物,全是目标。这就是专业素养。见山见水见人山人海者,充其量不过饾饤小儒,斗方名士。

东汉时,有位高人名叫孟敏。一天,他上街买了个陶罐背回家。路上被人碰撞了一下,罐碎了,他头也不回,径自走了。旁边有人见了很奇怪,追上去告诉他罐子碎了,你也不看不问一下?他回答:既然碎了,看又何益?这应该属于更高层次的人性澄明之境。读罢,令人震撼。

做人做到澄明之境,实属天赋异禀。不是人人都学得来的,动心忍性,悖反逆行,十分了得。是境界都有高低之分,真正澄明之人,那是"东晋亡也再难寻个右军,西施去也绝不见甚佳人"。

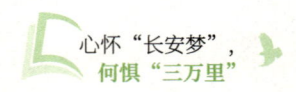

# 当我们谈论记忆时，更该谈论遗忘

□ 孙若茜

英国作家朱利安·巴恩斯说，他的哥哥记得一个特别的场景，被他称为"互读日记"：他们的外公外婆都有记日记的习惯。有时，在某个晚上，他们会朗读几年前某个星期的日记，以此消遣。他们俩记的东西都相当琐碎，却常常相互抵牾。外公："周五，在花园里忙活，种土豆。"外婆："瞎扯。'一整天都在下雨。太湿了，花园里干不了活。'"

他的哥哥还记得，小时候有一次进了外公的花园，拔光了洋葱。外公把他打得嗷嗷叫。过后，外公的脸变得煞白，向他们的妈妈坦白了一切，并发誓今后再也不会对孩子动手。巴恩斯认为，他哥压根就不记得这事儿了，什么洋葱啊，挨揍啊，全忘了。他只是从母亲那儿把这个故事听了一遍又一遍。即使他记得这事儿，也许还会大表疑惑。作为哲学家，他哥哥坚信记忆是会出岔子的。"甚至，按照笛卡儿的烂苹果原理，除非有什么外界的东西支撑记忆，否则谁都不可信。"

但巴恩斯说，就他的记忆而言，在孩童和少年时代，记忆一般是不成问题的。这不光是因为事件离回忆的时间较为短暂，也是记忆的本性使然。对年轻大脑来说，记忆仿佛就是所发生事情的精准影像，而不是经过加工和渲染的摹本。那时，我们很少会去质疑记忆的真实性和精确性，认为记忆就像储存于某一行李寄存处一般，只要拿出票据，就能取回。

成年后，多了估测、善变和怀疑。为了驱逐怀疑，我们不断复述熟悉的故事，以顿挫刻意营造效果，假装叙述的可靠性能成为真相的证据。随时可以取用的行李，变成了纵横交错的道路。而人老了，就会有些看似矛盾的东西，届时我们会开始回忆失落的少年时代的碎片，它们变得比中年时代的更生动。然而，那似乎只是让我们确信一切真的在那儿，在某个有条不紊的大脑储物间中，无论我们能否取用。

巴恩斯很喜欢探讨有关"记忆"的话题，他的很多部作品都和时间、记忆相关。为他赢得布克奖的小说《终结的感觉》讲的就是"记忆不可靠"。

书里的叙述者叫托尼·韦伯斯特，此时，托尼已经退休了，生活的平静是被一封法律事务所的来信打破的。信中说维罗妮卡的母亲在5年前去世了，按照她立下的遗嘱，要遗赠托尼500英镑，并将艾德里安的日记交由他保管。这实在很奇怪，托尼自然而然地开始探求遗嘱背后的原因，并想办法"拿回"朋友的日记，在这个过程中，他不知不觉地开启了对记忆的审视。

托尼发现，自己的记忆中有很多扭曲和删改之处。其中，最显眼的是他写给艾德里安的回信，信中哪有什么祝福，言语间尽是难以入耳的诅咒，让他难以置信。他说："我把这封信读了一遍又一遍，无法否认自己的作者身份或是其丑陋粗俗的内容。我唯一能申辩的是，它的作者是曾经的我，而非现在的我。说实话，我第一眼都没认出这封信竟然出自我之手。好吧，也许是我在自欺欺人。"

托尼以前依靠记忆生活，但现在他想要寻求真相。他感慨，年轻的时候，人都认为自己可以预想到岁月会带来的苦痛和凄凉，会想象自己也许会孤单、离异、丧偶；孩子们都长大变得疏远，朋友也相继离世，还会想象自己的地位不如从前，无所欲求更无人欣赏。有的人甚至可能会想得更远，想到走向死亡，到那时无论有多少人陪伴，都只能独自面对。

所有这些都是一味向前看。而人做不到的正是向前看，想到自己站在未来的某一点回望过去，去体会岁月带来的新的情感。比如，当我们发现，自己人生的见证者日渐减少，确凿的证据也随之减少，那么，对当下和曾经的自己也就没有那么笃定了。即使你是个勤于记录的人——用文字、声音、图片——你也许还是会发现，自己的记录方法很不得当。

托尼想方设法地寻求那本遗赠给他的艾德里安的日记，几乎不择手段。律师问他："你觉得日记里有什么？"他并不知道。但那一瞬间，他忽然明白了自己执着的原因——那日记就是证据，并可能是确凿的证据。它可能打破记忆单调的重复。它可能开启一些新的东西，虽然，他并不知道那东西会是什么。他希望它可以带领他的记忆走入另一个不同的轨道。而做这些又是为什么呢？

他继而开始思考时间："时间啊……时间先安顿我们，继而迷惑我们。我们以为自己是在慢慢成熟，而其实我们只是安然无恙而已。我们以为自己很有担当，其实我们十分懦弱。我们所谓的务实，充其量不过是逃避，绝非直面。时间啊……给我们足够的时间，我们论据充分的决定仿佛就会摇摇欲坠，我们的确信不疑就成了异想天开。"

所以，记忆就等于事件加时间？事实远非如此。记忆是那些我们以为已经忘记的事情。"时间并非显影液，而是溶剂。"我们谈论自己的记忆，但或许更应该谈论我们的遗忘，哪怕这是一项难度更高，或者在逻辑上不可能的技能。🌿

# 不苦他物

□徐竞草

苦瓜，苦寒，可清热解毒，是夏日里的降暑佳品，可与多种食材同炒、合烧、久炖、一起煲汤……但奇怪的是，苦瓜与任何食材搭配烹饪，不管时间多久，均不会把对方染苦，而是让其保持本味，不侵扰，不干预，这跟辣椒能把其他食材变辣，泡菜能让整盘菜变酸，苋菜易染红碟盘截然不同。

究其原因，是苦瓜十分内敛，品性也极佳——它只苦自己，不苦他物，即使猛火热油浇身，依然能做到有苦不吐，苦藏体内，绝不影响周围。

苦瓜，跟很多有担当的人，比如父母，是何等相似呀。🌿

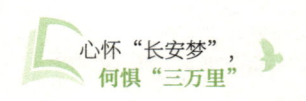

## 是不是有这样一件校服

□高小方

毕业那天，昔日热热闹闹的校园忽然空旷，我发现，我能带走的，仅仅是一件黄白相间的，我的校服。

众所周知，中国式校服没有最丑只有更丑，难为设计师费尽心思把颜色设计得如此耳目一新。

于是，白小黄和他的同类们在三秒钟内遭到了全体学生的唾弃。

但是那个时候，我看着刚刚发下的白小黄，一股新衣服的味道扑面而来。一瞬间，他承载了我关于高中的憧憬和希望。

现在想来，白小黄崭新的袖子摩擦发出的沙沙声，应该就是他和我打的第一声招呼。

夏天，男生乱七八糟堆在篮球架下的衣服很容易抓错，但是，我一定不会，因为白小黄是班级里唯一一件165码的校服。每当我看着其他男生修长的身影，总会摩挲着他短短的袖子，无声地惺惺相惜。

有段时间，白小黄遭到了我的冷落。因为我青春期的某种心思开始萌芽，于是校服能免则免。每当我装作和那个女生偶遇的时候，白小黄都躺在走廊的柜子里，静静地，蜷成一团。

分科之后，大家都开始改校服，而白小黄的裤子也被我改成了细细的直筒裤。裁缝阿姨大刀阔斧地剪开他的身体时，那呻吟似的撕裂声，必然是他委屈的抗议。

写到这里，我忽然又想起，高一时受了委屈，我总是蹲在墙角，故作姿态地哭出来，总希冀着被人发现。

而当我的希冀像往常一样遭到冷落时，白小黄总会用他粗糙，但是气味熟悉的袖子，摩挲着我的眼泪，将我推回班级。

是他告诉我，没什么大不了，都是青春的矫情作怪。最重要的是，伤春悲秋之后，记得及时走进教室。

而教室的门开了又合，不知不觉已经三年。三年间，我曾经把白小黄改成体形裤，最后又用蛮力把他扯成大肥脸；他单薄的身躯上写着满当当、沉甸甸的青春，而我却仍旧穿着他疯跑，穿着他跑过操场，跑过教学楼，跑过一排排梧桐树，终于跑进了，成人的行列。

我知道，无论我跑得多远，只要我一回头，他随时等着，轻轻地，一言不发，跳上我的肩头。

白小黄陪我走过了整个高中时光。他最擅长的事情是沉默，于是他就这么沉默着，活在了我的，还有许多人的，那片记忆里。

# 获取陪伴的诡计

□ 封 林

如果你的朋友中有那种稀里糊涂的"糊涂虫",你一定对抓狂、想要撞墙的感觉非常熟悉。

我有一个朋友就是这样,经常会做出一些令人匪夷所思的事情。比如,她仍然用电话线拨号上网,网速慢得要死,每月的花费却比宽带高出不少。她家旁边就是一家电信营业厅,朋友们无数次动员她去申请宽带,十几分钟能办妥的事,她竟然拖了两年多。

迷糊的人大多是"路痴",此人也不例外,一个聚会地点去过三四次,哪怕有人把重要的路标都叮嘱一遍,下次她仍旧找不到。

"糊涂虫"们善于让大脑进入一种"不思考"的状态——"办宽带,这个先放放,待会儿再想",而结果就是"一直不去想"。任你的唾沫星子横飞,人家可以左耳朵进右耳朵出。

对他们的种种"恶行",旁人除了着急、愤慨之外,还会不解——举手之劳就可以给自己带来好处,他们为什么不去做呢?

这背后是有玄机的。

心理治疗大师欧文·亚隆记录过一个团体治疗小组中的成员,这位老兄是个极爱拖延的"糊涂虫"。每当大家可以帮助他时,此人就会拖延。有一天,他告诉大家自己找到了一份教职,迈出了人生重要的一步。正当大家为他欣喜时,他又立刻让大家紧张起来,原来他还要花两小时,填写一张教师资格申请表,这事他已经拖了很久,而明天就是截止日期。听到这个消息,每个人都有种盯着他马上把表填完的冲动。最后,最有母性的成员真就把他带回家,给他做饭,监督他把表填完。

亚隆通过这一系列的情况,终于读懂了这个人拖延的意义,那是一种寻求关注与陪伴的方式。

前面提到的那位朋友,父母从小对她宠爱有加。我印象很深的是,她常用一种兴奋且自豪的语气对人说:"小时候我父母从不让我吃一点苦。"可以想见,父母陪在身边,一定成为她记忆中一幅无比美好、安稳的画面。而她日后种种稀里糊涂的举动,就像是为了重温那幅画面的"诱饵"。

保持"迷糊"的状态,激发起周围人的担心、着急,"助人"特质强的人很快被诱导,一边数落着他们,一边冲上去帮忙,"糊涂虫"们于是获得了支持与陪伴。

从某种意义上讲,"糊涂虫"们也是胜利者,他们往往能够实现内心深处的愿望,我那位朋友的身边聚集了一群热心人。就是大家指责她的时候,她也安之若素,只不过,她也一直在付出代价——把自己变成了"白痴"。

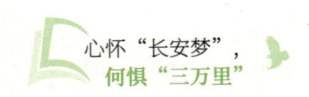

## 荐贤的哲学

□ 张 勇

《三国演义》中，刘备三顾茅庐，终于请出诸葛亮。有了卧龙先生，他如鱼得水，《隆中对》将三分天下规划得妥妥的，赤壁鏖兵、席卷荆襄、入主西川……诸葛亮出山，离不开两个重要人物的推荐：一个是水镜先生司马徽，另一个是徐庶。一个人能力再强，水平再高，没人推荐，可能就像埋在土里的金玉。自古至今，多少文人武将怀才不遇，报国无门，徒自嗟叹。"冯唐易老，李广难封""此生谁料，心在天山，身老沧洲""塞上长城空自许，镜中衰鬓已先斑"。古代社会人员流动性低，如果没有门第的荫庇、权贵的引荐，身份卑微的蔺相如即便学富五车、才高八斗，也只能"坐观垂钓者，徒有羡鱼情"。

当然，诸葛亮可以自己跑到刘备面前，说我高卧隆中、自比管乐、饱读诗书、六韬三略。他大概率不会这么做，即便这样做了，刘备的重视程度也将大打折扣。可见推荐的重要性。推荐人越是重量级，被推荐成功的可能性越大，被推荐者的分量往往也会越重。

推荐什么人，考验用人观念，诸葛亮在这方面有着独到之处。他曾写过一段论诸子的文章，对古人的性格特质分析切中肯綮："老子长于养性，不可以临危难；商鞅长于理法，不可以从教化；苏、张长于驰辞，不可以结盟誓；白起长于攻取，不可以广众；子胥长于图敌，不可以谋身；尾生长于守信，不可以应变；王嘉长于遇明君，不可以事暗主；许子将长于明臧否，不可以养人物。此任长之术者也。"诸葛亮凭借自己的独到眼光，在刘备面前举荐众多贤才。他敏锐地发现了庞统的军事才能，与鲁肃一同向刘备极力推荐，职位与自己同级，以博大的胸襟和宽宏的气度助庞统青云直上，大展宏图。《出师表》中这样举荐向宠："将军向宠，性行淑均，晓畅军事，试用于昔日，先帝称之曰能，是以众议举宠为督。愚以为营中之事，悉以咨之，必能使行阵和睦，优劣得所。"

推荐一个人，既是一门学问，又很考验人品。既然你要推荐他，就要对这个人的品德、能力、学识有全面的了解，又要对这个职位的用人要求深入体察，如此，被推荐者适合这项工作，干得风生水起，你算大功一件。反之，轻则耽误工作，重则误国误民。推不推荐，推荐谁而不推荐谁，关系重大，要仔细斟酌、反复权衡，切不可轻举妄荐。有些时候，还要开动脑筋、讲求方式，因为不是所有的推荐都会被采纳。

比如缪贤推荐蔺相如，既体现出勇气，也彰显了智慧。缪贤是了解蔺相如的，他是自己的门客。要向赵王推荐蔺相如，就得在赵王面前说得上话，这个条件缪贤也具备，他是宦官首领。核心问题是，怎么能让赵王接受并重用蔺相如。例证，是最具说服力的，实践是检验真理的唯一标准。但是一般的例子，不足以彰显蔺相如的才华，有说服力的例子，又暴露了自己的问题，很严重的问题，欺君之罪。说不说？既然是为国举贤，别说自曝其短，就算掉脑袋也要说。

为了达到推荐蔺相如的最佳效果，缪贤不惜自揭其短，讲述了最具杀伤力和震撼力的事件——"窃计欲亡走燕"。将之前自己犯罪之后想要叛逃至燕国的隐私直接曝光在赵王面前。在缪贤打算私下逃亡到燕国时，蔺相如透过现象发现了本质，坚决反对。他清楚，燕王结交缪贤，无非是因为燕国国力不如赵国。在对两国形势进行分析后，蔺相如还提出了具有建设性的意见——肉袒伏斧质请罪。缪贤听从了他的计谋，果然被赦免脱罪。难怪缪贤称赞他为勇士。看得明白，想得透彻，此为智；直接阻止，当面劝说，此为勇。

如此冒险推荐，实属不易，颇有"苟利国家生死以，岂因祸福避趋之"的意味。幸运的是，这份决心和勇气没有被辜负。赵王对他所推荐的蔺相如委以重任，在"求人可使报秦者"而"未得"的紧急情况之下，让蔺相如得以一跃步入将相之列，位在廉颇之右。当然，蔺相如也不负厚望，不辱使命。

通过这样的推荐，我们也看到，推荐别人，一定要出于公心，还要有胸襟和气度，不能怕别人超过自己。推荐谁，是心术正不正、胸襟开阔与否的重要试金石。

管仲年轻时和鲍叔牙一起做买卖，利润管仲总比鲍叔牙拿得多。别人为其鸣不平，鲍叔牙却说：管仲家里穷，需要钱，我是主动让他拿大头的。他俩一起去打仗，每次进攻的时候，管仲都躲在最后，别人说管仲贪生怕死，鲍叔牙却说并非如此，他还有老母亲要照顾。后来鲍叔牙在齐桓公面前极力举荐管仲相齐，鲍叔牙心甘情愿给他做助手，二人合力辅佐，齐国"一匡天下，九合诸侯"，成就桓公霸业。

公元前645年，管仲病危。齐桓公问管仲群臣中谁可以担任相国的职务，并且提到"我想用你的好友鲍叔牙"。不料管仲却提出反对意见。他认为鲍叔牙是好人，也很方正，在做人的道德上是第一等人，但丞相这个职务肩负着非常复杂的政治责任，并非一个一味讲究方正的好人能胜任的。后来鲍叔牙知道了这件事，很欣慰地说："管仲是最了解我的好朋友，我的确不能担任丞相，否则恐怕连性命都保不住。"

推荐一个人，一定得权衡好其能力是否和岗位匹配，做到人尽其才，否则非但荒废政事，也容易坑了朋友。唐朝史学家吴兢在《贞观政要》里拿饼做比喻："官不得其才，比于画地作饼，不可食也。"才能配不上职责，就像在地上画饼，只能看，不能吃。

# 要活在解决问题的方法里

□沈虹羽

有这样一对孪生子，一个长大后变成酒鬼，另一个成长为杰出的企业家。有人问前者为什么总是酗酒，他的回答是："爸爸是个酒鬼，我还能怎么样？"问后者怎么成为企业家的，他回答："爸爸是个酒鬼，我只能靠自己努力，不能再成为他。"

同样的背景，同样的家教，完全不同的选择。兄弟俩对相同经历的想法完全不同，经年累月，想法变成了各自的现实。《你生而富有》的作者鲍勃·普罗克特这样说道："一个人不是生活在问题里，就是生活在解决问题的办法里。"现在，面对逆境，我迫使自己用积极的想法取代不知不觉潜入心中的负面想法。相信自己能够解决"问题"，大多数日子都是阳光明媚的，积极行动起来才能让生活变得更加美好。

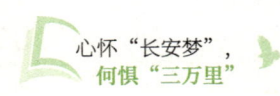

# 挥斧如风

□佚 名

战国时期，有一个叫惠施的人，是当时一位有名的哲学家。

惠施和庄子是好朋友，但在哲学上他们又是观点不同的对手。

庄子与惠施经常在一起讨论切磋学问。他们在互相争论研讨中不断深化、提高学识。特别是庄子，从惠施那里受到很多启发。

后来惠施死了，庄子再也找不到像他那样才智过人、博古通今，能与自己交心、驳难、使自己受益匪浅的朋友了。因此，庄子感到十分痛惜。

一天，庄子给一个朋友送葬，路过惠施的墓地，伤感之情油然而生。

为了缅怀这位曲高和寡、不同凡响的朋友，他回过头去给同行的人讲了一个故事：

在楚国的都城郢地，有这样一个泥水匠。有一次，他在自己的鼻尖上涂抹了一层像苍蝇翅膀一样又薄又小的白灰，然后请自己的朋友、一位姓石的木匠用斧子将鼻尖上的白灰砍下来。

石木匠点头答应了。只见他毫不犹豫地飞快抡起斧头，一阵风似的向前挥去，一眨眼工夫就削掉了泥水匠鼻尖的白灰。

看起来，石木匠挥斧好像十分随意，但他丝毫没有伤着泥水匠的鼻子；泥水匠呢，接受挥来的斧子也算是不要命的，可他稳稳当当地站在那里，面不改色心不跳，泰然自若。倒是旁边的人为他们捏了一把冷汗。

后来，这件事被宋元君知道了。宋元君十分佩服这位木匠的高超技艺，便派人把他找了去。

宋元君对姓石的木匠说："你能不能再做一次给我看看？"

姓石的木匠摇摇头说："小人的确曾经为朋友用斧头砍削过鼻尖上的白灰。但是现在不行了，因为我的这位好朋友已不在人世，我再也找不到像他那样跟我配合默契的人了。"

庄子讲完故事，十分伤感地看着惠施的坟墓，长叹了一口气，然后自言自语："自从惠施去世以后，我也失去了与我配合的人，直到现在，我再也找不到一个与我进行辩论的人了！"

庄子和石木匠的感受向我们表明，高深的学问和精湛技艺的产生，依赖于一定的外界环境；红花虽好，还要靠绿叶扶持。一个人如果不注意从周围的人和事中汲取营养，他的智慧和技巧是难以得到发挥和施展的。

## 获得自由的一百零一种方法

□佚 名

我有一个朋友非常有意思，他结婚的时候，他丈母娘没有现在这么敏感，没有强迫着把名字写清楚，也没有强迫着看房产证。所以他跟老婆结婚前商量，说能不能用丈母娘给的钱做一件愿意做的事情。结果他太太非常好，"可以啊，那你去做吧，但是别跟我妈说"。他们俩租了一套房用来结婚，然后，去创业。结果没成功，创业不是这么容易的，真没成功。两人不得不跟她妈说。他赶上一个好丈母娘，也没说别的，"反正你们俩已经结婚了，钱也给过了，你们俩自己决定"。

他太太也很好，也没有埋怨他，说那你定吧，该怎么办就怎么办。于是这个哥们继续创业，他就说了一句话："我欠你一套房子，但给我一个机会，我继续去折腾。我做我愿意的事情，如果我成功了，我给你一套大房子。"果然如此，七八年以后他成功了，给他太太买了大房子，而且不止一套。

这个故事实际上也很简单，就是一开始如果你做你愿意做的事情，一定要把你能够甩掉的负重、负累、枷锁、牵挂尽可能甩掉。自由要从脚下开始，要能走得远，要从心开始，要放飞你的心灵，这是你开始创业和期盼成功的起点，也是你未来成功时唯一能用来安慰自己的。如果失败，也可以用"我愿意"来安慰自己。就像你嫁错人，别人都不能管，因为你老说我愿意。任何一个人开始创业，开始不同于别人人生的时候，记住，自由是你所选择的，既然选择就只有一往无前，而没有第二种可能性。创业也是一种人生态度，是一种活法，不是一个功利主义的讨价还价。如果你跟自己的人生讨价还价，你永远是输，不可能赢。如果你只记得我愿意，我要去做，这样你就永远都能胜利。

## 活 物

□牧徐徐

儿时住在乡下，总能见到人之外的不少活物，牛在田里走着，鸡在院子里溜达，狗时不时叫两声，猪在圈里打着呼噜，鸟雀在枝头叽叽喳喳地叫。

还有一些活物，会隔三岔五出现在眼前，贼头贼脑的黄鼠狼、一闪而过的蛇、呆头呆脑的蟾蜍……它们让我感到世界的丰富多彩，虽然，有时我并不十分欢迎它们，它们常吓我一跳。

在城市的高楼里，那些活物消失了，我身边安静很多，但偶尔会想念它们……

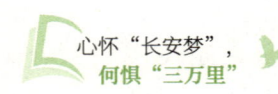

# 古人冬日穿搭：
# 皮裘都不算啥，穿纸才最潮

□ 王蒙蒙

冬寒料峭，暖气是北方人的救命稻草，蜗居在家是冬日幸福之最。若非要走出室外的话，就得认真琢磨穿搭。羽绒服、围巾、帽子、手套一应俱全，可人们还是难以管理表情，甚至大喊"冻成狗"。

在古代的冬天，没有暖气，物资缺乏，古人又是怎么取暖的呢？

### 贵族圈穿裘衣

在古代，早期比较讲究的御寒衣物主要是由动物的毛皮制成的，被人们称为"裘"或"皮裘""毳裘"。且看张岱，雪夜出行，不忘"拥毳衣炉火"，其中，毳衣就是皮裘，炉火就是小手炉、汤婆子，这算得上是一套优雅体面的冬日穿搭。

而"毳衣"并不是人人都能穿得起的，裘的材质也有天差地别。明代宋应星《天工开物》中记载，裘"贵至貂、狐，贱至羊、麂，值分百等"。

貂、狐皮毛所制的裘，主要为贵族持有。在中国古代，不同身份穿不同的裘衣，不同场合穿的裘衣也有区别。清代刘廷玑《在园杂志》中称："古裘，有五大裘：黼裘、良裘、功裘、褻裘、大裘，用黑羔皮为之。""五大裘"，就是在五种场合穿的五种皮衣款式。其中，褻裘是家居服。

除去用料考究，古代贵族穿皮衣还很注重搭配。"狐裘羔袖"不可取，即高贵狐皮大衣搭配廉价羊皮袖子，绝对会成为笑话。

对贵族来说，狐皮貂皮不仅可以用来做"裘"，还可制成"抹额""护耳"。元代，有地位的妇女多用"抹额"保暖，抹额就像是无顶的女士皮帽。"护耳"主要是为明代官员所用，起早面圣的官员们只戴一顶乌纱帽肯定被冻得头冷，他们就在头上做一圆箍，耳侧垂有狐皮或貂皮，正好护住双耳，从而起到保暖的作用。明代，每年冬天的十一月，"入朝百官赐暖耳"，皇帝亲自发放保暖物资。护耳和官帽连在一起，有点像现在的雷锋帽。

当然，"裘""暖耳"这些由贵重皮毛制成的保暖神器全都价值不菲，向来和平民无关，所以穷苦大众们的冬日穿搭就有些辛酸在里头了。

稍微体面些的平民咬咬牙也能穿上"裘"，只是材质劣等，多是用羊皮或者鹿皮制成的，无穿搭可言，裹在身上仅供御寒。需要额外说明的是，羊皮属于劣等皮，但如果是小羊羔皮，裘就摇身变为高级冬装了。《诗经·召南·羔羊》中写道："羔羊之皮，素丝五纭。"用白色的丝线装饰衣缝的羔羊裘叫"英裘"，是一种精美的皮衣。

#### 文人圈穿纸裘

穿不起"裘"的人为了防止出门被冻，能穿些什么呢？

古人并没有被贫穷限制住，他们极为巧妙地发明出"纸裘"来。没错，就是用纸做冬衣。

唐宋时期，适逢造纸业蓬勃发展，质地坚韧且耐磨的楮皮纸，色泽柔和、质地较好，裹在身上挡风效果极好，简直就是理想的冬衣选材。

唐朝诗人殷尧藩的《赠惟俨师》中有这样的描写："云锁木龛聊息影，雪香纸袄不生尘。"说的就是纸折的衣裳。香纸小袄平地一跃，正中当时文人士大夫的美学靶心，带动了整个文人圈的"穿纸潮"。到了宋朝，人们开始批量生产"纸裘"，着纸衣、盖纸被成为文人圈的一种风尚。

苦难诗人代表陆游在穷困之时就得赠纸被，专程写《谢朱元晦寄纸被》一诗感谢友人："纸被围身度雪天，白于狐腋软于绵。"

但"纸裘"的缺点也很明显，挡风的同时是真的不透气，长此以往对身体不好，所以人们只能布衣、纸裘替换着穿。

#### 贫寒人家穿"袍"

据说古代冬天的温度比现今的更低，人们只护住身上是远远不够的，露出来的手、脚、头都要保暖。古人很早就发明了护手护脚的保暖装备。马王堆汉墓出土有刺绣精美的露指手套、全包手套和护脚的"足衣"。足衣即今天所说的袜子和鞋。古人冬天穿的棉袜有"夹袜""千重袜""兜罗袜""绒袜"等。目前存世最早的一双袜子是公元前9世纪的皮毡袜，出土于新疆塔里木盆地南缘扎洪鲁克古墓中。

在"路有冻死骨"的时代，贫寒人家只穿着"袍"。袍指的是有里子的夹衣，填充物只是一些麻絮碎布，布衾多年冷似铁，并不能抵御寒冷。要知道，棉花引入我国后开始大量种植已经是明太祖朱元璋时期了，在此之前，贫穷人家为了御寒，竟使用了"意念保暖法"——在家中数九。在冬至日画一枝素梅，枝上画九朵梅花，每朵花上有九片花瓣，共八十一瓣，每过一天染一瓣，等全部涂完，便是冬去春来之日。后世将这种图称为九九消寒图。如此逍遥的心境像是得了老庄亲传。

总之，凛冬难熬，翘首盼春才是永远的主流。

# "一寸光阴"到底值多少金

□ 王蒙蒙

古人用"一寸光阴一寸金，寸金难买寸光阴"来提醒人们时间的宝贵。

我们都知道，"光阴"指的是时间。那为什么会用长度单位"寸"来描述时间呢？这和我国古代计时的工具有直接关系。古时并无钟表，人们计时主要靠"晷"，这是一种中心立着一根小棍、刻着度数的圆形石板。日出日落，小棍的阴影长短、角度都在随之变化。而谚语中的"一寸光阴"，意思就是日晷上小棍的阴影变化一寸的距离，用以表示极为短暂的时间。